南亚热带主要果树寒冻害研究进展

主　编　陈　惠
副主编　王加义　杨　凯

内 容 简 介

本文集系在完成2009年福建省科技厅重点项目《福建省主要果树冻（寒）害监测预警及风险区划技术》、“十一五”国家科技支撑项目课题专题——《福建寒害监测预警技术》等项目的基础上，选取26篇科技论文汇编而成。内容主要涉及南亚热带果树香蕉、荔枝、龙眼、枇杷等果树的冻（寒）害等级指标的确定、南亚热带果树冻（寒）害实时监测技术、南亚热带果树冻（寒）害短期精细预警模型、预警技术及基于GIS和遥感技术的南亚热带果树避冻区划、风险评估、精细化区划技术、山区果树冻（寒）害防御技术等方面许多有价值、有创新性的科研成果。

图书在版编目(CIP)数据

南亚热带主要果树寒冻害研究进展 / 陈惠，王加义，杨凯主编.
—北京：气象出版社，2015.6
ISBN 978-7-5029-6153-4

Ⅰ. ①南… Ⅱ. ①陈… ②王… ③杨… Ⅲ. ①热带果树－冻害－研究进展－南亚 Ⅳ. ①S426

中国版本图书馆CIP数据核字(2015)第126190号

Nanya Redai Zhuyao Guoshu Handonghai Yanjiu Jinzhan
南亚热带主要果树寒冻害研究进展
陈　惠　主编

出版发行：气象出版社
地　　址：北京市海淀区中关村南大街46号　　邮政编码：100081
总 编 室：010-68407112　　发 行 部：010-68409198
网　　址：http://www.qxcbs.com　　E-mail：qxcbs@cma.gov.cn
责任编辑：周　露　张锐锐　　终　　审：邵俊年
封面设计：燕　彤　　责任技编：赵相宁
印　　刷：北京中新伟业印刷有限公司
开　　本：787 mm×1092 mm　1/16　　印　　张：12.5
字　　数：320千字
版　　次：2015年6月第1版　　印　　次：2015年6月第1次印刷
定　　价：50.00元

序 一

南亚热带地区是荔枝、龙眼、菠萝、香蕉、枇杷等果树的重要生产基地。由于风味独特、市场需求量巨大、经济效益可观，南亚热带地区的果树种植已经成为该地区农民脱贫致富的重要途径之一。

我国华南地区大多地处南亚热带气候区，其北缘位于福州、韶关、柳州、田林一线，南缘位于台湾南部、雷州半岛北部、北部湾沿岸一线。同时，我国地处南亚热带气候区的省份还有云南省和四川省，主要分布于金沙江、雅砻江、元江等河谷地带。受季风气候和气候波动的影响，南亚热带地区的果树受冬季寒（冻）害影响严重。1999年底，福建省果树遭受寒（冻）害影响的经济损失总量超过20亿元；2005年元旦前后发生的一次枇杷严重冻害，仅福建省莆田市的直接经济损失就高达3亿多元。冬季寒（冻）害已经成为福建省继台风、洪涝之后的第三大农业气象灾害，成为农业实现现代化、再上新台阶的重要制约因素。寒（冻）害损失的增加固然有气候波动的原因，但更主要的是由于农业生产布局违背气候规律、寒（冻）害预警机制缺失和抗灾救灾制度不完善所致。

面对气候变化背景下气候资源的格局变化及南亚热带地区果树安全生产的新要求，开展南亚热带地区果树安全生产的气象保障研究，以有效防御和减轻气象灾害对南亚热带地区果树的危害，确保南亚热带地区果树的持续稳定发展已经成为各级政府关注的焦点。

针对南亚热带地区果树的寒（冻）害防御，福建省气象科学研究所组织科技队伍进行了科技攻关，主持承担了一系列国家级与省部级项目，在南亚热带地区果树的寒（冻）害指标等级确定、监测预警技术、精细化区划等领域取得了丰硕的研究成果，为南亚热带地区果树的安全生产与防灾减灾提供了决策支持。本论文集的研究成果涉及南亚热带地区香蕉、荔枝、龙眼、枇杷等果树的寒（冻）害等级指标的确定，南亚热带地区果树寒（冻）害实时监测技术，南亚热带地区果树寒（冻）害短期精细预警模型、预警技术及基于GIS和遥感技术的南亚热带地区果树寒（冻）害风险评估、精细化区划技术、山区果树寒（冻）害防御技术等方面。这些研究成果对南亚热带地区果树的防灾减灾和合理布局具有重要的参考价值，也为进一步开展南亚热带地区其他果树的寒（冻）害研究提供了可借鉴的研究手段和方法。

周广胜*

2015年6月

---

* 周广胜，中国气象局应用气象研究计划首席科学家，二级研究员。

序　二

福建省地处中、南亚热带，雨量充沛，日照长，无霜期短，热量资源充足，是我国南亚热带水果的主要生产基地之一。随着福建省农业结构的调整，特色农业、闽台合作农业的比重不断加大，在全国区域农业发展中扮演着重要角色，具有典型性和区域代表性。由于种植效益高等特点，南亚热带果树种植已成为农民脱贫致富的重要途径之一，在区域经济中日显重要，发展潜力巨大。福建省是气象灾害多发地区，暴雨、台风、干旱、低温寒（冻）害等均对农业生产构成重大影响，气象灾害是制约海峡西岸经济区特色农业可持续发展的重要因素之一，其中低温寒（冻）害影响最大。受全球气候变化的影响，冬季低温寒（冻）害多发频发，加之一些地区在生产中不遵循气候规律，在次适宜区甚至在不适宜区盲目引种，导致气象灾害损失呈增多加重趋势，严重制约了热带果业的健康稳定发展。开展南亚热带果树低温寒（冻）害等级指标确定、监测预警技术、区划等研究对农业防灾减灾、作物合理布局等具有重要意义。

本书汇编了福建省气象科学研究所近年来在南亚热带果树低温寒（冻）害研究中取得的成果，本书中的南亚热带果树低温寒（冻）害等级指标、实时监测技术、短期精细化预警模型、风险评估、精细化区划技术等研究成果，对福建省的农业科技工作者具有重要的参考价值和指导作用，为农业部门引种扩种、防灾减灾决策和措施提供科学依据，将提升气象为农服务能力和水平。希望气象和农业部门能进一步密切合作，充分发挥部门优势，切磋共进，推动地方农业科技服务水平，共同提高农业生产抵御自然灾害的能力。

郑少泉*

2015年6月

---

* 郑少泉，中国园艺学会热带南亚热带果树分会副理事长，二级研究员。

前 言

华南地处热带、亚热带，气候资源丰富，是香蕉、荔枝、龙眼、枇杷等水果的主要产地。受季风气候的影响，冬季低温灾害不时袭击华南，给华南地区的果树生产造成重大损失。2006年开始，由福建省气象科学研究所作为牵头单位，联合福建省种植业技术推广总站、福州农试站、福建省气象台等单位共同完成了福建省科技厅重点项目《福建省主要果树冻（寒）害监测预警及风险区划技术》、“十一五”国家科技支撑项目课题《福建寒害监测预警技术》等6项针对南亚热带主要果树寒（冻）害研究项目，项目研究内容主要有：

1. 南亚热带果树寒（冻）害指标研究；
2. 南亚热带果树寒（冻）害短期精细预报预警技术研究；
3. 基于卫星遥感数据的农作物（果树）低温监测技术研究；
4. 基于离海距和GIS技术的低温精细监测研究；
5. 南亚热带果树种植气候适宜性区划及风险研究。

项目发挥气象和农业部门相结合、省市级科研力量相结合、理论研究和实践相结合的优势，依托和利用福建省气象部门、农业部门所建立的气象监测网、农业监测网，在取得大量果树物候期观测和地理信息等资料基础上，运用精细化数值预报模式，结合卫星遥感监测手段和地理信息技术、农业气候区划技术，以及天气学、统计学、卫星气象学、农业气象学等多学科理论，充分发挥学科交叉优势，对南亚热带果树寒（冻）害发生规律、指标阈值、预警预报和立体监控及区划进行了系统和深入的研究，在南亚热带果树寒（冻）害发生发展的基本特征，通过试验等综合方法进行寒（冻）害指标阈值的选取确定，利用精细化数值预报模式结合GIS技术进行低温寒（冻）害预警预报，通过地面、卫星构建立体监测网络对寒（冻）害进行监测，基于地形等因子模拟低温分布开展果树寒（冻）害精细区划等方面获得许多有价值、创新性的科研成果。在此工作过程中项目组在国内外学术期刊和学术会议上发表多篇学术论文，现将其汇编成文，以飨读者。

《南亚热带主要果树寒（冻）害研究进展》是在福建省气象部门、农业部门和中国气象科学研究院有关领导、专家关心、勉励、指导下完成的，在此一并表示衷心感谢。

本书编写组

2015年6月

目　　录

福建省果树寒(冻)害短期精细预报预警技术*

陈 惠[1] 夏丽花[2] 王加义[1] 潘卫华[1] 徐宗焕[1] 蔡文华[1]

(1. 福建省气象科学研究所,福州 350001;2. 福建省气象台,福州 350001)

摘要:根据福建省68个气象站1963—2008年冬季气候资料,利用数理统计和GIS方法,对福建省果树寒(冻)害短期精细预报预警技术进行了研究。结果表明:福建省果树寒(冻)害预警期为12月上旬到翌年2月中旬,预警关键期为12月中旬至翌年1月中旬;利用逐步回归建立的福州、厦门和邵武3个探空站日最低气温短期预报模型,经差值法移植后,可以用于全省各气象台站日最低气温短期预报;建立各气象台站日最低气温与经度、纬度、海拔高度的地理关系推算模型,利用GIS制作日最低气温预报分布图,可以开展日最低气温空间精细预报;结合荔枝、龙眼、香蕉等南亚热带果树寒(冻)害指标,对果树寒(冻)害的发生、发展和范围进行短期预报预警;2009年利用差值移植法开展各气象站最低气温(t_d)的短期预报≤1℃的预报准确率为58.3%,≤1.5℃的预报准确率为83.3%,≤2℃的预报准确率为91.7%;短期预报模型具有一定的预报能力,能作为冬季低温定量预报方法。

关键词:亚热带果树;寒(冻)害;短期精细;预报预警

0 引言

罗宗洛在20世纪50年代早期对寒害有过明确的界定:“寒害是温度不低于0℃,热带、亚热带植物,因气温降低引起种种生理机能上的障碍,因而遭受损伤。寒害北方少见,多见于热带、亚热带”[1]。江爱良[2]在对热带、亚热带作物研究中明确指出,0℃以上的受害是寒害。崔读昌[3]从温度强度、发生时期、生理反应、危害作物、作物状态和危害后果等方面,对寒害、冻害、冷害、霜冻进行过区分。但在实际工作中,往往把热带、亚热带地区冬季出现的寒害和冻害统称为寒害[4-6]。为了兼顾各家的方法,本文用寒(冻)害来表述冬季出现的寒害(最低气温>0℃)和冻害(最低气温≤0℃)。

福建位于中国东南沿海、台湾海峡的西岸,地跨中亚热带、南亚热带,冬季气候温暖,随着热带、亚热带果树引种和扩种,果树品种和产量逐年增长,对冬季寒(冻)害的敏感性增加,冬季寒(冻)害的损失也不断增加。例如1991年、1999年、2005年、2008年、2009年福建相继出现了5年冬季低温寒(冻)害袭击,给农业生产造成重大损失,其中仅1999年冬季低温寒(冻)害就使全省遭受超过20亿元的损失。冬季寒(冻)害已经成为新农村建设、提高农民收入的重要制约因素。因此,准确及时地做好果树寒(冻)害的预警,以便提早采取防寒(冻)害措施,减少

* 基金项目:“十一五”国家科技支撑计划重点项目(2006BAD04B03);福建省科技厅农业科技重点项目(2009N0030);
本文发表于《生态学杂志》,2010,**29**(4)。

因寒(冻)害造成的损失是十分必要的。近年来,国内许多专家纷纷开展寒(冻)害预警预报方法研究,有利用大尺度环流异常的前期强信号,进行寒(冻)害长期预测[7-9],但该方法只是冬季寒害等级预报,究竟是哪一个时段、多长时间都不清楚;有利用低温周期变化规律预测冬季各旬最低气温的长期预报[10-12];有基于 MOS 预报方程的未来 3 天气温预报来进行寒(冻)害短期预报[13];但这些只是一般的低温天气预报,没有针对农业生产对象,指导性不强;还有用 3 个探空站的短期预测模型来开展寒(冻)害短期预报[14],空间精细度不够。同时,以上的寒(冻)害预警均未利用 GIS 制图分析低温预报值的分布,难以直观了解可能出现的寒(冻)害的空间分布。本研究在福建省冬季低温预警关键期跟踪开展全省各气象站低温预报的基础上,利用 GIS 制图分析,结合果树寒(冻)害指标,开展福建省冬季果树寒(冻)害预警。

1 材料与方法

1.1 资料来源

全省 68 个台站 1963—2008 年共 46 年每年极端最低气温,福州、厦门、邵武 3 个探空站各气象要素资料来自福建省气象台。地理信息资料采用 68 个气象台站的公里网坐标及海拔高度和“数字福建”提供的 1∶25 万福建基础地理背景资料。

1.2 寒(冻)害预警期的确定

1.2.1 寒(冻)害预警期

分析全省 68 个台站 1963—2008 年共 46 年每年极端最低气温(t_d)出现的日期,再按年度统计冬季(11 月至翌年 2 月)各日期出现 t_d 的台站数,以台站数之和最大的一个低温过程作为当年最强低温过程的个例,并计算历年全省各站 t_d 平均值(T_D)[14]。

表 1 福建省历年最强低温过程出现在各旬的时间、次数及平均 T_D

时间	出现年数	出现年份	平均值 T_D(℃)
12 月上旬	2	1987,1990	0.5
12 月中旬	3	1975,1985,1988	−1.9
12 月下旬	12	1999,1991,1973,1967,1984,1965,1982,1995,2001,1963,2002,2006	−1.8
1 月上旬	6	2005,1971,1965,2008,1997,1973	−1.4
1 月中旬	5	1967,1970,1982,1981,2001	−1.7
1 月下旬	10	1963,1993,1977,2004,1994,1980,1987,2007,1990,1998	−1.3
2 月上旬	6	1984,1969,1979,1995,1972,1999	−1.2
2 月中旬	2	1978,1975	0.5
平均			1.0

从表 1 可见,福建省冬季最强低温天气过程的出现时段为 12 月上旬至翌年 2 月中旬,为福建省果树寒(冻)害预警期。而 12 月中下旬出现强低温天气过程几率最高,低温强度最大,其次是 1 月中旬,因此 12 月中旬至翌年 1 月中旬为果树寒(冻)害预警关键期。

1.2.2 低温预警的温度指标

根据果树寒(冻)害指标,确定低温预警温度指标。依据2007年发布的中华人民共和国气象行业标准《香蕉、荔枝寒害等级标准》(QX/T 80—2007),把11月至翌年3月出现日最低气温≤5℃定义为一寒害过程,福州位于香蕉主要种植区的北部,综合考虑福建地形特点,我们确定跟踪开始低温预警的温度指标为福州日最低气温出现5℃。

2 冬季低温过程日最低气温短期定量预警预报方法

2.1 三个探空站的最低气温(t_d)短期定量预报方法与检验

2.1.1 日最低气温预报模型

通过分析温度平流、天气系统、天空状况和天气现象对最低气温的影响,共选取19个预报因子(表2),利用逐步回归分析方法,分别得到福州、厦门和邵武等3个探空站t_d预报模型,除邵武模型显著性稍差外,福州、厦门均通过极显著检验。

福州:

$t_d = -7.481 + 0.063X_2 + 0.790X_3 - 0.034X_4 + 0.095X_5 + 0.042X_7 + 0.026X_9 - 0.091X_{14} + 0.061X_{16} + 0.063X_{17} - 0.460X_{18}$ (复相关系数 $Rs=0.959$, $F=9.16$)

厦门:

$t_d = -0.640 - 0.060X_1 - 0.453X_2 - 0.069X_3 + 0.707X_4 + 0.090X_7 + 0.036X_9 - 0.023X_{10} - 0.154X_{13} + 0.097X_{16} - 0.347X_{19}$ (复相关系数 $Rs=0.952$, $F=7.74$)

邵武:

$t_d = -13.423 + 0.526X_3 - 0.094X_4 + 0.131X_6 + 0.064X_7 + 0.042X_9 + 0.300X_{11} + 0.180X_{13} - 0.090X_{14} - 0.243X_{15} + 0.067X_{17} - 0.034X_{19}$ (复相关系数 $Rs=0.845$, $F=1.59$)

表2 各因子含义

因子	含义
X_1	前1天20时850 hPa V分量($m \cdot s^{-1}$)
X_2	前1天20时850 hPa U分量($m \cdot s^{-1}$)
X_3	前1天20时气温(℃)
X_4	前1天20时总云量
X_5	当天02时总云量
X_6	当天08时总云量
X_7	前1天20时相对湿度(%)
X_8	当天02时相对湿度(%)
X_9	当天08时相对湿度(%)
X_{10}	前1天20时地面风速($m \cdot s^{-1}$)
X_{11}	当天02时地面风速($m \cdot s^{-1}$)
X_{12}	当天08时地面风速($m \cdot s^{-1}$)
X_{13}	前1天08时850 hPa温度(℃)
X_{14}	前1天20时850 hPa温度(℃)

续表

因子	含义
X_{15}	当天 08 时 850 hPa 温度(℃)
X_{16}	前 1 天 20 时 850 hPa 24 h 变温(℃)
X_{17}	前 1 天 20 时 500 hPa 单站位势高度(dagpm)
X_{18}	前 1 天 20 时－当天 08 时降水量(mm)
X_{19}	20 时 850 hPa 风速($m \cdot s^{-1}$)

在做 t_d 预报时，当天的预报因子取其天气预报值代入。

2.1.2　检验方法

根据中国气象局关于“单站温度预报质量检验办法”，计算平均绝对误差、均方根误差和预报准确率如下：

平均绝对误差：$T_{\mathrm{MAE}} = \frac{1}{N}\sum_{i=1}^{N} | F_i - O_i |$

均方根误差：　$T_{\mathrm{RMSE}} = \sqrt{\frac{1}{N}\sum_{i=1}^{N} (F_i - O_i)^2}$

预报准确率：$TT_{\mathrm{K}} = \frac{Nr_K}{N_f} \times 100\%$

其中，F_i为第 i 站(次)预报温度，O_i为第 i 站(次)实况温度，K 为 1，2，分别代表 $|F_i - O_i| \leqslant 1$℃、$|F_i - O_i| \leqslant 2$℃，Nr_K为预报正确的站(次)数，N_f为预报的总站(次)数。温度预报准确率的实际含义是温度预报误差≤1℃(或 2℃)的百分率。

2.1.3　回代检验和预报检验

以 1963—2004 年资料对短期定量预报方程进行回代检验结果(表 3)，短期预报方程的预报准确率均比较高，福州、厦门的短期预报方程预报绝对误差均小于 2℃，绝对误差小于 1℃的预报准确率高达 97%以上，邵武的短期预报方程的预报准确率略低一些，但绝对误差小于 1℃的预报准确率也达 63.9%，绝对误差小于 2℃的预报准确率达 97.2%。

以 2005—2008 年 4 年低温过程的资料做短期预报检验结果(表 3)，短期预报方程的预报准确率较高，福州、邵武的短期预报方程其预报绝对误差均小于 2℃，绝对误差小于 1℃的预报准确率分别高达 76.9%和 65%，厦门的短期预报方程的预报准确率略低一些，但绝对误差小于 2℃和小于 1℃的预报准确率也分别达 90%和 60%；由此可见，短期预报方程具有一定的预报能力，能作为冬季低温定量预报方法。

表 3　各方程的误差和预报准确率(%)

	t_d的回代准确率			t_d的预报准确率		
	福州	厦门	邵武	福州	厦门	邵武
平均绝对误差 T_{MAE}	0.34	0.39	0.83	0.51	0.69	0.59
均方根误差 T_{RMSE}	0.45	0.48	0.98	1.00	1.18	0.91
预报准确率 TT_1	97.4	97.1	63.9	76.9	60.0	65.0
预报准确率 TT_2	100	100	97.2	100	90	100

注：TT_1为温度预报误差≤1℃预报准确率的百分率，TT_2为温度预报误差≤2℃预报准确率的百分率。

表 4 两个低温过程探空站最低气温预报(℃)

站名	预报 2008 年 1 月 2—3 日			预报 2009 年 1 月 10—11 日		
	预报	实况	差值	预报	实况	差值
邵武	−4.4	−4.5	0.1	−4.0	−5.8	1.8
福州	2.3	3.2	−0.9	2.0	1.5	0.5
厦门	4.3	6.8	−2.5	5	3.9	1.1

利用福州、厦门、邵武三地低温短期预报模式进行 2007 年 12 月 28 日和 2009 年 1 月 7 日过程低温值预报(表 4),2008 年 1 月初邵武和福州的误差在 1℃以内,厦门的预报偏低 2.5℃,偏差较大。2009 年 1 月 10 日邵武、福州和厦门的预报误差分别为 1.8℃、0.5℃、1.1℃,邵武偏差较大。

2.2 利用差值移植法开展各气象站最低气温(t_d)的短期预报

将福州、厦门、邵武三地分别代表福建的中部、南部、北部代表站,统计 3 个代表站低温预报值与其最低气温多年平均值的差值。将福建分成南部、中部、北部,分别统计全省各站最低气温多年平均值,根据其所在位置,统计其与差值之和,作为各站低温短期预报值,得出低温过程各台站的最低气温预报。统计 2008,2009 两年冬季低温过程福建 68 个台站利用差值移植法的最低气温预报准确率,大部分站预报误差≤1℃。从表 5 可见,≤1℃的预报准确率为 58.3%(21/36),≤1.5℃的预报准确率为 83.3%(30/36),≤2℃的预报准确率为 91.7%(33/36)。

表 5 福建南亚热带果树种植区 36 个台站 2009 年 1 月初最低气温预报与实况表(℃)

站名	预报	实况	差值	站名	预报	实况	差值
福鼎	−1.3	−1.9	0.6	仙游	1.1	0.7	0.4
拓荣	−4.9	−6.3	1.4	九仙	−8.6	−8.6	0.0
周宁	−4.9	−5.2	0.3	德化	−2.3	−3.3	1.0
福安	−1.1	−1.0	−0.1	永春	0.9	−0.7	1.6
屏南	−6.0	−7.2	1.2	安溪	2.6	1.4	1.2
霞浦	0.0	−0.5	0.5	南安	3.0	2.3	0.7
宁德	1.1	1.5	0.4	惠安	5.0	5.5	−0.5
古田	−2.5	−3.6	1.1	晋江	3.9	4.5	−0.6
罗源	0.0	−0.2	0.2	华安	0.5	−2.4	2.9
连江	0.1	0.2	−0.1	长泰	2.5	1.6	0.9
闽清	−0.7	−1.4	0.7	漳州	3.2	2.4	0.8
长乐	2.1	2.0	0.1	南靖	1.6	−0.5	2.1
永泰	−0.9	−1.9	1.0	龙海	3.5	2.9	0.6
福清	2.7	4.2	−1.5	平和	1.4	0.3	1.1
平潭	4.6	6.4	−1.8	漳浦	3.5	2.2	1.3
闽侯	1.0	−0.2	1.2	云霄	4.3	2.9	1.4
福州	2.0	1.5	0.5	东山	7.1	6.8	0.3
莆田	2.7	4.7	−2.0	诏安	3.5	0.8	2.7

2.3　最低气温(t_d)的短期精细预报

2.3.1　建立低温预报值空间推算模型

因福建山地多，地形复杂，68 个气象站的日最低气温预报资料难以表达全省不同地形的可能出现的低温分布，低温与地理因子关系密切，随纬度、海拔高度的升高而降低。把经纬网坐标转换为公里网坐标，公里网中的横向坐标用 X 表示，纵向坐标用 Y 表示，海拔高度用 H 表示，进行 68 个气象站的低温预报值 t_d 与 X、Y、H 间的相关分析，建立空间推算模型。以 2009 年 1 月 10 日低温预报结果为例，建立的推算模型如下：

$$t_d = 51.19256 + 0.0000115211X - 0.00002014922Y - 0.005321868H \tag{1}$$

$R(t_d, X, Y, H) = 0.968$，$S_r = 0.0888$，$F = 321.22$，$f_1 = 3$，$f_2 = 64$，$\alpha = 0.01$，$f_{0.01} = 4.112$，$F \gg f_{0.01}$，相关极为显著。

2.3.2　应用 GIS 制作低温预报分布图

据(1)式，利用 GIS 制作福建省低温预报空间分布图(图 1)，2009 年 1 月 10 日预报的全省最低气温为从东南向西北降低的趋势，与实况一致。

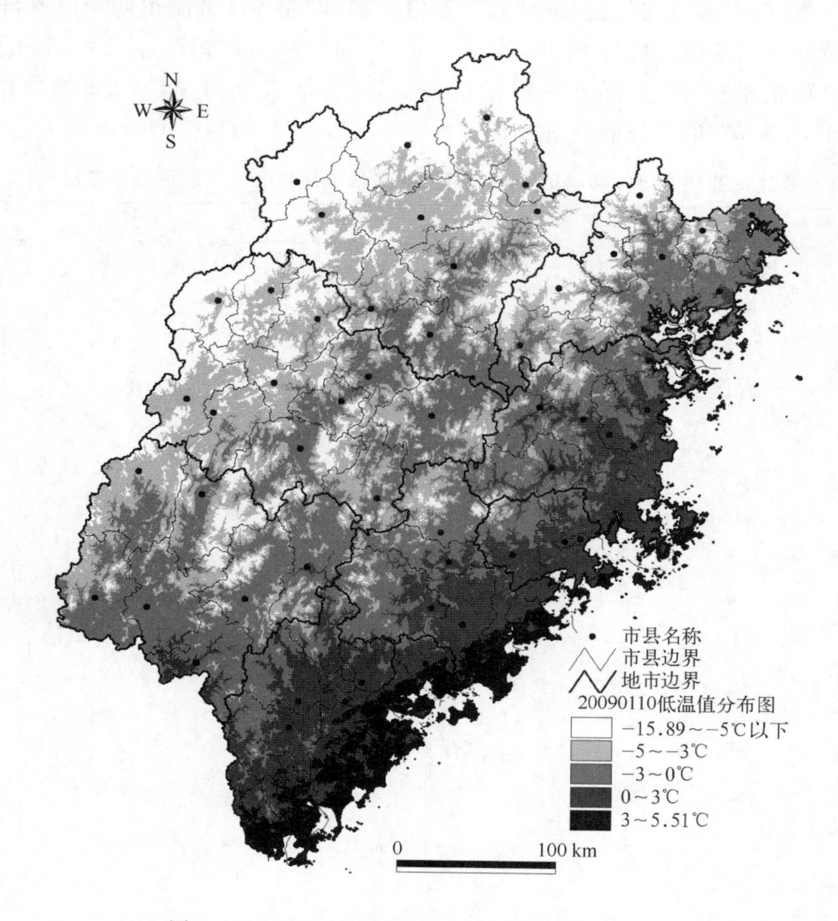

图 1　2009 年 1 月 10 日低温预报分布图(彩图 1)

3 福建果树寒(冻)害短期定量预警预报

3.1 南亚热带果树寒(冻)害温度指标的确定

根据历史资料的统计和参考有关文献资料[15-17],确定南亚热带果树寒(冻)害的最低温度指标(表6)。

表6 南亚热带果树低温冻害指标(最低气温值,℃)

果树名称	轻度冻害	中度冻害	重度冻害	严重冻害
香蕉	$3 \leqslant t_d < 5$	$1 \leqslant t_d < 3$	$-1 \leqslant t_d < 1$	$t_d < -1$
龙眼	$-1.5 \leqslant t_d < 0$	$-2.5 \leqslant t_d < -1.5$	$-3.5 \leqslant t_d < -2.5$	$t_d < -3.5$
荔枝	$-2.0 \leqslant t_d < 0$	$-3.0 \leqslant t_d < -2.0$	$-4.0 \leqslant t_d < -3.0$	$t_d < -4.0$

3.2 预警等级划分

根据表6,得出以下预警等级划分原则:(1)在香蕉种植区,当预报 $t_d < -1$℃时;或在龙眼种植区,当预报 $t_d < -3.5$℃时;或在荔枝种植区,当预报 $t_d < -4.0$℃时;发布南亚热带果树严重冻害预警。表示南亚热带果树可能出现严重冻害,造成果树死亡,要做好果树的防寒防冻工作。(2)在香蕉种植区,当预报 $-1℃ \leqslant t_d < 1℃$ 时;或在龙眼种植区,当预报 $-3.5℃ \leqslant t_d < -2.5℃$ 时;或在荔枝种植区,当预报 $-4.0℃ \leqslant t_d < -3.0℃$ 时;发布南亚热带果树重度冻害预警。表示南亚热带果树可能出现重度冻害,要做好果树的防寒防冻工作。(3)在香蕉种植区,当预报 $1℃ \leqslant t_d < 3℃$ 时;或在龙眼种植区,当预报 $-2.5℃ \leqslant t_d < -1.5℃$ 时,或在荔枝种植区,当预报 $-3.0℃ \leqslant t_d < -2.0℃$ 时;发布南亚热带果树中度冻害预警。表示南亚热带果树可能出现中度冻害,注意采取防寒防冻措施。(4)在香蕉种植区,当预报 $3℃ \leqslant t_d < 5℃$ 时;或在龙眼种植区,当预报 $-1.5℃ \leqslant t_d < 0℃$ 时;或在荔枝种植区,当预报 $-2.0℃ \leqslant t_d < 0℃$ 时;发布南亚热带果树轻度冻害预警。表示南亚热带果树可能出现轻度冻害,注意采取防寒防冻措施。

3.3 果树寒(冻)害短期定量预警等级发布

将图1与南亚热带果树寒(冻)害预警等级对比可知,预计这次低温过程厦门、漳州的低平地带、山区的坡底谷地最低气温可达2℃以下,达到香蕉的中度寒害指标,这一带香蕉可能发生中度冻害;闽东北沿海的低洼地最低气温可达-2℃以下,达到龙眼、荔枝等果树的中度冻害指标,这一带龙眼、荔枝可能发生中度冻害。即红色种植香蕉区域为香蕉轻度寒害区,蓝色种植香蕉区域为香蕉中度寒害区,绿色种植龙眼、荔枝区域为其中度冻害区。据此可发布相应的低温寒(冻)害预警等级。

4 结论

在12月上旬至翌年2月上旬(即果树寒(冻)害预警期),当福州最低温度出现≤5℃的低温预警温度时,利用逐步回归建立的福州、厦门和邵武3个探空站日最低气温短期预报模型进行3个探空站日最低气温短期预报,预报结果经差值法移植后,用于全省各台站日最低气温短期预报,经2008/2009年冬季业务应用,≤1℃的预报准确率为58.3%,≤1.5℃的预报准确率为 83.3%，≤2℃的预报准确率为 91.7%，可投入业务应用。建立各气象站日最低气温预报值与经度、纬度、海拔高度的地理推算模型，并利用 GIS 制作日最低气温预报分布图，开展日最低气温空间精细预报，结合南亚热带果树寒(冻)害预警等级，对果树寒(冻)害的发生、发展和范围进行短期定量预报预警。

所制作的福建全省极端最低气温预报值分布图，若能与具体果树种植分布图叠加，则可以统计可能发生各级寒(冻)害的面积；若应用各种果树各级冻害指标分区，果树寒(冻)害分布预警将更为直观，有待今后进一步完善。

参考文献

[1] 罗宗洛，殷宏章. 罗宗洛文集. 北京：科学出版社，1988.

[2] 江爱良. 中国热带东、西部地区冬季气候的差异与橡胶树的引种. 地理学报，1997，**52**(1)：45-53.

[3] 崔读昌. 关于冻害、寒害、冷害和霜冻. 中国农业气象，1999，**20**(1)：56-57.

[4] 黄文龙，王丙春，谢康美. 西双版纳的低温寒害及其减灾措施. 云南热作科技，2000，**23**(1)：16-18.

[5] 林业寒害联合调查组. 2000. 广东省林业寒害情况调查报告. 广东林业科技，**16**(4)：26-33.

[6] 罗晓玲，张勇，汤海燕，等. 2001. 冬季寒害对广东种养业的严重影响及其对策. 自然灾害学报，**10**(1)：107-113.

[7] 陆丹. 广西严重冷冬前期强信号的探索. 广西气象，2000，**21**：63-66

[8] 林日暖，崔巧娟，朱正心. 广东经济林果寒害地面预警强信号和长期统计预报模式的研究. 应用气象学报，2003，**14**(4)：499-501.

[9] 易燕明，李秀存，覃峥嵘. 广西冬季严重冻害的前期强信号及预测概念模型. 广西气象，2003，**24**(4)：28-31.

[10] 陈家豪，张潍民，陈家文，等. 南亚热带 12 月低温预测模型及其应用. 江西农业大学学报，2005，**27**(5)：776-780.

[11] 陈家豪，张潍民，徐宗焕，等. 南亚热带 1 月低温预测模型及其应用. 湖南大学学报，2005，**31**(6)：677-680.

[12] 陈家豪，徐宗焕，张潍民，等. 南亚热带 2 月低温预测模型及其应用. 福建农林大学学报，2006，**35**(4)：336-341.

[13] 王春林，刘锦銮，周国逸，等. 基于 GIS 技术的广东荔枝寒害监测预警研究. 应用气象学报，2003，**14**(4)：487-495.

[14] 夏丽花，张立多，林河富. 福建省冬季果树冻(寒)害低温预报预警. 中国农业气象，2007，**28**(2)：221-225.

[15] 蔡文华，王加义，岳辉英. 近 50 年福建省年度极端最低气温统计. 气象科技，2005，**33**(3)：227-230.

[16] 蔡文华，张辉，徐宗焕，等. 荔枝树冻害指标初探. 中国农学通报，2008，**24**(8)：353-356.

[17] 蔡文华，陈惠，潘卫华，等. 福建龙眼树冻害指标初探. 中国农业气象，2009，**30**(1)：109-112.

基于离海距和 GIS 技术的福建低温精细监测*

王加义[1]　陈　惠[1]　夏丽花[2]　潘卫华[1]　蔡文华[1]

（1. 福建省气象科学研究所，福州　350001；2. 福建省气象台，福州　350001）

摘要：利用福建省 1∶25 万 DEM 资料和 67 个气象站气温观测数据，在建立最低气温与经纬度、海拔高度相关推算方程的基础上，融合离海距因子，对 2008—2010 年冬季 3 个冷空气过程的最低气温（数值及分布状态）进行精细模拟，同时总结出利用逐步回归及综合残差平方和选取适宜离海距的方法。结果表明：融合离海距因子后，对冷空气过程最低气温的模拟效果更好。随着过程平均降温幅度的增大，离海距对过程最低气温模拟值的贡献率有减小趋势。不同冷空气过程的离海距大小存在差异，总体上以 50 km 为标准，再进一步得出适宜离海距。离海距以外区域最低气温模拟适用经度、纬度、海拔高度三因子确定的地理气候方程进行，以内区域则适用在上述最低气温模拟方法的基础上融合离海距因子进行，以达到提高低温监测模拟精度和体现海洋对陆地温度调节能力的目的。经检验，模拟结果与实际情况基本相符。

关键词：地理信息系统（GIS）；适宜离海距；低温过程；温度模拟；地理因子

0　引言

福建省地处我国东南沿海，属典型的亚热带季风气候，气候资源优越，同时气象灾害也频繁发生，冬季强低温过程对福建的热带、亚热带经济作物、冬种作物常常造成严重冻害。根据灰色关联分析福建主要气象灾害影响农业生产的权重，从大到小的顺序依次为旱灾、冻害、风雹灾、水灾，可见低温冻害是对福建农业生产造成损失的第二大气象灾害[1]。福建海岸线长 3324 km，占全国海岸线长度的 18.3%，仅次于广东。海岸曲折率为 1∶6.2，居全国之首[2]。曲折狭长的海岸地带对福建气候尤其是冬季最低气温分布会产生一定影响，为使福建农业相关部门及时掌握低温地理分布状态，采取相应措施减少低温对农作物的损害，利用离海距和其他地理因子对冷空气过程中的低温值及其分布状态进行模拟，总结不同区域的模式构建方式，其研究意义重大。

现有的地面气象站比较稀少，难以全面反映福建省气温分布状况，以往采取的方法主要是建立平均温度与经度、纬度、海拔高度地理三因子的多元回归模型进行模拟[3-6]。一些研究者在气象站点实测数据的基础上，利用 GIS 技术获取影响温度分布的地形要素进行温度等气象要素空间分布的推算[7-13]，大幅提高了分辨率。但对最低气温模拟的较少涉及，考虑离海距因子的研究更少。海洋对陆地温度具有一定的调节作用，离海距在一定程度上可以反映这种调

* 基金项目："十一五"国家科技支撑计划重点项目（2006BAD04B03）、福建省科技厅农业科技重点项目（2009N0030）及福建省气象局开放式气象科学研究基金项目（2010K06）共同资助；

本文发表于《应用气象学报》，2012，**23**(1)。

节作用的大小，在温度模拟中融入离海距因子将进一步提高模拟的精度。模拟最低气温分布的一般过程是利用相关分析和订正差值方法获得气象站的最低气温多年平均值[14]，建立极端最低气温与地理三因子的多元回归模型进行最低气温分布模拟[15-18]；部分学者还在地理三因子的基础上，加入了离海距及坡度、坡向因子来提高预测值与实际值的拟合度[19-23]。但这些研究中最低气温值一般采用多年极端最低气温的平均值，另外，针对冷空气过程的类型、产生后果等进行分析的研究较多[24-26]，但对于单独冷空气过程出现的最低气温进行模拟没有涉及。上述研究中离海距的计算方法多采用弧度算法或者网格距离[27-29]，精确度受到一定限制。本文利用新的离海距计算方法和地理因子，参考前人研究的温度模拟方法，对单一冷空气过程中的最低气温进行模拟，模拟值及其分布状态在精确度和地域适用性方面有所提高。

1　资料与方法

1.1　资料来源

本研究的气象资料来源于福建省气象局，选取 67 个气象站平面坐标系的坐标值（x、y，代替经、纬度）、海拔高度（h）和离海距（d），以及 2007 年 12 月 28 日—2008 年 1 月 4 日、2009 年 1 月 9 日—1 月 17 日、2010 年 3 月 6 日—11 日 3 个低温过程（以下简称过程 1、过程 2、过程 3）逐日最低气温（t_d）资料。另外准备 67 站 1950/1951 年至 2008/2009 年共 59 年的年度极端最低气温多年平均值，供确定离海距参与计算的表现形式使用。

海岸线数据由 1∶250000 福建省基础地理信息数据中提取，同时由 DEM 高程值中提取 −50～50 m 的等高（深）线数据，另外准备省、地市边界及县市名称等矢量数据。

1.2　离海距计算方法

1.2.1　确定海岸线

在测绘学上把海岸线定义为大潮高潮时海陆分界的痕迹线。痕迹线并不等同于大潮高潮面与陆地地形的“交线”，大潮高潮面与陆地地形的交线可以通过验潮资料和海岸地形测绘资料在图上绘出。但作为海面，尤其是高潮位时的海面很难有平静的状态。确切的“海岸线”应该是指海水线常在它到达的陆域边缘留下的痕迹，被水浸过和干出的陆地之间的界线[30]。在满足分析需要、保证一定精度的情况下，本研究采用沿海地区的行政边界和岛屿行政边界作为海岸线，并利用 DEM 数据进行检验。

在 ArcGIS 软件中调取福建省线状边界的矢量数据，从中截取沿海边界，剔除内陆边界。保留平潭、厦门和东山的行政岛屿边界，删除其他附属岛屿边界。因沿海边界和岛屿边界是由多条线段组成，利用 GIS 软件分别对线段进行合并，形成一条大陆海岸线和三条岛屿海岸线。将 DEM 高程值中提取的 −50～50 m 数据，分离出 −50～5 m 和 10～50 m 两组数据，利用这两组数据对海岸线地理位置进行验证，结果显示海岸线全部位于 −5 m 等深线和 10 m 等高线之间，说明海岸线位置的确定符合实际情况。

1.2.2　计算离海距

离海距是指从陆地某一固定点（测站）至海岸线的直线最短距离。日常用到的距离包括欧式距离（Euclidean distance）、曼哈顿距离（Manhattan distance）和路网距离（network distance）[31]。欧式距离是两点之间的直线距离，如果研究区域的地理范围较小，直角坐标系两个节点(x_1,y_1)、(x_2,y_2)之间的欧式距离可以近似地也表示为：

$$d_{12}=[(x_1-x_2)^2+(y_1-y_2)^2]^{\frac{1}{2}} \tag{1}$$

在本研究中，测点的最大离海距为 268 km（建宁），故选用式(1)欧式距离作为离海距的计算方法。对海岸线矢量数据进行距离分析的栅格化处理，得到分辨率为 50 m×50 m，共计 10546 行，9142 列的格网数据，如图 1 所示。根据各测点在栅格图层中的位置，可以得到各测点至海岸线的直线最短距离，形成测点的离海距数据。

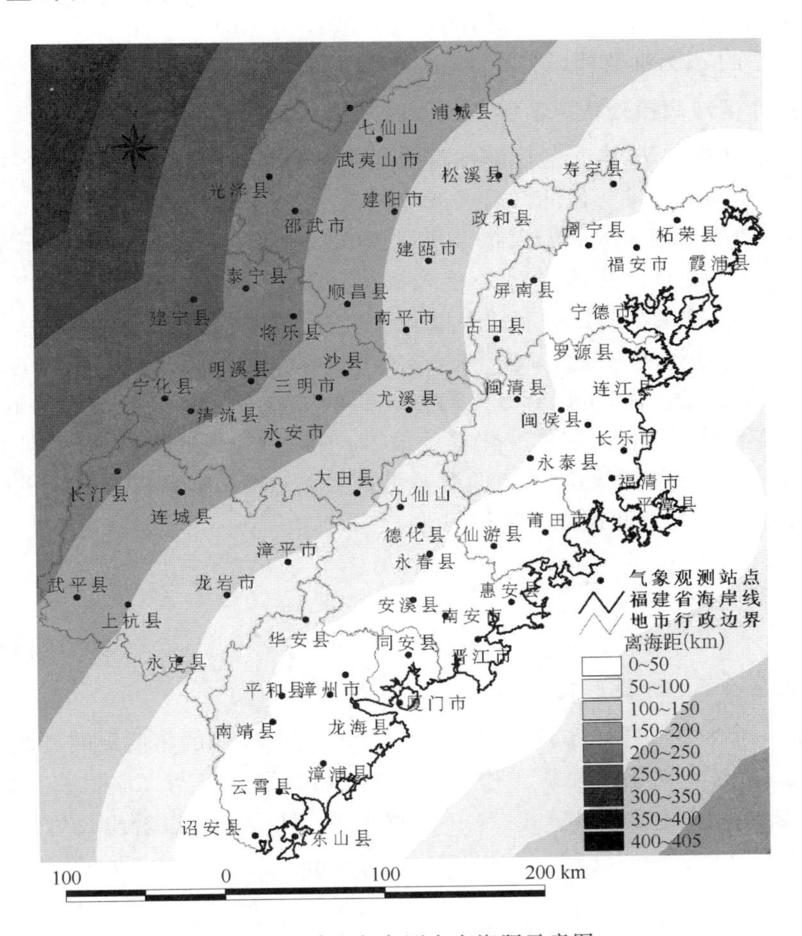

图 1 福建省气象测点离海距示意图

1.3 根据离海距的取舍以及选取不同离海距进行低温过程监测

在 9 个地级市中各选取 1 个观测站，作为模式验证站。利用其余 58 个台站在低温过程中的最低气温资料，建立 t_d 与 x、y、h 及 d 的回归方程，模拟福建省低温过程中 t_d 的空间分布状态。

58 个台站均采用离海距因子，t_d 与 x、y、h、d 的低温监测模型为

$$t_d=a_1\times x+a_2\times y+a_3\times h+a_4\times d^{1/4}+a_0 \tag{2}$$

58 个台站均不利用离海距因子，t_d 与 x、y,h 的低温监测模型为

$$t_d=a_1\times x+a_2\times y+a_3\times h+a_0 \tag{3}$$

考虑到 d 对 t_d 的影响程度，在保证观测样本数量的情况下，d 分别取 25，50，100，150，200 km，在 d 取值区域内台站的 t_d 值利用地理因子并融合离海距进行模拟，区域外台站的 t_d 值仅利用地理因子进行模拟，然后基于模拟值与实测值的综合残差平方和（Q）来确定 d，其模型为

$$t_d = \begin{cases} a_1 \times x + a_2 \times y + a_3 \times h + a_4 \times d^{1/4} + a_0 & d \leqslant d_n \\ a_1 \times x + a_2 \times y + a_3 \times h + a_0 & d > d_n \end{cases} \tag{4}$$

$$(d_n = 25, 50, 100, 150, 200 \text{ km})$$

式(2)、(3)、(4)中的 a_0 为常数项，a_1、a_2、a_3、a_4 为系数。

1.4　离海距内外区域衔接处模拟值误差的处理方法

采用式(4)的计算方法，由于考虑海洋对陆地的影响范围，d 因子进行分段处理，必然形成相邻的两个采用不同因子进行最低气温模拟的区域，在两区域衔接处将产生不同的模拟结果。为尽可能减小或消除衔接区域低温模拟结果跳跃式变化，对 d 进行调节，使低温模拟监测值与实测值的综合 Q 最小。具体方法是首先确定 d 的基线，令 d 分别为 25，50，100，150，200 km，其中使综合 Q 最小的 d 为基线。以基线两侧实测站点的 d 为标准线，从基线至标准线的距离为单位，向基线两侧调整 d，将使综合 Q 最小的 d 作为对应低温过程的 d 因子。利用实测站点进行 d 调整的方法，可以对每个调整 d 后的综合 Q 进行比较，从而确定出最小综合 Q，使 d 两侧的监测模拟最低气温的变化幅度最小。利用 GIS 技术对筛选和处理后的模型进行全省低温空间分布的推算模拟，达到低温监测的目的，由于基于 GIS 技术进行温度模拟的方法已经比较成熟，本文对此过程不进行阐述。

2　结果分析

2.1　选定离海距因子的计算形式

利用全省 67 个台站 1950/1951 年至 2008/2009 年共 59 年的年度极端最低气温多年平均值（T_{DP}），建立 T_{DP} 与 d 的相关关系。对 d 因子处理后表明，$d^{1/4}$ 与 T_{DP} 相关度最好（见表 1），最终选取 $d^{1/4}$ 参加低温过程模拟模式(2)、(4)的计算。从表 1 可以看出，$d^{1/4}$ 与 T_{DP} 为负相关关系，且 $r(T_{DP}, d^{1/4}) = -0.77672$，$\alpha = 0.001$，$N-2=65$，$r_d = 0.3939$，$|r(T_{DP}, d^{1/4})| \gg r_d$，相关关系极为显著。

表 1　T_{DP} 与选取不同 d 计算形式的相关分析结果

离海距	d	$1/d$	$d^{1/2}$	$d^{1/4}$	$d^{1/6}$	$ln(d)$	$log_{10}d$
相关系数(r)	−0.72	0.3879	−0.7698	−0.7767	−0.7724	−0.7493	−0.7493
残差平方和(Q)	349.15	615.85	295.29	287.57	292.39	317.92	317.92

2.2　融合离海距前后过程低温模拟的效果及其影响因素

利用 58 个气象站的地理数据和 3 个冷空气过程中最低气温的实测数据，分别代入式(2)和式(3)进行低温监测模拟，结果见表 2。

表 2 融合离海距前后低温模拟效果对比

过程	模型	a_0	a_1	a_2	a_3	a_4	Max(℃)	Min(℃)	Q
1	A	57.6	1.14×10^{-5}	-2.13×10^{-5}	−0.0045	−0.147	3.68	0.01	86.2
1	B	66.41	1.8×10^{-5}	-2.62×10^{-5}	−0.0048	—	3.75	0.04	92.4
2	A	47.6	1.16×10^{-5}	-1.85×10^{-5}	−0.0049	−0.183	3.02	0.03	88.0
2	B	57.36	1.97×10^{-5}	-2.45×10^{-5}	−0.0053	—	3.38	0.09	97.6
3	A	39.69	7.6×10^{-5}	-1.47×10^{-5}	−0.0068	−0.006	2.42	0	51.7
3	B	40.02	7.9×10^{-6}	-1.49×10^{-5}	−0.0068	—	2.43	0.02	51.7

注：a_0为常数项、$a_1\sim a_4$为系数，模型 A、B 分别代表式(2)和(3)，Max、Min 为最低气温实测值与模拟值的最大、最小残差绝对值。

表 2 结果表明，所有 R 均在 0.94 以上，变量之间的复相关关系特别显著，F 检验值均通过 $F_{0.01}$的检验，说明地理因子对最低气温的影响显著。但从残差极值和 Q 来看，在 3 个过程中式(2)的模拟效果基本好于式(3)，加入 d 因子后 Q 分别减少了 6.2、9.6 和 0，说明融合 d 因子后，低温监测模拟效果更好。

从全省范围来看，所有实测站点的平均降温幅度表现为：过程 1 是 11.73℃；过程 2 是 7.18℃；过程 3 达到 13.93℃，过程 3＞过程 1＞过程 2。在 3 个过程中，d 因子内外区域相比，d 以内区域平均降温幅度均低于 d 以外区域，见表 3。

表 3 不同过程及离海距内外区域的平均降温幅度

低温过程及离海距内外区域	过程 1			过程 2			过程 3		
	全省	≤d_1区	＞d_1区	全省	≤d_2区	＞d_2区	全省	≤d_3区	＞d_3区
平均降温幅度(℃)	11.73	9.55	13.38	7.18	6.45	7.69	13.93	12.06	15.55

注：d_1、d_2、d_3分别代表三个降温过程中对应的离海距，取值分别为 45km、41km、60km，确定方法见 2.3.1。

分析表 2、表 3 后得出，在全省最低气温监测模拟过程中，随着冷空气过程平均降温幅度的增加，R 和 F 检验值有增大趋势，监测模拟值与实测值的 Q 以及 d 因子对监测模拟的最低气温值的贡献率有减小趋势，当平均降温幅度达到某个临界值时，d 对最低气温的贡献率趋近于 0。如过程 3，其平均降温幅度为 13.93℃，d 因子系数仅为−0.006，式(2)与式(3)的 Q 基本相同。分析后认为是由于海洋对陆地的温度调节能力所决定，海洋的温度调节作用存在一定的限度，当平均降温幅度远大于这个限度时，海洋的调温作用就会显得能力不足，表现出 d 因子对监测模拟最低气温值的影响有限。所以应该确定离海距对低温的影响范围，仅在有效范围内融合离海距因子，提高范围内的低温模拟精度。

2.3 利用适宜离海距进行全省低温过程监测

2.3.1 适宜离海距的确定方法

为更好地体现海洋对陆地的温度调节作用随着离海距离的增加而减弱的关系，按照 1.4 的方法进行 3 个冷空气过程中 d 的选取，即基于实测站点对 d 进行调整，将模拟值与实测值的综合 Q 最小时所对应的 d 作为过程低温监测模拟的适宜离海距因子，结果见表 4。

表 4 利用综合残差平方和确定适宜离海距

离海距 d	过程 1			过程 2			过程 3		
	≤d 区域 Q	>d 区域 Q	综合 Q	≤d 区域 Q	>d 区域 Q	综合 Q	≤d 区域 Q	>d 区域 Q	综合 Q
25 km	16.78	36.52	53.30	21.49	42.42	63.91	11.19	28.30	39.49
50 km	30.33	19.01	49.34	37.34	24.52	61.87	15.76	21.38	37.14
100 km	48.62	16.40	65.02	50.91	20.84	71.75	32.11	12.45	44.56
150 km	64.74	6.40	71.14	65.05	6.83	71.88	43.33	3.75	47.08
200 km	84.59	1.05	85.64	83.35	1.94	85.29	50.73	0.12	50.85
45 km	28.1	19.53	47.63						
41 km				35.42	25.01	60.43			
60 km							15.92	21.18	37.095

比较表 2、表 4 中的 Q，结果表明：3 个冷空气过程中，表 4 中的综合 Q 均小于表 2 中对应过程的 Q，说明式(4)的模拟效果要优于式(2)，更优于式(3)。同时，当 d 分别取 25 km、50 km、100 km、150 km 和 200 km 时，3 个过程的综合 Q 在 d 为 50 km 时最小。将 50 km 作为基准线对 d 做进一步调整，直到得出使综合 Q 最小的 d，过程 1、过程 2 和过程 3 能够使综合 Q 最小的 d 分别为 45 km、41 km 和 60 km。因此，选择式(4)、适宜离海距分别取 45 km、41 km、60 km 进行 3 个过程的全省最低气温的监测模拟，结果见表 5。表 5 中所有 R 均在 0.91 以上，F 检验值均通过 $F_{0.01}$ 的检验。

3 个过程中，随着平均降温幅度增大，离海距的取值也增加，分析后得出当平均降温幅度增大时，内陆区域的降温差值与沿海区域降温差值的比值加大，为缩小比值，使整体区域的气温趋于平衡状态，海洋对气温的调节范围加大，其表现为离海距的增加。

另外，增加离海距为 50 km 基准线左右的监测站点，可以更准确地选取适宜离海距，离海距因子在低温模拟中的作用更明显，模拟效果更好。

表 5 利用适宜离海距进行低温监测模拟的效果

过程	d(km)	a_0	a_1	a_2	a_3	a_4	Max	min	Q
1	≤45	116.33	4.82×10^{-5}	-5.14×10^{-5}	−0.002	−0.042	2.36	0.078	28.1
1	>45	48.34	1.02×10^{-5}	-1.89×10^{-5}	−0.0037		1.79	0.01	19.53
2	≤41	95.38	3.83×10^{-5}	-4.22×10^{-5}	−0.0022	−0.093	2.54	0.02	35.42
2	>41	37.38	1.28×10^{-5}	-1.65×10^{-5}	−0.0045		2.31	0.01	25.01
3	≤60	76.12	2.66×10^{-5}	-3.22×10^{-5}	−0.004	−0.021	2.04	0.002	15.92
3	>60	34.15	8.8×10^{-6}	-1.3×10^{-5}	−0.0068		2.09	0.024	21.18

2.3.2 低温过程监测模拟结果

利用式(4)，适宜 d 因子分别选取 45 km、41 km、60 km，对全省最低气温进行模拟。58 个站点的绝对误差平均值分别为：过程 1 是 0.71℃，过程 2 为 0.78℃，过程 3 为 0.59℃。3 个过程的绝对误差平均值为 0.69℃，从单个过程的最低气温模拟效果来说，能够满足了解全省过程低温状况，为相关部门提供可靠的低温影响范围和程度信息的需要。同时，为有关部门及时采取相应的农业生产减灾措施提供必要的依据，从而减轻低温冻害带来的损失。

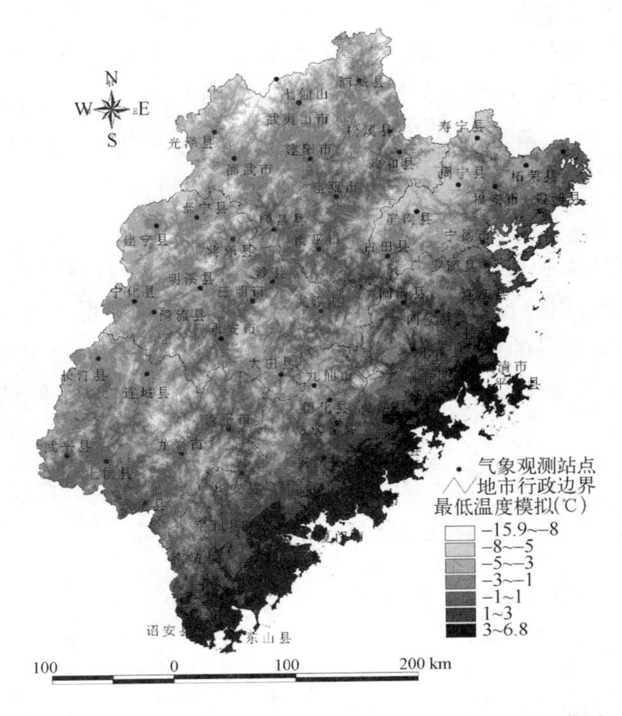

图 2 2010 年 3 月 6—11 日福建最低气温模拟分布图(彩图 2)

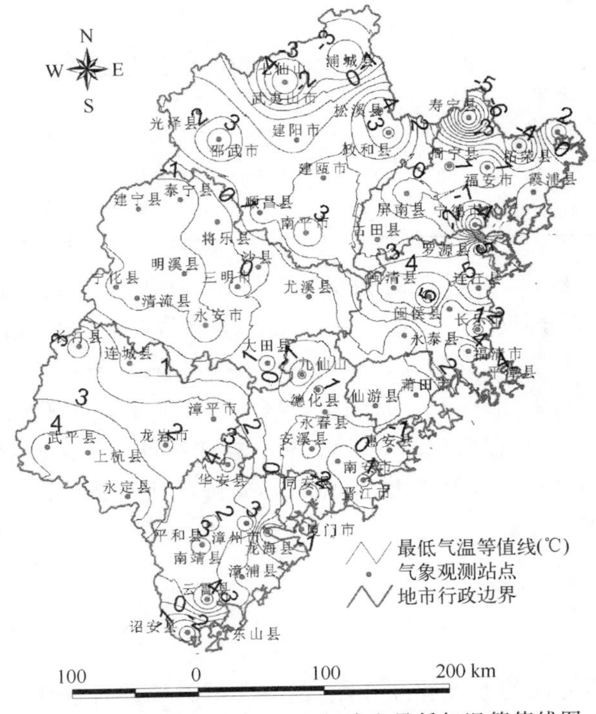

图 3 2010 年 3 月 6—11 日福建省最低气温等值线图

图 2 是过程 3 的福建省最低气温监测模拟图，图 3 是对应的实测最低气温分析图。由图可见，融合离海距及地理三因子得出的模拟图中，最低气温的分布状态比实测图更为精细，有利于对全省范围或局部特殊区域低温状况的掌握。并且可以通过对低温分段数值的调整，对照不同农作物的冻害指标，能够方便、有效地得到农作物受冻范围和程度等信息，进而更好地服务于农业减灾。

2.4 模式验证

由于适宜离海距的选取基于最小 Q 值，而最小 Q 值的确定依赖于离海距内外站点的数量及各站点的模拟误差值，因验证站点较少无法真实地反映全省的低温模拟情况，且验证的目的主要是评估本研究选用模式的应用效果，所以仅将 9 个验证站点数据分别代入式(4)计算得到低温模拟值，将实测值与模拟值之差的绝对值作为误差值，利用误差值进行验证结果的分析，见表 6。

表 6 验证站最低气温实测值、模拟值和绝对误差值

	过程、d 及比较值	明溪	建阳	上杭	永春	平和	闽侯	福安	莆田	同安
过程 1	离海距(km)	＞45	＞45	＞45	＞45	＞45	＞45	＜45	＜45	＜45
	实测值(℃)	−4	−3.5	0.9	1.7	1.8	1.8	−0.1	6.8	6.2
	模拟值(℃)	−3.00	−3.39	−0.41	1.02	2.57	1.32	−2.13	5.04	5.02
	绝对误差(℃)	1.00	0.11	1.31	0.68	0.77	0.48	2.03	1.76	1.18
过程 2	离海距(km)	＞41	＞41	＞41	＞41	＞41	＞41	＜41	＜41	＜41
	实测值(℃)	−6.6	−5.6	−1.9	−0.7	0.3	−0.2	−1.2	3.1	2.8
	模拟值(℃)	−5.63	−5.40	−3.51	−1.48	−0.36	−0.58	−3.64	2.51	2.72
	绝对误差(℃)	0.97	0.20	1.61	0.78	0.66	0.38	2.44	0.59	0.08
过程 3	离海距(km)	＞60	＞60	＞60	＜60	＜60	＜60	＜60	＜60	＜60
	实测值(℃)	−2.4	−1.5	1.2	1.8	3.4	1.5	0.9	4.3	4.1
	模拟值(℃)	−1.63	−1.03	0.60	1.53	3.00	2.72	−0.95	3.85	4.13
	绝对误差(℃)	0.77	0.47	0.60	0.27	0.40	1.22	1.85	0.45	0.03

从表 6 的数据可以看出，过程 3 的验证结果较好，所有验证站点的平均绝对误差值为 0.67℃，过程 1 和过程 2 分别为 1.04℃和 0.86℃。所有站点中，建阳站模拟效果最好，3 个过程的平均误差值最小仅为 0.26℃。3 个过程的平均误差值在 1℃以下的站点有明溪(0.91℃)、永春(0.58℃)、平和(0.61℃)、闽侯(0.69℃)、莆田(0.93℃)、同安(0.43℃)，在 1℃以上的站点有上杭(1.17℃)，福安(2.11℃)；2/9 的验证站点平均误差值＜0.5℃，有 8/9 的验证站点＜1.2℃；仅福安站的误差值较大，单独对其分析后认为是由该站所处地理位置形成的特殊局地小气候所造成。

3 结论

本文阐述了计算离海距的原理和方法，融合离海距因子进行福建冷空气过程的最低气温空间分布模拟，实际效果较好。在不同离海距情况下，离海距因子对过程最低气温的贡献率进行了讨论，并确定出适宜的离海距。最后利用地理因子和离海距对福建省低温分布状态进行

模拟,对模拟结果进行验证。主要结论如下:

(1)福建省低温过程中最低气温与离海距呈负相关关系。

(2)低温过程的平均降温幅度越大,离海距对最低气温监测模拟值的贡献率越小,适宜离海距因子的取值越大。

(3)利用逐步逼近的方法,可以确定使最低气温模拟值与实测值的残差平方和最小的离海距,达到使监测模拟值与实测值拟合度最好,并且最大限度地消除离海距内外衔接区域最低气温误差的目的。

(4)在冷空气过程中,可以通过融合离海距因子进一步提高最低气温模拟值的准确度,离海距有一定的区域适用性,区域内融合适宜离海距因子进行低温监测模拟,区域外利用经度、纬度、海拔高度等地理因子进行低温模拟即可。

利用以上研究结果,结合不同农作物或果树的寒(冻)害指标,可以实现相应的寒(冻)害监测产品,明确寒(冻)害发生的程度和区域,对指导减灾措施制定和启动起到积极作用,对农业生产应对灾害、减少损失意义重大。

参考文献

[1] 张星,郑有飞,周乐照. 农业气象灾害灾情等级划分与年景评估. 生态学杂志,2007,**26**(3):418-421.

[2] 温克刚,宋德众,蔡诗树. 中国气象灾害大典—福建卷. 北京:气象出版社,2007:1-3.

[3] 何燕,李政,廖雪萍. 基于GIS的巴西陆稻IAPAR29种植气候区划研究. 应用气象学报,2007,**18**(2):219-224.

[4] 罗伦. 无测站地方平均气温的推求方法. 气象,1978,(2):31-32.

[5] 梁敬,朱家龙. 山区热量资源的估算方法. 气象,1981,(10):24-25.

[6] 张洪亮,倪绍祥,邓自旺,等. 基于DEM的山区气温空间模拟方法. 山地学报,2002,**20**(3):360-364.

[7] 朱琳,朱延年,陈明彬,等. 基于GIS陕南商洛地区农业气候资源垂直分层. 应用气象学报,2007,**18**(1):108-113.

[8] 方书敏,秦将为,李永飞,等. 基于GIS的甘肃省气温空间分布模式研究. 兰州大学学报(自然科学版),2005,**41**(2):6-9.

[9] 李军,游松财,黄敬峰. 中国1961—2000年月平均气温空间插值方法与空间分布. 生态环境,2006,**15**(1):109-114.

[10] 杨凤海,王帅,刘晓庆,等. 基于ArcGIS的近10年黑龙江省旬平均气温插值与建库. 黑龙江农业科学,2009,(5):120-124.

[11] 唐力生,杜尧东,陈新光,等. 广东寒害低温过程动态监测模型. 生态学杂志,2009,**28**(2):366-370.

[12] 王春林,刘锦銮,周国逸,等. 基于GIS技术的广东荔枝寒害监测预警研究. 应用气象学报,2003,**14**(4):487-495.

[13]王瑾,刘黎平. 基于GIS的贵州省冰雹分布与地形因子关系分析. 应用气象学报,2008,**15**(9):627-634.

[14] 蔡文华,陈家金,陈惠. 福建省2004 /2005冬季低温评价和果树冻害成因分析. 亚热带农业研究,2005,**1**(3):35-39.

[15] 吴仁烨,陈家豪,徐宗焕,等. 漳州果树种植适宜性区划的GIS应用. 福建农林大学学报(自然科学版),2009,**38**(4):366-370.

[16] 杜尧东,李春梅,毛慧琴. 广东省香蕉与荔枝寒害致灾因子和综合气候指标研究. 生态学杂志,2006,**25**(2):225-230.

[17] 何燕,谭宗琨,李政,等. 基于GIS的广西甘蔗低温冻害区划研究. 西南大学学报(自然科学版),2007,

29(9):81-85.

[18] 何燕，李政，谭宗琨，等. GIS支持下的广西龙眼冻害区划研究. 云南农业大学学报，2009，**24**(15)：725-728.

[19] Myburgh J. Estimation of minimun temperature on a mesoscale. *South African Journal of Plant and Soil Functional Ecology*，1985，**2**(2)：89-92.

[20] 李文，蔡文华，王加义. 利用宁德市沿海越冬热量条件发展晚熟龙眼荔枝. 中国农业气象，2005，**26**(4)：239-241.

[21] 王加义，李文，蔡文华. 应用GIS进行闽东南果树避冻农业气候区划. 福建农业科技，2005，(6)：60-62.

[22] 蔡文华，李文. 用地理因子模拟年度极端最低气温模式的探讨. 气象，2003，**29**(7)：31-34.

[23] 蔡文华，李文，王加义. 海洋对台湾海峡西岸沿海最低气温的影响. 新世纪气象科技创新与大气科学发展—农业气象与生态环境. 北京：气象出版社，2003：395-398.

[24] 周淑玲，丛美环，吴增茂. 2005年12月3—21日山东半岛持续性暴雪特征及维持机制. 应用气象学报，2008，**19**(4)：444-453.

[25] 章国材，李晓莉，乔林. 夏季500hPa副热带高压区域一次暴雨过程环流条件的诊断分析. 应用气象学报，2005，**16**(3)：396-401.

[26] 张腾飞，鲁亚斌，张杰. 2000年以来云南4次强降雪过程的对比分析. 应用气象学报，2007，**18**(1)：64-72.

[27] Matzarakis A，Balafoutis C. Heating degree-days over Greece as an index of energy consumption. *International Journal of Climatology*，2004，**24**(14)：1817-1828.

[28] Miyazaki Hiroshi，Moriyama Masakazu. Study on estimation of air temperature distribution by using neural network. *Journal of Architecture，Planning and Environmental Engineering*（*Transactions of AIJ*），2001，**543**：71-76.

[29] Markow TA，Raphael B，Dobberfuhl D，et al. Elemental stoichiometry of *Drosophila* and their hosts. *Functional Ecology*，1999，**13**：78-84.

[30] 夏东兴，段焱，吴桑云. 现代海岸线划定方法研究. 海洋学研究，2009，**27**(增刊)：28-33.

[31] 王法辉[美]. 基于GIS的数量方法与应用. 北京：商务出版社，2009：29-31.

基于 MODIS 数据的福建省农作物低温监测分析与风险评估*

潘卫华　陈　惠　张春桂　陈家金

（福建省气象科学研究所，福州　350001）

摘要：利用 MODIS 数据分别对福建省地表温度和农作物用地信息进行反演，建立基于分裂窗法的福建省地表温度反演模型，构建福建省土地利用信息的专家决策树分类体系，并在 Surfer 和 ArcGIS 辅助下提出基于遥感的福建省农作物地表低温风险评估法。结果表明，基于分裂窗法的地表温度监测精度较高，达到 83.56%。通过与气象站实测温度对比分析，其高低温分布趋势基本一致，并能精细反映地形条件下的温度差异，弥补了气象站数量不足的缺陷。利用专家决策树分析法灵活构造 NDVI、NDWI 等不同判读因子，能较准确地提取福建省农作物土地利用信息。经过归一化处理建立的福建省主要农作物用地低温风险等级分为：轻度（0.45～1.00）、中度（0.24～0.45）和重度（0～0.24），能够细致反映出福建省地表低温分布和农作物所处的风险格局，为农作物合理区划和低温灾害风险评估等提供参考依据。

关键词：MODIS；低温；遥感；风险评估

低温是一种重要的灾害性天气现象，四季均可发生。低温灾害指农作物在生育期遭受到低于其生长发育所需的环境温度，从而引起生育期延迟或使其生殖器官的生理机能受到损害而导致减产。福建地处东南沿海，主要种植水稻、马铃薯等，同时盛产荔枝、龙眼和枇杷等亚热带水果，但低温冷害往往给这些农作物特别是果树带来严重危害，甚至绝收，及时准确地对农作物冬季温度进行监测，并进行适当的风险区划显得非常重要。当前风险区划的方法主要是基于概率风险法或基于信息扩散技术的模糊风险法[1,2]，对低温的风险分析大多基于气象站气温的历年累积数据来进行，而以遥感为代表的 3S 技术的优势并未得到充分应用。由于气象站的观测数据有限且较分散，对于大面积区域而言，传统插值方法没有详细考虑地理因子，影响了风险区划的精度，而遥感技术能很好地弥补这一缺陷，全方位无遗漏的监测能获得详尽的地表温度信息[3,4]。

目前用于监测与灾害损失评估的卫星主要是太阳同步极轨、地球同步气象卫星和地球资源卫星，如 Landsat TM/ETM＋、NOAA 和 MODIS 等。当前国内外利用卫星遥感技术监测低温灾害的研究不多[5]，研究现状和趋势主要侧重于地表温度反演等[6]。本研究着重于 MODIS 卫星资料进行地表温度（低温）反演，并提取主要农作物用地状况，在此基础上进行农作物的温度风险区划，以期对农作物地表温度（低温）进行有效监测，为风险评估提供依据。

* 基金项目：福建省科技厅农业科技重点项目（2009N0030）；“十一五”国家科技支撑计划重点项目（2006BAD04B03）；公益性行业（气象）科研专项（GYHY201106024）；福建省气象局青年科技专项项目（2011q01）；

本文发表于《中国农业气象》，2012，**33**（2）。

1　资料和方法

1.1　研究区概况和资料预处理

福建省地处23°33′—28°20′N，115°50′—120°40′E，东西跨度480 km，南北530 km，陆地总面积12.4万km^2，为典型的中亚热带和南亚热带气候。地形以山地和丘陵居多，森林覆盖率居全国第一位。

选取2009年12月中下旬—2010年1月上中旬的冬季低温过程中的MODIS多幅晴空图像作为数据源，以2010年1月14日（云量覆盖＜15%）影像为例进行研究。MODIS资料预处理包括Bowtie Effect（“蝴蝶结”效应）处理，条纹处理，数据定标，几何精校正，投影变化和数据融合等。MODIS数据在经过辐射校正之后生成的L1B产品存在着独特的Bowtie现象，导致MODIS的边缘数据无法使用，为此利用ENVI软件在几何校正之前加以去除。随后利用软件提供的Georeference MODIS 1B模块和MODIS数据自身头文件所携带的经纬度坐标信息进行几何地理位置校正，并进行重采样。MODIS资料的辐射校正采用最暗像元法进行相对辐射校正，使影像有较接近的大气状况条件。最后，结合福建省地理信息数据对研究区进行提取，得到涵盖整个福建省的研究区域，并导入ENVI软件中进行图像的相关处理。

1.2　MODIS温度反演与精度检验

1.2.1　温度反演

地表温度是气象、水文、生态等研究领域中的一个重要参数。MODIS影像有36个光谱通道，其中第29—36通道为热红外通道，可以用来监测地球表面的热量变化。采用分裂窗法进行地表温度反演[7]，由于其需要的基本参数都可以在MODIS数据中反演得到，因而较容易实现，即

$$T_S = A_0 + A_1 T_{31} - A_2 T_{32} \tag{1}$$

式中，T_S是地表温度（K），T_{31}和T_{32}分别是MODIS第31和32波段的亮度温度。A_0、A_1和A_2是分裂窗法的参数，分别定义为

$$A_0 = \frac{a_{31} D_{32}(1 - C_{31} - D_{31}) - a_{32} D_{31}(1 - C_{32} - D_{32})}{D_{32} C_{31} - D_{31} C_{32}} \tag{2}$$

$$A_1 = 1 + \frac{D_{31} + b_{31} D_{32}(1 - C_{31} - D_{31})}{D_{32} C_{31} - D_{31} C_{32}} \tag{3}$$

$$A_2 = \frac{D_{31} + b_{32} D_{31}(1 - C_{32} - D_{32})}{D_{32} C_{31} - D_{31} C_{32}} \tag{4}$$

其中

$$C_i = \varepsilon_i \tau_i(\theta) \tag{5}$$

$$D_i = [1 - \tau_i(\theta)][1 + (1 - \varepsilon_i)\tau_i(\theta)] \tag{6}$$

式中，a_{31}、b_{31}、a_{32}、b_{32}是常量，在地表温度0～50℃范围内分别取$a_{31} = -64.60363$，$b_{31} = 0.440817$，$a_{32} = -68.72575$，$b_{32} = 0.473453$，C_i和D_i分别是根据波段i（i=31或32）的大气透过率$\tau_i(\theta)$和地表辐射率ε_i来求取的，T_{31}和T_{32}为第31和32波段对应的星上亮度温度。

$$T_{31} = K_{31.2} / \ln(1 + K_{31.1} / rad_{31}) \tag{7}$$

$$T_{32} = K_{32.2} / \ln(1 + K_{32.1} / rad_{32}) \tag{8}$$

$$rad_{31}=scale_{31}(band_{31}-offset_{31}) \tag{9}$$

$$rad_{32}=scale_{32}(band_{32}-offset_{32}) \tag{10}$$

式中，$K_{31.1}=729.541636\ W\cdot m^{-2}\cdot sr^{-1}\cdot \mu m^{-1}$，$K_{31.2}=1304.413871K$，$K_{32.1}=474.684780\ W\cdot m^{-2}\cdot sr^{-1}\cdot \mu m^{-1}$，$K_{32.2}=1196.978785\ K$，$rad_{31}$ 和 rad_{32} 分别为 MODIS 第 31 和 32 波段的辐射亮度（$W\cdot m^{-2}\cdot sr^{-1}\cdot \mu m^{-1}$）；$band_{31}$、$band_{32}$ 分别为 MODIS 第 31、32 波段的 DN 值；$scale_{31}$、$scale_{32}$ 和 $offset_{31}$、$offset_{32}$ 分别为 MODIS 第 31、32 波段的辐射定标常量，可从 MODIS 数据集的属性数据中查出。

大气透过率 $\tau_i(\theta)$（$i=31$ 或 32，θ 为视角）采用经验公式估算，由于大气透过率主要受大气水分含量的影响，首先通过 MODIS 第 2（水汽窗口通道）和第 19（水汽强烈吸收通道）波段的反射率比值（ρ_{19}/ρ_2）来获取第 19 波段的大气透过率，然后再根据经验公式分别估算 MODIS 第 31 和 32 波段的大气透过率[8]。

$$\tau_{31}=1.101089-0.09656\left[\frac{0.02-\ln(\rho_{19}/\rho_2)}{0.6321}\right]^2 \tag{11}$$

$$\tau_{32}=0.97022-0.08057\left[\frac{0.02-\ln(\rho_{19}/\rho_2)}{0.6321}\right]^2 \tag{12}$$

对于 250 m 分辨率的 MODIS 像元，可以认为是由不同面积的水体、植被和裸土构成的混合像元，其地表辐射率 ε_i（$i=31$ 或 32）可以计算为[9]

$$\varepsilon_i=P_wK_w\varepsilon_{wi}+P_vK_v\varepsilon_{vi}+(1-P_w-P_v)K_s\varepsilon_{si} \tag{13}$$

$$P_v=\frac{NDVI-NDVI_s}{NDVI_v-NDVI_s} \tag{14}$$

$$NDVI=\frac{B_2-B_1}{B_2+B_1} \tag{15}$$

式中，ε_{wi}、ε_{vi}、ε_{si} 分别为水体、植被和裸土的比辐射率，在 MODIS 第 31 波段其值可分别取 0.9920、0.9844 和 0.9731，在第 32 波段取 0.9890、0.9851 和 0.9832。K_w、K_v、K_s 分别为水体、植被和裸土的温度比率，在 0～45℃范围内可取其平均值 0.99565、0.99240 和 1.00744。P_w 和 P_v 分别为水体和植被在混合像元中所占的面积比例，考虑到福建省水体分布比较集中的实际情况，研究中只分纯水体像元和非纯水体像元两种情况，对于纯水体像元 $P_w=1$，非纯水体像元 $P_w=0$，P_v 通过归一化植被指数 $NDVI$ 换算获得，$NDVI_v$ 和 $NDVI_s$ 分别是茂密植被覆盖和完全裸土像元的 $NDVI$ 值，通常取 $NDVI_v=0.9$，$NDVI_s=0.15$。B_1 和 B_2 分别是 MODIS 图像的第 1 和 2 波段的反射率。

1.2.2 精度验证

利用上述方法，反演得到 2010－01－14 T 13:21 福建省地表温度分布图，从中提取出 67 个气象站所在位置的地表温度，与气象站观测的地表 0 cm 温度数据对比，并进行精度验证，结果如图 1 所示。由图可见，两者间有显著的正相关关系（$P<0.05$）。进一步统计分析显示，两者温度差值＞1℃的站点数为 9 个，说明其精度（≤1℃）可达到 86.36%。表明遥感技术解译地面温度能较好地反映实际情况，有可能用于低温监测。

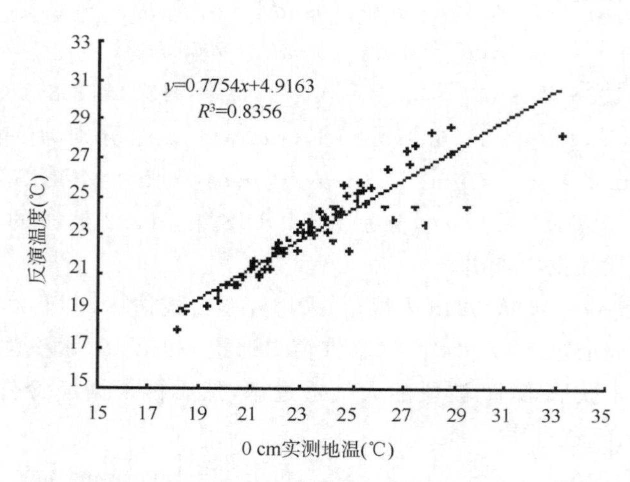

图 1　福建省 67 个气象站的 MODIS 遥感反演温度与气象站地表 0 cm 温度的相关性分析

2　结果与分析

2.1　遥感低温监测的可行性分析

将与气象站同时刻实际观测的百叶箱气温和 0 cm 地表温度数据分别导入 Surfer 软件中进行处理，得到气温和地温等值线分布图(图 2)。从图可知，两者虽然温度大小存在差异，但高低温分布趋势基本一致，闽北两个低温中心区和闽东、闽南高温中心区的地理位置也相同。这表明从低温风险的趋势分析上，地温可以很好地替代气温来进行风险评估。

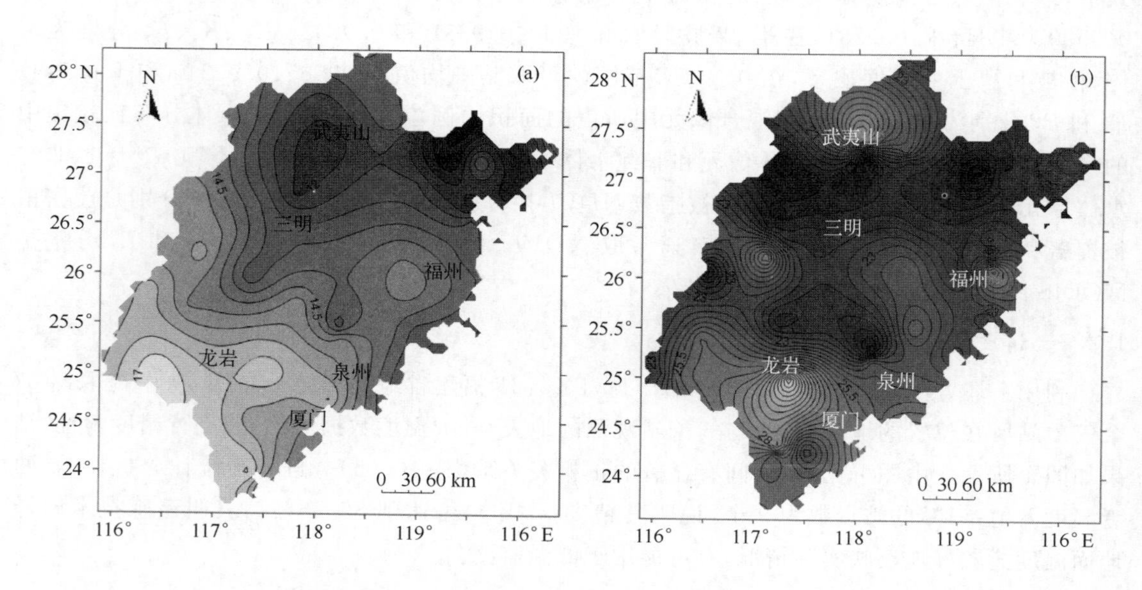

图 2　福建省气象站百叶箱气温(a)和 0 cm 地温(b)等值线图(℃)

再将利用分裂窗法反演的福建省地表温度信息，导入 Surfer 软件中得到遥感地温的等值线图(图 3)。从图可知，遥感反演的地温信息与图 2 中气象站地温分布趋势大体一致，但相比较气象站地温图，遥感反演的地温信息更能真实地反映出细节信息，克服了相对于全省范围，67 个气象站数目明显不够导致精度低的缺点，还减少了气象站数据在内插时没有考虑到地形带来的温度差异，全面地保证了地表温度的精度要求，可用于低温监测。

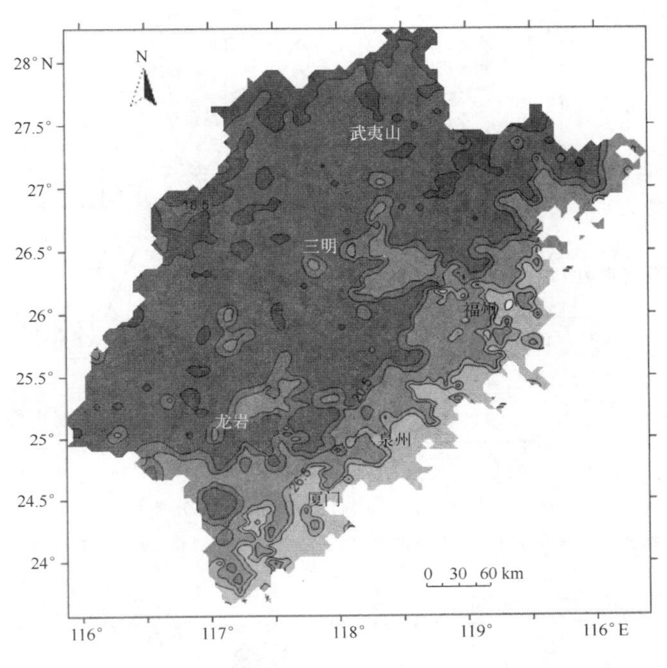

图 3 福建省 MODIS 遥感反演地温等值线图

2.2 农作物的遥感低温风险区划

2.2.1 农作物用地信息提取

根据福建省土地利用实际情况，考虑到福建多山的地形和耕种习惯，农用地多为破碎地带且间种果树，将耕地和果园用地归为农用地一类，最后选取城镇用地、森林、水体、农村居民地、农用地、草地和未利用地共 7 类构成分类体系。以 MODIS 数据的光谱特征 *DN* 值为基础，通过构建归一化植被指数(*NDVI*)、归一化水体指数(*NDWI*)等提取因子，建立福建省土地利用分类专家决策树[10-14](图 4)，在提取中遵循由易到难，逐步分离的原则，首先利用 *NDVI* 值的差异，设置合适的阈值 X_1，将水体、城镇用地和农村居民地作为一个大类，与农用地、森林和草地等另一大类区分开；再利用 *NDWI* 值差异，通过设置合适的阈值 X_2 和 X_3 分别将水体和农用地信息提取出；在提取城镇用地和农村居民地信息时还利用不同波段组合信息，最后得到基于 MODIS 资料的福建省土地利用分类图(图 5)，并将其由栅格转化为矢量信息。其中

$$NDWI = \frac{B_4 - B_2}{B_4 + B_2} \tag{16}$$

式中，B_2 和 B_4 分别为 MODIS 图像的第 2 和第 4 波段的反射率。

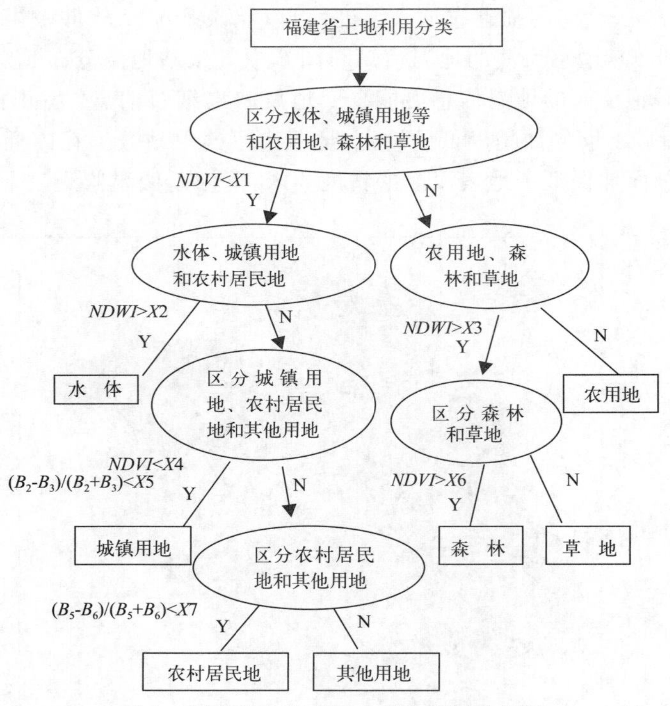

图 4　福建省土地利用专家决策树分类图

NDVI 为归一化植被指数，*NDWI* 为归一化水体指数，B_2、B_3、B_5、B_6分别为 MODIS 第 2、3、5 和 6 波段，Y 表示满足条件，N 表示不满足条件

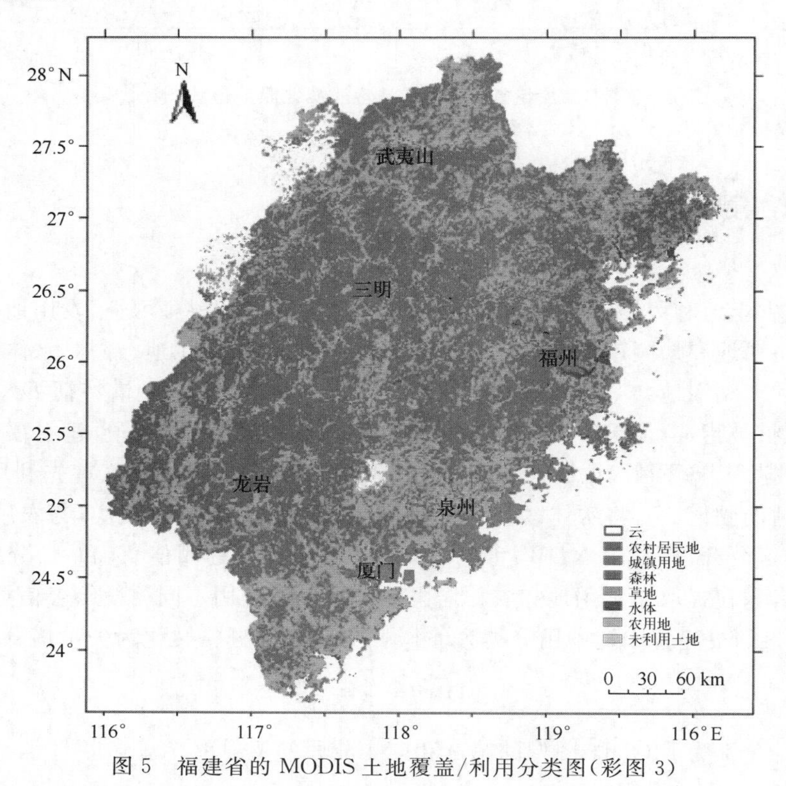

图 5　福建省的 MODIS 土地覆盖/利用分类图(彩图 3)

2.2.2 低温风险等级划分

当前国内外低温研究的指标多以气象站观测的气温数据为标准衡量，而以地表温度数据为指标衡量极少。为此，首先将经过分裂窗法反演后的地表温度进行归一化处理[15]，即

$$y=(x-x_{\min})/(x_{\max}-x_{\min}) \tag{17}$$

式中，x 和 y 分别是转换前的地表温度和转换后的值，$x_{\min}$ 和 $x_{\max}$ 分别为福建全省地表温度的最小值和最大值。

其次，在风险等级划分上将低温强度和低温灾害发生频率有机结合[16]，并参照以往福建省农作物受冻灾害指标研究结果[17-23]，采用自然断点法[24]，利用经过归一化处理转化后的值将福建省农作物地表低温风险划分为 3 个等级，即轻度、中度和重度(表 1)。

表 1 福建省农作物地表低温风险等级划分

风险等级	等级划分范围	特征
重度	0～0.24	多位于高海拔地区，易发生低温灾害，适合种植耐寒农作物，如金橘、梅等
中度	0.24～0.45	位于丘陵、低山地带，适合种植抗寒力一般的农作物，如桃李、杨梅、橄榄等
轻度	0.45～1.00	位于东南部沿海地带，不易发生低温灾害，能种植抗寒力弱的农作物，如双季稻、龙眼、荔枝、香蕉等

2.2.3 低温风险区划

利用提取的福建省农用地矢量信息，在 ArcGIS 中与遥感反演的农作物地表低温风险区域进行叠加、分析，结果如图 6 所示。

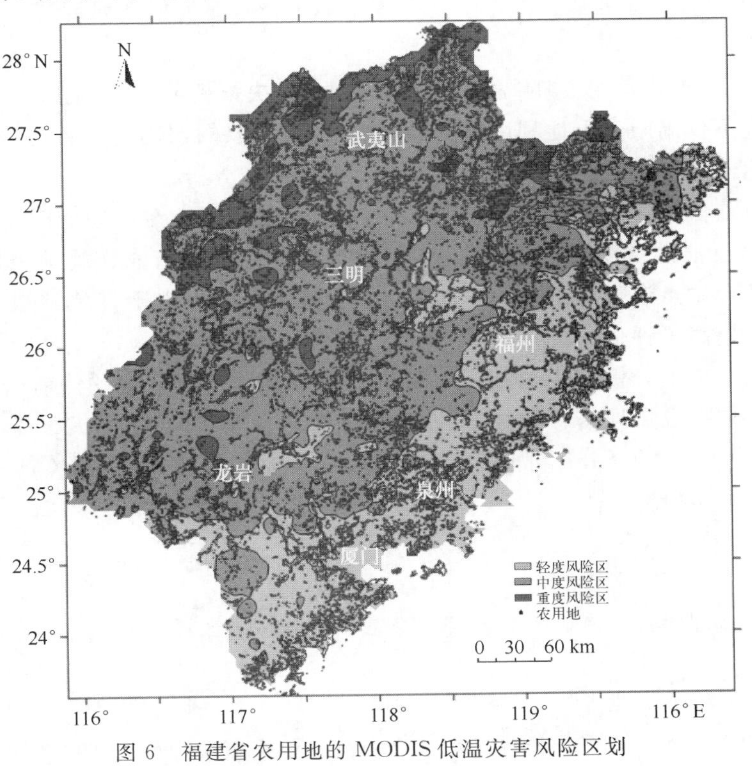

图 6 福建省农用地的 MODIS 低温灾害风险区划

从图可知，福建省农用地信息分布比较零碎，主要分布在地表低温中度和轻度风险区域内。从风险程度上分析，地面低温重度风险区集中在福建西北部山区，主要分布于武夷山脉和鹫峰山脉，这与其地理纬度和地形海拔均高密切相关，比较适合耐寒作物生长，如茶叶和柑橘等果茶作物。中度风险区主要分布于福建中部和西南部，以及东北部沿海区域，地形以山地和丘陵为主，适合有一定耐寒力、对温度要求不太高的作物生长，如桃、李、杨梅等。轻度风险区主要位于东南部沿海区域，受海洋的调节，相对于内地温度普遍偏高，适合种植如双季稻、龙眼、荔枝、枇杷等不耐冻且喜温农作物。相比较气象站数据的温度分布（图 2），图 6 能更细致地反映出福建省的地表低温风险格局，从图中可以看出，福建中西部（三明清流、永安）和中南部（龙岩上杭）也零星分布着低温重度风险区，这些区域农作物容易遭受低温灾害，而福建气象部门的历年灾情统计数据也证实了这点。此外，从图还可看出，福建中东部（福州闽清、宁德古田）和中南部（漳州华安、泉州安溪）也存在小范围的低温轻度风险区，可以种植喜温不耐冻的农作物，以发展地区特色农业经济。

3 结论与讨论

(1)利用分裂窗法反演 MODIS 资料的福建省地表温度，与气象站地温的精度验证表明，两者的相关系数达到 0.8356，反演精度较高，表明遥感技术解译地面温度能较好地反映实际情况，可以应用于地表温度的监测[5,7-9]。高懋芳等[8]将分裂窗法反演的 MODIS 地表温度与 NASA 的 LST 产品对比研究结果表明二者精度吻合很好。其误差产生的原因主要有：

①地面观测站的数据记录时间与卫星过境时间不一致，虽进行温度内插仍存在一定误差。

②利用 MODIS 反演的地表温度空间分辨率为 1 km，而气象站温度观测值只局限于一个很小范围内。

(2)建立基于 MODIS 数据的福建省土地利用专家决策树分类法，与以往大多研究成果不同[10-12]，本研究不仅局限于土地利用信息的提取，而将提取的农用地信息与 MODIS 反演的地温信息有机结合，有利于在同一空间尺度上的监测和评估分析。

(3)针对目前低温灾害缺乏以地温为指标的衡量体系，研究在充分分析气温和地温的相关性的基础上，将反演的地温数据进行归一化处理，建立了福建省农作物地表低温风险划分等级，弥补了气象台站点有限的不足[21,22]，减少了在风险区划上由于气象站数目少而盲目插值所带来的误差，提高了评估分析精度。

(4)从区划结果上分析，基于遥感反演的地温风险区划能较好地评估福建省地表低温灾害的风险高低，并依据农用地信息的分布格局，对农作物合理布局、低温灾害监测和风险评估有很好的应用。但由于 MODIS 空间分辨率不足，还无法有效提取如龙眼、荔枝等单一果树信息，有待以后进一步研究。

参考文献

[1] 李娜，霍治国，贺楠，等. 华南地区香蕉、荔枝寒害的气候风险区划[J]. 应用生态学报，2010，**21**(5)：1244-1251.

[2] 吴东丽，王春乙，薛红喜. 华北地区冬小麦干旱风险区划[J]. 生态学报，2011，**31**(3)：0760-0769.

[3] European Commission. *Remote sensing of mediterranean desertification and environmental changes* (res-

medes)[M]. Luxembourg:Office for Official Publications of the European Communities,1998.

[4] Vitosek P M,Mooney H A,Lubchenco J,et al. Human domination of earth's ecosystems[J]. *Science*, 1997,277:494-499.

[5] 王建芳. 遥感地表温度反演在寒害监测预警中的应用:以广东汕尾山区为例[D]. 广州:中国科学院广州地球化学研究所,2006:28-34.

[6] 潘卫华,陈家金,陈惠,等. 基于 MODIS 数据的福建省干旱遥感动态监测分析[J]. 中国生态农业学报, 2008,**16**(4):1015-1019.

[7] 覃志豪,高懋芳,秦晓敏,等. 农业旱灾监测中的地表温度遥感反演变化研究:以 MODIS 数据为例[J]. 自然灾害学报,2005,**14**(4):64-71.

[8] 高懋芳,覃志豪,徐斌. 用 MODIS 数据反演地表温度的基本参数估计方法[J]. 干旱区研究,2007,**24**(1): 113-119.

[9] 张春桂,潘卫华,季青. 基于 MODIS 数据的城市热岛动态监测及时空变化分析[J]. 热带气象学报,2011, **27**(3):396-402.

[10] 刘爱霞,王静,吕春艳. 基于 MODIS 数据的北京西北部地区土地覆盖分类研究[J]. 地理科学进展,2006, **25**(2):96-102.

[11] 张春桂,潘卫华,陈惠,等. 应用 MODIS 数据监测福州地区土地利用/覆盖变化[J]. 中国农业气象,2006, **27**(4):300-304.

[12] 孙艳玲,杨小唤,王新生,等. 基于决策树和 MODIS 数据的土地利用分类[J]. 资源科学,2007,**29**(5): 169-174.

[13] 卢远,林年丰. 基于 MODIS 数据的辽松平原土地退化宏观评估[J]. 地理与地理信息科学,2004,**20**(3): 22-25.

[14] Pan W H,Zhang C G,Chen H,et al. Application research of MODIS data in monitoring land use change in Fujian[A]. Proceedings 2011 IEEE international conference on spatial data mining and geographical knowledge services[C]. Fuzhou:Institute of Electrical and Electronics Engineers, 2011:413-416.

[15] 刘放,吕弋培,江利明,等. MODIS 亮温与气温及地温的相关性分析[J]. 地震地质,2010,**32**(1):127-137.

[16] 袭祝香,马树庆,王琪. 东北区低温冷害风险评估及区划[J]. 自然灾害学报,2003,**12**(2):98-102.

[17] 贺芳芳,邵步粉. 上海地区低温、雨雪、冰冻灾害的风险区划[J]. 气象科学,2011,**31**(1):33-39.

[18] 蔡文华,陈惠,李文,等. 2004/2005 年冬季连江县低温考察和橄榄树冻害指标初探[J]. 中国农业气象, 2006,**27**(3):200-203.

[19] 夏丽花,张立多,林河富,等. 福建省冬季果树冻(寒)害低温预报预警[J]. 中国农业气象,2007,**28**(2): 221-225.

[20] 张星,陈惠,谢怡芳. 气候变化背景下福建主要农业气象灾害演变特征和趋势[J]. 生态环境学报,2009, **18**(4):1332-1336.

[21] 陈惠,夏丽花,王加义,等. 福建省果树寒(冻)害短期精细预报预警技术[J]. 生态学杂志,2010,**29**(4): 657-661.

[22] 蔡文华,陈惠,潘卫华,等. 福建龙眼树冻害指标初探[J]. 中国农业气象,2009,**30**(1):109-112.

[23] 张星,郑有飞,周乐照. 农业气象灾害灾情等级划分与年景评估[J]. 生态学杂志,2007,**26**(3):418-421.

[24] 陈家金,王加义,李丽纯,等. 极端气候对福建省橄榄产量影响的风险评估[J]. 中国农业气象,2011,**32**(4):632-637.

南亚热带主要果树冻(寒)害低温指标的确定*

陈　惠　王加义　潘卫华　林　晶
徐宗焕　杨　凯　李丽纯

(福建省气象科学研究所,福州　350001)

摘要:根据历史气候和冻(寒)害灾情资料,2007/2008、2008/2009 年冬季盆栽移放试验和典型年考察资料,以及冻(寒)害形态学标准,采用数理统计和对比印证方法,对南亚热带主要果树冻(寒)害低温指标进行研究。确定了几种主要南亚热带果树的轻、中、重、严重冻(寒)害低温指标,结果分别为龙眼:－1.5～0℃、－2.5～－1.5℃、－3.5～－2.5℃、<－3.5℃;荔枝:－2.0～0℃、－3.0～－2.0℃、－4.0～－3.0℃、<－4.0℃;香蕉:3.0～5.0℃、1.0～3.0℃、－1.0～1.0℃、<－1.0℃。结果可为果树冻害监测预警及避冻区划提供参考。

关键词:南亚热带果树;冻(寒)害;低温指标

华南地处热带、亚热带,气候资源丰富,是香蕉、荔枝、龙眼等水果的主要产地。受季风气候的影响,冬季低温灾害不时袭击华南,其中 1991、1993、1996、1999、2008 年的 5 次低温灾害就给华南地区的水果生产造成了重大损失。因此,开展低温灾害监测预警对农业防灾减灾、作物合理布局等具有重要意义[1]。低温灾害的关键因素是温度,冬季出现的 0℃以上低温灾害称为寒害,冬季出现的 0℃以下低温灾害称为冻害[2]。关于香蕉、荔枝、龙眼的冻(寒)害低温指标国内已有大量研究[3-15],但这些研究大多是在同一生态气候条件下或在人工气候室模拟温度条件下进行的,对不同生态气候区、自然条件下果树冻(寒)害低温指标的研究较少。随着全球气候的变暖及水果新品种的不断增加,一批新品种由于没有更新冻(寒)害低温指标,常使农业生产管理出现偏差,致使其优良特性不能充分发挥。因此,开展气候变化背景下水果冻(害)低温指标的研究意义重大。本文拟基于历史气候和冻(寒)害灾情资料、地理移放试验和典型考察资料,以及冻(寒)害形态学标准,采用数理统计和对比印证方法,对南亚热带主要果树的冻(寒)害低温指标进行研究,以期为农业防灾减灾、作物合理布局提供科学依据。

1　资料与方法

1.1　气象资料

全省 68 个台站 1961—2010 年历年极端最低气温资料来自福建省气象台。果树冻(寒)害所对应的当时当地极端最低气温通过邻近气象站资料订正获得。最低温度采用的是离地 1.5 m 高百叶箱内的最低气温(T_d)。

* 基金项目:"十一五"国家科技支撑计划重点项目(2006BAD04B03);福建省科技厅农业科技重点项目(2009N0030);本文发表于《中国农业气象》,2012,**33**(7)。

1.2 果树冻(寒)害等级资料

利用历史上曾导致南亚热带果树冻(寒)害的福建、广西 1966/1967、1985/1986、1991/1992、1999/2000、2002/2003、2003/2004 年度冻(寒)害资料，以及 2007/2008、2008/2009 年度冬季在香蕉、荔枝、龙眼果园冻(寒)害考察及果园气象站冻(寒)害调查资料。龙眼树共搜集样本 53 个，荔枝树 28 个，香蕉树 49 个。

1.3 果树苗冻(寒)害地理移放试验

根据福建省低温分布规律，于 2007 年 12 月 20 日—2008 年 1 月 30 日将荔枝、龙眼、香蕉 3 种果树的盆栽苗各 3 株分别安置在福建省漳州市天宝、仙游、福州、福安和建瓯等气象观测场旁边，2008 年 12 月 20 日—2009 年 1 月 30 日移放至福建省漳州市天宝、福州、福安、建瓯和泰宁等气象观测场附近试验点。各点的地理位置如表 1 所示。

对 3 种果树开展平行观测，即一方面进行气象要素的观测，同时对果树生长发育状况进行观测。每次冷空气来临或气温低于 6℃时，观测果苗有无冻迹，记录每株果苗叶片变黄褐色或树枝、树干枯死的百分率(%)，并用数码照相机拍下受冻状况。

表 1 试验点地面气象观测站的位置和多年平均最低气温

站名	类型	经度 (°E)	纬度 (°N)	海拔高度(m)	T_d(℃)
建瓯	国家基准站	27.07	118.32	154.9	−3.81
福安	国家二级站	27.17	119.62	50.5	−1.54
福州	国家基准站	26.12	119.30	84.0	1.48
泰宁	国家基本站	26.54	117.10	340.9	−5.81
仙游	国家一级站	25.35	118.68	77.7	0.65
天宝	国家二级站	24.63	117.52	54.2	2.56

1.4 资料处理

由于冬季低温观测采用的是在果园中竖立的竹竿上横挂最低温度表进行观测，最低温度表的感应部位为 1.5 m，为了消除系统误差，对观测值进行了系统订正，把所有的最低气温考察资料统一订正为 T_d。为了利用考察点的龙眼树、荔枝树冻(寒)害调查资料，用考察同期县气象站的 T_d 资料对消除系统误差后各个测点的低温考察资料进行差值反演订正，推算出各个测点龙眼树、荔枝树冻(寒)害当年或 1991/1992 年度、1999/2000 年度冬季的 T_d。

1.5 冻(寒)害形态学等级确定

以往研究中关于果树冻(寒)害等级的划分标准各不相同，给果树冻(寒)害指标的确定造成了困难。本文参考了有关龙眼[4,16-19]、荔枝[4,17-20]、香蕉[21,22]的多篇文献，把龙眼树、荔枝树的冻(寒)害等级分为 5 级：无冻(寒)害为 0 级，即未有冻(寒)害；轻冻(寒)害为 1 级，即叶片受冻；中冻(寒)害为 2 级，即外枝条受冻；重冻(寒)害为 3 级，即主枝受冻；严重冻(寒)害为 4 级，即主干受冻—整株死亡。把香蕉的冻(寒)害等级也分为 5 级：无冻(寒)害为 0 级，即未有冻(寒)害；轻冻(寒)害为 1 级，即叶片焦枯达 50%；中冻(寒)害为 2 级，即叶片全部焦枯；重冻(寒)害为 3 级，即主杆叶柄焦枯、吸芽可发；严重冻(寒)害为 4 级，即整株死亡。

1.6 冻(寒)害低温等级指标确定

采用数理统计分析方法和对比印证方法确定。

2 结果与分析

2.1 冻(寒)害低温指标的初步确定

根据上述冻(寒)害等级划分,对调查收集到的龙眼树样本 53 个、荔枝树 28 个、香蕉树 49 个一一确定冻(寒)害等级。将 3 种主要果树冻害等级 X 与相应的最低温度 T_d 资料绘制点聚图,如图 1 所示。

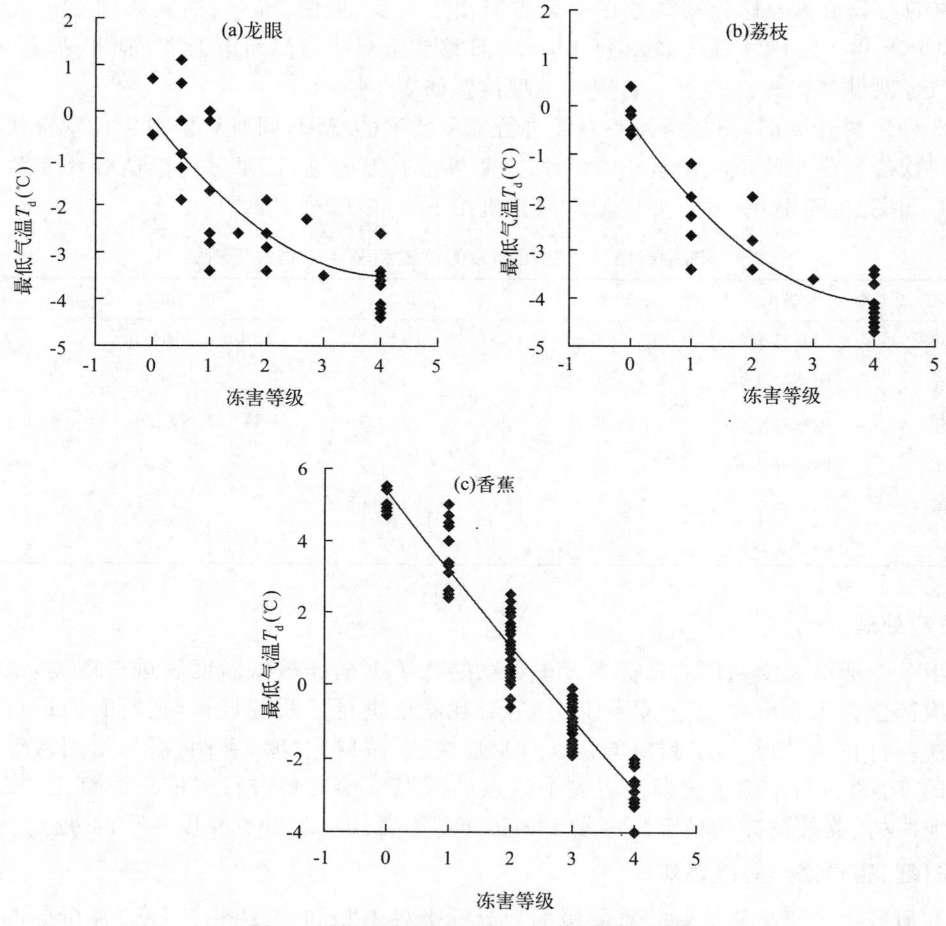

图 1 果树冻(寒)害等级与最低温度点聚图

由图 1 可见,最低温度 T_d 与果树冻(寒)害等级间均有显著的负相关关系,即最低温度越低冻(寒)害等级越高。分别用直线、对数、幂函数、指数函数方程进行拟合,结合显示一元二次方程的拟合效果最佳,分别为

$$T_d(\text{龙眼}) = -0.1480 - 1.6255X + 0.1965X^2 \quad (n = 52, r = 0.5713 > r_{0.01}) \tag{1}$$

$$T_d(\text{荔枝}) = -0.3405 - 1.8245X + 0.2228X^2 \quad (n = 28, r = 0.8567 > r_{0.01}) \tag{2}$$

$$T_d(\text{香蕉}) = 5.112 - 2.327X + 0.0895X^2 \quad (n = 49, r = 0.9319 > r_{0.01}) \tag{3}$$

用冻(寒)害等级 X=0、1、2、3、4 分别代入以上方程,即可得出 3 种果树各级冻(寒)害指

标的阈值，并据此初步确定各级的指标区间，如表 2 所示。

表 2　初步确定的 3 种果树冻(寒)害指标(最低气温 T_d，℃)

	0 级	1 级	2 级	3 级	4 级
龙眼	$T_d \geq -0.2$	$-1.6 \leq T_d < -0.2$	$-2.6 \leq T_d < -1.6$	$-3.3 \leq T_d < -2.6$	$T_d < -3.3$
荔枝	$T_d \geq -0.3$	$-1.9 \leq T_d < -0.3$	$-3.1 \leq T_d < -1.9$	$-3.8 \leq T_d < -3.1$	$T_d < -3.8$
香蕉	$T_d \geq 5.1$	$2.9 \leq T_d < 5.1$	$0.8 \leq T_d < 2.9$	$-1.1 \leq T_d < 0.8$	$T_d < -1.1$

2.2　冻(寒)害低温指标的对比印证分析

2.2.1　地理移放试验对比印证

根据 2007/2008、2008/2009 年冬季盆栽移放试验结果，利用各样本果树冻(寒)害实际发生时所经历的最低气温 T_d 对照表 2 推算得到果树冻(寒)害发生等级(表中为等级②)，与实际发生等级(表中为等级①)进行对比，统计吻合率，结果见表 3。从表 3 可见，龙眼盆栽试验(10 个样本)，除了建瓯在 2007/2008 年等级相差 2 级，福安在 2007/2008 年、天宝在 2008/2009 年的等级相差 1 级外，其他均吻合，吻合率为 70%。荔枝(10 个样本)除了福安在 2007/2008 年、天宝在 2008/2009 年的等级相差 1 级外，其他均吻合，吻合率为 80%。香蕉(9 个样本)除了福州、福安在 2007/2008 年等级相差 1 级外，其他均吻合，吻合率为 78%。

2.2.2　历史典型年对比印证

将指标判断值与 6 个典型冻(寒)害年的情况进行对比，结果如表 4～表 6 所示。由表可见，龙眼用最低气温对照初步冻(寒)害指标查得的等级与实际冻(寒)害等级比较，其差值在 0.5 级以内的(认为一致)占 71%，相差 1 级的占 24%，相差 2 级的占 5%。对荔枝的比较等级一致的占 50%，相差 1 级的占 46%，相差 2 级的占 4%。对香蕉的比较等级一致的占 78%，相差 1 级的占 22%。

2.3　冻(寒)害低温指标的最终确定

由以上验证可见，除荔枝的历史典型年验证吻合率为 50%外，其他均≥67%，说明初步确定的指标是可靠的。为应用方便，取 0.5 整，最后确定当地 3 种主要果树的冻(寒)害各级指标区间，如表 7 所示。

表 3　冬季果苗冻(寒)害移放试验与按指标判断的等级对比

站名		2007/2008					2008/2009				
		实况			按 T_d 推算等级②	等级差 ①－②	实况			按 T_d 推算等级②	等级差 ①－②
		特征	等级①	T_d (℃)			特征	等级①	T_d (℃)		
龙眼	天宝	无冻	0	1.7	0	0	无冻	0	−0.9	1	−1
	仙游	无冻	0	2.0	0	0	—	—	—	—	—
	福州	无冻	0	2.4	0	0	无冻	0	1.5	0	0
	福安	无冻	0	−0.6	1	−1	40%叶冻	1	−1.2	1	0
	建瓯	秋冬梢冻	1	−2.8	3	−2	整株冻	4	−5.0	4	0
	泰宁	—	—	—	—	—	整株冻	4	−6.8	4	0

续表

	站名	2007/2008 实况 特征	等级①	T_d (℃)	按 T_d 推算等级②	等级差 ①－②	2008/2009 实况 特征	等级①	T_d (℃)	按 T_d 推算等级②	等级差 ①－②
荔枝	天宝	无冻	0	1.7	0	0	无冻	0	－0.9	1	－1
	仙游	无冻	0	2.0	0	0	—	—	—	—	—
	福州	无冻	0	2.4	0	0	无冻	0	1.5	0	0
	福安	无冻	0	－0.6	1	－1	40%叶冻	1	－1.2	1	0
	建瓯	50%叶冻	2	－2.8	2	0	整株冻		－5.0	4	0
	泰宁	—	—	—	—	—	整株冻	4	－6.8	4	0
香蕉	天宝	部分叶柄焦枯	2	1.7	2	0	叶柄焦枯	3	－0.9	3	0
	仙游	部分叶柄焦枯	2	2.0	2	0	—	—	—	—	—
	福州	叶柄焦枯	3	2.0	2	1	部分叶柄焦枯	2	1.5	2	0
	福安	叶柄焦枯	3	2.0	2	1	叶柄焦枯	3	－1.2	3	0
	建瓯	冻死	4	－2.8	4	0	冻死	4	－5.0	4	0

注：—表示无试验。

表 4　利用龙眼典型冻(寒)害年资料对初步指标的验证

年度	地点	实况 等级①	实况 T_d(℃)	判断等级②	等级差①－②
1991/1992	仙游站	2	－1.4	1	1
	仙游度尾	2	－2.0	2	0
1999/2000	龙海双第	4	－3.6	4	0
	福鼎日岙	4	－4.1	4	0
	福鼎白岩	4	－4.3	4	0
	福鼎白岩	4	－4.4	4	0
	永泰塘前	4	－4.2	4	0
	福州	4	－3.5	3	1
	福州	4	－3.7	4	0
	广西贵港	1	0.0	0	1
	广西平南	0.5	1.1	0	0.5
	广西藤县	2	－2.9	3	－1
	广西岑溪	1	－1.7	2	－1
	广西容县	0	0.7	0	0
	广西北流	0.5	－0.2	1	－0.5
	广西灵山	0.5	－1.2	1	－0.5
	广西浦北	2	－1.9	2	0
	广西平果	1	－0.2	1	0
	广西南宁	0.5	－1.9	2	－1.5
1999/2000	广西垦大	2	－2.9	3	－1
	广西农院	0.5	0.6	0	0.5
	广西钟思强	3	－3.5	3	0

续表

年度	地点	实况		判断等级②	等级差①－②
		等级①	T_d(℃)		
2003/2004	福鼎白岩	1	－3.4	3	－2
	同安上陵	4	－4.5	4	0
	集美双岭	2	－2.5	2	0
	惠中螺阳	1～2	－1.0	1	0～1
	惠东东岭	1	－0.3	1	0
	福鼎白岩	2	－3.4	3	－1
	福鼎白岩	2	－3.4	3	－1
	福鼎白岩	2	－3.4	3	－1
	福鼎白岩	4	－3.4	3	1
	福鼎八尺门	1	－2.6	2	－1
	福鼎八尺门	1	－2.6	2	－1
	福鼎八尺门	1	－2.8	3	－2
	福鼎八尺门	2	－2.6	2	0
	福鼎八尺门	1.5	－2.6	2	－0.5
	福鼎八尺门	1.5	－2.6	2	－0.5
	福鼎八尺门	1.5	－2.6	2	－0.5
	福鼎八尺门	1.5	－2.6	2	－0.5
	福鼎八尺门	1.5	－2.6	2	－0.5
	福鼎八尺门	1.5	－2.6	2	－0.5
	福鼎八尺门	1.5	－2.6	2	－0.5
	福鼎八尺门	1.5	－2.6	2	－0.5
	福鼎八尺门	1.5	－2.6	2	－0.5
	福鼎八尺门	1.5	－2.6	2	－0.5
	福鼎日岙	2.5	－2.3	2	0.5
	福鼎日岙	2.5	－2.3	2	0.5
	福鼎日岙	2.5	－2.3	2	0.5
	福鼎日岙	2.5	－2.3	2	0.5
	福鼎日岙	2.5	－2.3	2	0.5
	福鼎日岙	2.5	－2.3	2	0.5
	福鼎日岙	2.5	－2.3	2	0.5
	福鼎日岙	2.5	－2.3	2	0.5
	福鼎日岙	2.5	－2.3	2	0.5
	福鼎日岙	2.5	－2.3	2	0.5
	福鼎日岙	4	－2.6	2	2
2007/2008	龙海双第	0	－0.5	1	－1
	永泰塘前	0.5	－0.9	1	－0.5
2008/2009	龙海双第	1	－2.5	2	0

表 5　利用荔枝典型冻(寒)害年资料对初步指标的验证

年度	地点	实况		判断等级	等级差
		等级①	T_d(℃)	②	①－②
1991/1992	龙海双第	4	－4.6	4	0
	福州	4	－3.5	3	1
1999/2000	龙海双第	3	－3.6	3	0
	福鼎日岙	4	－4.1	4	0
	福鼎日岙	4	－4.2	4	0
	福鼎日岙	4	－4.4	4	0
	福鼎日岙	4	－4.5	4	0
	福鼎白岩	4	－4.3	4	0
	福鼎白岩	4	－4.4	4	0
	福鼎白岩	4	－4.7	4	0
	福州	4	－3.7	3	1
	广西苍梧	1	－2.7	2	－1
	广西北流	0	－0.2	1	－1
	广西灵山	1	－1.2	1	0
	广西浦北	2	－1.9	1	1
	广西南宁	1	－1.9	1	0
2003/2004	福鼎白岩	1	－3.4	3	－2
	福鼎白岩	2	－3.4	3	－1
	福鼎白岩	4	－3.4	3	1
	福鼎白岩	4	－3.4	3	1
	福鼎八尺门	1	－2.7	2	－1
	福鼎日岙	1	－2.3	2	－1
	霞浦涵江	0	0.4	0	0
2007/2008	福鼎白岩	1	－1.2	1	0
	福鼎日岙	0	－0.1	1	－1
	建瓯	2	－2.8	2	0
	福安	0	－0.6	1	－1
	龙海双第	0	－0.5	1	－1

表 6　利用香蕉典型冻(寒)害年资料对初步指标的验证

年度	地点	实况		判断等级	等级差
		等级①	T_d(℃)	②	①－②
1966/1967	南靖	4	－2.0	4	0
	平和	4	－2.2	4	0
1985/1986	南靖	3	－0.3	3	0
	平和	3	－0.1	3	0
1991/1992	南靖	3	－1.0	3	0
	平和	3	－0.7	3	0
1999/2000	南靖	4	－2.9	4	0
	平和	4	－2.9	4	0

续表

年度	地点	实况		判断等级	等级差
		等级①	T_d(℃)	②	①－②
2007/2008	天宝	1	4.0	1	0
	天宝	2	1.7	2	0
	靖城	3	－1.1	3	0
2007/2008	平和坂仔	2	1.9	2	0
	平和五寨	2	1.4	2	0
	南靖坪浦	3	－0.1	3	0
	南靖丰田	3	－0.6	3	0
	南安省新	0	5.5	0	0
	平和城关	2	1.4	2	0
	诏安城关	0	4.9	1	－1
	南安城关	0	5.4	0	0
	诏安汾水关	0	5.5	0	0
	莆田长泰	0	5.0	1	－1
	漳浦湖西	0	5.0	1	－1
	南靖靖城	0	5.0	1	－1
	南靖靖城	1	3.3	1	0
	龙海紫泥	0	5.4	0	0
	龙海苍坂	0	4.7	1	－1
	诏安红星	0	4.8	1	－1

表 7 南亚热带 3 种主要果树的低温冻(寒)害指标(℃)

	轻	中	重	严重
龙眼	$-1.5 \leq T_d < 0$	$-2.5 \leq T_d < -1.5$	$-3.5 \leq T_d < -2.5$	$T_d < -3.5$
荔枝	$-2.0 \leq T_d < 0$	$-3.0 \leq T_d < -2.0$	$-4.0 \leq T_d < -3.0$	$T_d < -4.0$
香蕉	$3.0 \leq T_d < 5.0$	$1.0 \leq T_d < 3.0$	$-1.0 \leq T_d < 1.0$	$T_d < -1.0$

3 结论与讨论

最低气温是决定果树冻(寒)害是否发生及冻(寒)害程度重轻的关键因子,在植物学因子相同的条件下,除低温强度外,低温持续时间也是决定灾害是否发生与程度重轻的关键因子,因此,也有用最低温度、负积温、最冷月平均温度等作为反映寒冷强度的指标[8]或用极端最低气温、最大降温幅度、持续日数和有害积寒值建立冻(寒)害综合气候指标的[23,24]。龙眼、荔枝、香蕉等果树的冻(寒)害不但与低温强度有关,还与植物学因子、人为因素有关。同一低温强度对不同树龄、长势、结果状况和晚秋(冬)梢抽发量的龙眼树、荔枝树造成的冻(寒)害级别是不一样的。同时同一低温强度,低温出现时间早,冻(寒)害则加重;本研究将其未考虑在内。考虑到综合冻(寒)害指标难以用于实时预警业务,本研究仅考虑最低温度这一因子,龙眼、荔枝、香蕉等果树的冻(寒)害级别 X 与最低气温 T_d 相关密切,随着 T_d 的降低,果树的冻(寒)害趋向严重;T_d 与 X 用一元二次方程拟合效果好。

根据初步确定的指标,利用 2 a 果树苗移放冻(寒)害试验、历史典型冻(寒)害年的资料进行验证，分析各样本实际冻（寒）害等级与样本所处低温按初步冻（寒）害指标所对应等级差异，统计各种验证吻合率。结果表明除荔枝历史典型年验证吻合率为 50%外，其他各种验证吻合率均为≥67%；除了龙眼地理试验相差 2 级的有 1 个样本，龙眼、荔枝历史典型年相差 2 级达 5%、4%，其他等级差值均为 0。此外，文献[3～6，12，23～28]中有关冻（寒）害和相对应的温度列出与初步确定的指标对比，龙眼吻合率占 67%，荔枝吻合率占 80%，香蕉占 71%，其余均为相差 1 级，而且各种印证不吻合样本主要是处在临界温度，可见初步确定的指标是可靠的。所确定的南亚热带果树的轻、中、重、严重冻（寒）害各级指标对果树冻害监测预警[1]及避冻区划具有重要的参考价值。

参考文献

[1] 陈惠，夏丽花，王加义，等. 福建省果树寒（冻）害短期精细预报预警技术[J]. 生态学杂志，2010，**27**(4)：657-661.

[2] 崔读昌. 关于冻害、寒害、冷害和霜冻[J]. 中国农业气象，1999，**20**(1)：56-57.

[3] 李来荣，庄伊美. 龙眼栽培[M]. 北京：农业出版社，1983：37-39.

[4] 李文，林铮. 福建省自然灾害及大气污染对果树的伤害：福建果树 50 年[M]. 福州：福建科技出版社，2000：374-377.

[5] 黄金松. 亚热带果树受冻后的补救措施与预防[J]. 福建果树，2000，(1)：52-54.

[6] 许昌燊. 农业气象指标大全[M]. 北京：气象出版社，2004：118-119.

[7] 蔡文华，张星，陈惠. 福建省龙眼、甜橙的避冻区划研究[J]. 中国生态农业学报，2002，**10**(3)：24-26.

[8] 唐广，蔡涤华，郑大玮. 果树蔬菜霜冻与冻（寒）害的防御技术[M]. 北京：农业出版社，1993：32，51-52.

[9] 庞庭颐. 荔枝等果树的霜冻低温指标与避寒种植环境的选择[J]. 广西气象，2000，**21**(1)：12-14.

[10] 涂方旭，苏志，李艳兰. 广西荔枝龙眼的冻（寒）害区划研究[J]. 广西科学，2002，**9**(3)：225-230.

[11] 高素华，林日暖，黄增明. 广东冬季气温、冻（寒）害对荔枝产量的影响[J]. 应用气象学报，2003，**14**(4)：496-498.

[12] 陈尚漠，黄寿波，温福光. 果树气象学[M]. 北京：气象出版社，1988：456-463.

[13] 蔡文华，陈惠，潘卫华，等. 福建龙眼树冻（寒）害指标初探[J]. 中国农业气象，2009，**30**(1)：109-112.

[14] 蔡文华，张辉，徐宗焕，等. 荔枝树冻（寒）害指标初探[J]. 中国农学通报，2008，**24**(8)：353-356.

[15] 徐宗焕，林俩法，陈惠，等. 香蕉树冻（寒）害指标初探[J]. 中国农学通报，2009，**26**(1)：205-209.

[16] 王再兴，吴龙祥，陈燕珍. 惠安县龙眼冻（寒）害调查及冻后管理措施[J]. 福建果树，2000，(4)：26-28.

[17] 钟连生，叶水兴，汤龙泉. 长泰县热带、亚热带果树冻（寒）害调查[J]. 福建果树，2000，(4)：21-22.

[18] 黄育宗，黄绿林，周福龙，等. 福建平和果树冻（寒）害调查[J]. 亚热带植物通讯，2000，**29**(3)：34-38.

[19] 张辉，张伟光，蔡文华，等. 闽东北 2003/2004 年度冬季荔枝、龙眼冻（寒）害考察报告[J]. 福建农业科技，2004，(3)：8-9.

[20] 吴少华，杨国永，方海峰，等. 1999 年漳州荔枝冻（寒）害调查分析[J]. 福建农业科技，2000，(3)：8.

[21] 刘玲，高素华，黄增明. 广东冬季冻（寒）害对香蕉产量的影响[J]. 气象，2003，**29**(10)：46-50.

[22] 李俊文. 1991/1992 年冬北海香蕉冻（寒）害调查[J]. 广西热作科技，1993，(2)：24-27.

[23] 杜尧东，李春梅，毛慧琴. 广东省香蕉与荔枝冻（寒）害致灾因子和综合气候指标研究[J]. 生态学杂志，2006，**25**(2)：225-230.

[24] 杜尧东，李春梅，毛慧琴，等. 广东省香蕉寒害综合指数的时空分布特征[J]. 中国农业气象，2008，**29**(4)：467-471.

[25] 华南农学院. 果树栽培学各论（南方本）上册[M]. 北京：农业出版社，1981：163.

[26] 倪耀源，吴素芬. 荔枝栽培[M]. 北京：农业出版社，1990：96-97.

[27] 陈家豪，张容焱，林俩法. 烟雾防御香蕉低温害的效应[J]. 福建农林大学学报（自然科学版），2003，**32**(4)：468-469.

[28] 广东省气象局资料室. 广东气候[M]. 广州：广东科技出版社，1987.

福建枇杷低温害临界温度和综合气候指标*

杨　凯　林　晶　陈　惠　王加义　陈彬彬　马治国

（福建省气象科学研究所，福州　350001）

摘要：根据山区实际观测气温资料和枇杷相应低温受害减产情况调查结果，确定福建枇杷低温受害减产的临界温度为－1.0℃（百叶箱内），并通过对比枇杷主产区所在乡镇自动气象站与市（县）气象观测站的温度资料，进一步确定枇杷低温害的实际临界温度为3.0℃。在此基础上，根据福建省1992－2009年冬季逐日气象资料和枇杷相对气象产量，确定枇杷低温害致灾因子为极端最低气温、≤3.0℃低温害温度累积值、≤3.0℃低温日数之和及≤3.0℃低温害最大持续日数。利用主成分分析对4个致灾因子进行综合简化，得到枇杷低温害评价的综合气候指标，结合相对气象产量确定指标分级。通过对莆田市资料进行试算，低温害综合气候指标与枇杷相对气象产量间呈显著负相关关系（$P<0.05$），研究结果对评价福建省枇杷低温受害程度具有实际参考价值。

关键词：枇杷；低温害；临界温度；相对气象产量；综合气候指标

福建省地处中、南亚热带，雨量充沛，日照长，无霜期短，热量资源充足，是全国枇杷主要产区[1]，2011年全省枇杷种植面积3.51万hm^2，年产量达21.2万t，分别占全国种植面积的29%和总产量的1/3[2]。但受季风气候的影响，冬季低温不时袭击福建，给枇杷种植带来了严重危害，1999年12月、2004年12月下旬—2005年1月上中旬、2009年1月中旬的低温害给福建枇杷生产造成了巨大的经济损失[3-6]，低温害已成为福建省枇杷生产的主要灾害[7]。因此，开展枇杷低温害风险评估、区划和预警，对防寒减灾决策制定、农业生产布局和区域可持续发展具有重要意义，而合理确定枇杷低温害指标是低温害评估、区划和预警的前提。以往研究结果对评价福建省枇杷低温受害程度研究均沿用旧的枇杷冻害等级指标[8-11]，但原有指标大多是在同一生态气候条件下或在人工气候室模拟温度条件下得到的，对不同生态气候区、自然条件下枇杷低温害指标的研究较少，且原有的冻害指标多未考虑近年来气候变化的影响，全球气候持续变暖，将直接或间接地对陆生植物产生不同程度的影响[12]。为此，本文拟以枇杷低温害过程为研究对象，通过对福建省枇杷低温害临界温度的确定，并对致灾因子进行系统分析，提出客观、定量的枇杷低温害综合气候指标，以期为福建省枇杷低温害的评估和区划提供依据，为制定适宜的引种扩种、防灾减灾决策和措施提供科学依据。

* 基金项目：福建省科技厅农业科技重点项目（2009N0030）；公益性行业（气象）科研专项（GYHY201106024）；福建省自然科学基金项目（2012J01161）；

本文发表于《中国农业气象》，2013，**34**(4)。

1　资料和方法

1.1　资料

2010 年在福建省枇杷主产区福清一都善山村的坡地上，从上至下设置 8 个自动小气候观测点(表 1)，主要观测记录 2010/2011 年冬季(2010 年 12 月—2011 年 2 月)枇杷种植坡地各观测点 1.5 m 百叶箱内、外及枇杷冠层的气温。

表 1　山坡地各观测点地理位置

观测点	经度(°E)	纬度(°N)	海拔(m)
1	119°09′042″	25°47′105″	446
2	119°09′012″	25°46′982″	368
3	119°09′004″	25°46′896″	352
4	119°09′035″	25°46′791″	267
5	119°09′161″	25°46′673″	222
6	119°09′713″	25°46′378″	151
7	119°09′890″	25°46′543″	151
8	119°10′297″	25°47′084″	124

在冬季低温害过程结束后(2010 年 12 月 17—18 日)，对各测点的枇杷幼果随机采样，每株枇杷树采1～2个果穗，每个果穗 3 个幼果，共采 60 个幼果解剖，记录幼果的褐变率。在枇杷成熟采摘期对山坡地各测点的种植农户调查访问，获取各测点的枇杷减产率。

其他资料包括历年《福建省农村统计年鉴》中有连续记录的市(县)枇杷产量数据(1992—2009 年)，以及福建省 67 个气象站 1961—2011 年冬季(12 月—翌年 2 月)逐日平均气温、逐日最低气温资料(福建省气象信息中心提供)。

1.2　气象产量

枇杷产量是在各种自然和非自然因素综合影响下形成的，一般可将其分解为趋势产量和气象产量[13,14]，即

$$Y = Y_t + Y_w \tag{1}$$

式中，Y 为枇杷实际单产，Y_t是反映历史时期生产力发展水平的长周期产量分量，称为趋势产量；Y_w是受以气象要素为主的短周期变化因子影响的产量分量，称为气象产量，以一年为周期。产量单位均为 kg/hm^2。

利用 5 a 移动平均法计算趋势产量，即

$$Y_t = (Y_{i-5} + Y_{i-4} + Y_{i-3} + Y_{i-2} + Y_{i-1})/5 \tag{2}$$

式中，Y_t为第 i 年的趋势产量；Y_{i-5}、Y_{i-4}、Y_{i-3}、Y_{i-2}、Y_{i-1}是与第 i 年相邻的近 5 a 实际产量。

则气象产量为

$$Y_w = Y - Y_t \tag{3}$$

相对气象产量为

$$Y'_w = Y_w / Y_t \times 100\% \tag{4}$$

1.3 低温害过程温度累积值的计算

福建省果树遭受冻害的低温，绝大多数是冷平流过后的晴夜辐射降温引起的。许多学者研究发现，采用低温持续日数和过程有害积寒可较好地表示中弱冷空气多次补充造成的平流型寒害的累积作用[15,16]。本文参考此方法构建低温害过程温度累积值的概念（文中简称低温害积温值）。低温害积温值是指枇杷低温害过程中逐时低于临界受害温度的温度累积值，一日内的积温值 $X_{日}$（℃ · d）为

$$X_{日} = \int_{t_1}^{t_2} (T_c - T_t)\mathrm{d}t \qquad (T_t \leqslant T_c) \tag{5}$$

式中，T_c 为枇杷遭受低温害的临界温度，T_t 为逐时温度（℃）；t_1、t_2 分别为一日起始和终止时间，$\mathrm{d}t$ 表示对时间 t 求积分。由于大多数气象台站没有逐时资料，因此一日内低于某一界限温度的低温害过程积温值，可采用近似公式求得。假设温度的日变化具有周期性，则将式(5)离散化，经过求阴影三角形面积、积分变量转换后[15,16]，低温害积温值可表示为

$$\begin{aligned} X_{过程} &= \int_{n=1}^{N}\int_{t=0}^{24} (T_c - T_t)\mathrm{d}t\mathrm{d}n \\ &= \int_{n=1}^{N} \frac{6(T_c - T_{\min})^2\mathrm{d}n}{24(T_m - T_{\min})} \\ &= \frac{1}{4}\sum_{n=1}^{N} \frac{(T_c - T_{\min})^2}{T_m - T_{\min}} \\ &\qquad (T_{\min} \leqslant T_c) \end{aligned} \tag{6}$$

式中，$X_{过程}$ 为低温害积温值（℃·d）；N 为低温过程持续日数（d）；$T_{\min}$ 为日最低气温（℃）；T_m 为日平均气温（℃）。

2 结果与分析

2.1 枇杷低温害临界温度的确定

表 2 为 2010/2011 年冬季（2010 年 12 月—2011 年 2 月）的观测结果。由表可见，海拔高度的差别造成各测点极端最低气温的明显差异。总体上看，坡地上部各点温度较高，下部各点温度相对较低。而同一测点上，百叶箱内的极端最低气温均比百叶箱外高；山坡上部第 1～5 号观测点百叶箱外的极端最低气温与枇杷冠层上的极端最低气温相差不大，但山坡下部即第 6、7、8 号观测点百叶箱内的极端最低气温明显低于百叶箱外。结合幼果受冻褐变率和减产率观测结果可见，第 6、7、8 号观测点的冬季极端最低气温最低，低温害也最严重；第 3 个测点百叶箱内温度为－0.7℃，幼果褐变率和减产率为 0，枇杷未受害；当温度达到－1.0℃（第 5 点）时，枇杷开始受到低温害。因此，初步确定百叶箱内－1.0℃为枇杷低温害的临界温度，即当最低气温≤－1.0℃时低温害过程开始，当最低气温＞－1.0℃时低温害过程结束。

福建省枇杷主要种植在山区和半山区，而市（县）气象观测站一般设在平坦的开阔地，受地形因素影响，山区与气象观测站的温度差异明显，尤其是极端最低温度差异更大，县城最低气温可比山区高 3.0～5.0℃（典型的晴天可高 8℃）[17]；有研究也指出两个邻近测点之间的 1.5 m 高度温度，由于地形差异，冬季最低温度差一般可达 0.6～5.8℃，最多可达到 12℃以上[18]，且一般种植园内不配备测温系统。因此，为了充分利用气象站观测资料进行低温害预

警预报，需要将枇杷受害临界温度转换成市(县)气象站观测记录温度。对2008—2012年莆田市气象观测站与莆田枇杷主产区(常太镇、新县镇、白沙镇和大洋镇)各自动气象站冬季日极端最低气温的对比分析表明(表3)，主产区冬季日极端最低气温均比莆田市气象观测站低，总体上平均低4.0℃左右。因此，在百叶箱内－1.0℃的基础上增加4.0℃，确定依据市(县)气象观测站资料判断枇杷低温害的实际临界温度为3.0℃。

表2　山坡地各观测点低温害试验记录

观测点	T_{d1}(℃)	T_{d2}(℃)	T_{d3}(℃)	幼果褐变率(%)	减产率(%)
1	－1.8	－2.1	－2.1	44	66.7
2	－1.1	－1.9	－1.7	18	66.7
3	－0.7	－1.0	－1.2	0	0
4	－1.4	－1.6	－2.1	30	33
5	－1.0	－1.8	－1.8	26	20
6	－2.6	－5.0	－3.3	94	75
7	－2.2	－3.5	－3.1	80	75
8	－2.0	－3.5	－3.0	66	75

注：T_{d1}、T_{d2}、T_{d3}分别代表1.5 m处百叶箱内、外及枇杷冠层上的冬季极端最低气温。

根据枇杷低温害的临界温度，定义低温害过程为：当市(县)气象观测站观测最低气温≤3.0℃时，为低温害过程开始，当最低气温＞3.0℃时，为低温害过程结束。期间出现的日平均温度降温幅度、最低气温、持续日数、低温害过程温度累积值作为过程降温幅度、过程最低气温、过程持续日数、低温害积温值。

表3　2008—2012年莆田市气象站与各主产区自动气象站观测的冬季日极端最低气温的差值

自动气象站	经度(°E)	纬度(°N)	海拔高度(m)	地理特征	差值(℃)
常太镇	118°56′09″	25°30′01″	125.0	山地	2.8
新县镇	119°05′34″	25°37′05″	576.0	山地	4.6
白沙镇	118°59′49″	25°33′36″	160.0	山地	4.4
大洋镇	119°04′48″	25°43′17″	367.0	山地	4.4

将历年冬季(12月－翌年2月)全部低温害过程日平均温度的最大降幅、极端最低气温、持续日数之和、低温害过程温度累积值之和分别作为该年的最大低温害降温幅度、低温害最低气温、低温害持续日数、低温害积温值。

2.2　枇杷低温害致灾因子的确定

2.2.1　致灾因子选取

利用莆田市1992—2009年冬季极端最低气温(X_1)、日最低气温≤3.0℃低温害积温值(X_2)、≤3.0℃低温日数之和(X_3)、≤3.0℃低温害最大持续日数(X_4)资料，与枇杷相对气象产量进行相关分析，结果表明X_1与相对气象产量间为显著的正相关关系，其他因子均为显著的负相关关系(表4)，4个气象因子与枇杷相对气象产量的相关系数均通过了0.05水平的显著性检验。因此,选取这 4 个气象因子作为枇杷低温害的致灾因子。

表 4 1992—2009 年莆田市 4 个气象因子与枇杷相对气象产量的相关系数

因子	相关系数 R
X_1	0.529*
X_2	−0.517*
X_3	−0.528*
X_4	−0.588*

注:X_1为极端最低气温,X_2为日最低气温≤3.0℃低温害积温值,X_3为≤3.0℃低温日数之和,X_4为≤3.0℃低温害最大持续日数。*、** 分别表示相关系数通过 0.05、0.01 水平的显著性检验。下同。

表 5 莆田市致灾因子系列与其他站点相同致灾因子间的相关系数

因子	福清市	云霄县	霞浦县	上杭县
X_1	0.886**	0.903**	0.882**	0.527*
X_2	0.769	0.708	0.884**	0.763**
X_3	0.742**	0.694**	0.815**	0.523*
X_4	0.667**	0.833**	0.837**	0.727**

2.2.2 致灾因子的代表性分析

选取枇杷种植面积较大的站点福清市(闽中部地区)、云霄县(闽南地区)、霞浦县(闽东北地区)和上杭县(闽西南地区),针对每个致灾因子,计算莆田市与 4 个站点之间的皮尔逊(Pearson)相关系数,其结果如表 5 所示。由表可见,相关系数均通过了 0.05 或 0.01 水平的显著性检验,说明该 4 个致灾因子在福建省具有一定的代表性。

2.3 枇杷低温害综合气候指标的计算

枇杷低温害 4 个致灾因子 X_1、X_2、X_3、X_4序列间的相关系数如表 6 所示。由表可以看出,致灾因子两两之间的相关系数均通过了 0.01 水平的显著性检验,表明致灾因子之间并不独立,而是互有影响。因此,为了避免信息重叠而影响分析效果,利用主成分分析对 4 个致灾因子进行综合简化。

表 6 致灾因子间的相关系数矩阵

	X_1	X_2	X_3	X_4
X_1	1			
X_2	−0.866	1		
X_3	−0.927	0.838	1	
X_4	−0.884	0.874	0.941	1

运用 SPSS15.0 统计软件采用主成分分析法对枇杷低温害 4 个致灾因子 X_1、X_2、X_3、X_4序列进行分析。根据主成分个数提取原则为主成分对应的特征值大于 1 的前 m 个主成分(特征值在某种程度上可以被看成是表示主成分影响力度大小的指标),软件提取了第一主成分,

其累计方差贡献率达到 91.6%，说明这一主成分已能充分说明数据间的波动原因，并得到协方差矩阵的特征根 $\lambda=(3.665, 0.178, 0.117, 0.040)$，特征向量 A_1、A_2、A_3、A_4 分别为 −0.501、0.487、0.506 和 0.505。

由此获得 4 个低温害致灾因子的综合气候指标（HI）为

$$HI = -0.501X_1 + 0.487X_2 + 0.506X_3 + 0.505X_4 \tag{7}$$

从物理意义上看，极端最低气温 X_1 越低、≤3.0℃低温害积温值 X_2 越大、≤3.0℃低温日数之和 X_3 越多、≤3.0℃低温害最大持续日数 X_4 越长，对综合指标 HI 的贡献越大。

2.4　枇杷低温害综合气候指标分级

相对气象产量比气象产量能更好地描述以气象要素为主的各种短期变动因子对产量序列的影响，其负值主要是由不利气象条件（灾害）所造成的减产[19]，将相对气象产量为负值的年份定义为减产年，其对应的相对气象产量为“减产率”[20]。参照农业上划分灾害年型的方法，将相对气象产量减产率（%）分为 −10%～0、−20%～−10%、−30%～−20%、−100%～−30% 共 4 个等级，分别对应于轻度、中度、重度、严重低温害 4 个灾害分级。将低温害综合气候指标（HI）与相应的相对气象产量资料绘制点聚图，如图 1 所示。

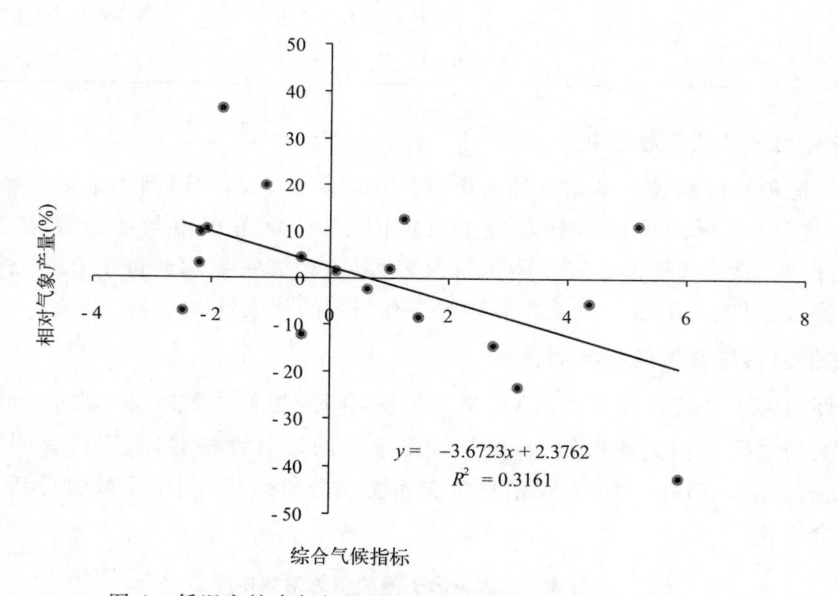

图 1　低温害综合气候指标与枇杷相对气象产量点聚图

由图 1 可见，枇杷低温害综合气候指标 HI 与相对气象产量呈显著的负相关关系（$P<0.05$），即低温害综合气候指标越高，相应的相对气象产量越低。采用线性回归方法对两者进行分析，可得到一元线性回归方程

$$y = -3.6723x + 2.3762 \tag{8}$$

式中，y 为相对气象产量，x 为低温害综合气候指标。用相对气象减产率（%）$x=-100$、-30、-20、-10、0 代入方程，可得到枇杷各级低温害指标的阈值，并据此确定各级的指标区间（表 7）。

表 7 枇杷低温害综合气候指标等级

	轻度	中度	重度	严重
综合气候指标 *HI*	0.65≤*HI*<3.37	3.37≤*HI*<6.09	6.09≤*HI*<8.82	8.82≤*HI*<27.88
减产率(%)	−10～0	−20～−10	−30～−20	−100～−30

2.5 枇杷低温害综合气候指标与相对气象产量比较

选取福建省枇杷主产区莆田市枇杷相对气象产量与1992—2009年冬季低温害综合气候指标进行比较，以检验枇杷低温害综合气候指标的代表性和准确性，结果如图2所示。从图2可以看出，低温害综合气候指标数值大的年份，一般枇杷的产量较低；而综合气候指标小的年份，枇杷产量较高，两者表现出相反的变化趋势，其中2000、2005和2009年综合气候指标较大，对应年的枇杷产量就较低，这与莆田市1999—2000年冬季、2004—2005年冬季和2008—2009年冬季枇杷遭受低温害，从而造成当年产量降低的实际情况相一致。计算枇杷低温害综合气候指标与相对气象产量的相关系数为−0.562($P<0.05$)，表明可以用本研究的低温害综合气候指标分析福建省枇杷低温害的轻重。

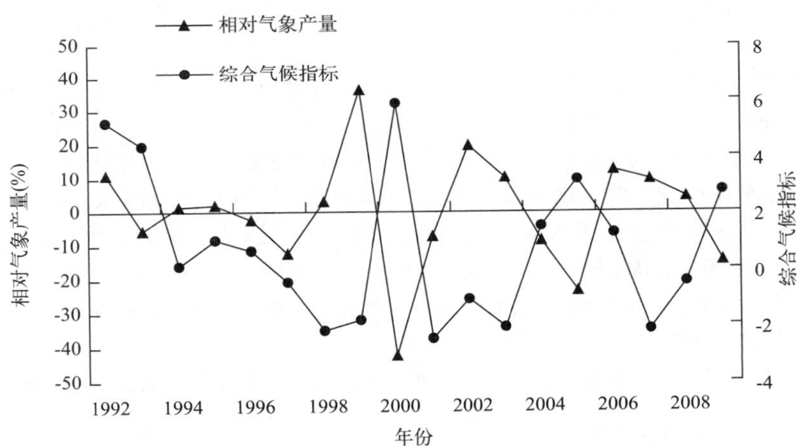

图 2 莆田市1992—2009年枇杷相对气象产量与低温害综合气候指标的比较

3 结论与讨论

福建枇杷低温害的实际临界温度为3.0℃，其低温害致灾因子为极端最低气温、≤3.0℃低温害温度累积值、≤3.0℃低温日数之和以及≤3.0℃低温害最大持续日数。以往研究认为[8,11]，枇杷在生长发育过程中若遇−3.0℃以下低温，幼果就会受冻，但该指标多是在同一生态气候条件下或在人工气候室模拟温度条件下得到的，缺乏对不同生态气候区、自然条件下枇杷低温害指标的研究，且未考虑全球气候持续变暖对陆生植物产生的影响。本研究以自然条件下枇杷低温害过程为研究对象，在剔除气候变化及社会经济等影响后构建新的综合气候指标，确定低温害的实际临界温度。4个致灾因子之间相关性显著，在福建省的代表性较好。通过对4个致灾因子进行综合简化所得到的低温害综合气候指标，物理意义清晰，且第一主成分累计方差贡献率达到91.6%。利用综合气候指标与相对气象产量的关系确定指标分级，并对莆田市资料进行试算，低温害综合气候指标与枇杷相对气象产量间有显著的负相关关系，说明该指标对评价福建省枇杷低温受害程度有实际参考价值。因此可以用来分析福建省枇杷低温害的轻重。

影响枇杷低温害的因子很复杂，其发生及程度不仅受气象因子的影响，还受植物学因子的影响[21]，在气象因子中除低温的影响外，还与阴雨、大风、日照不足等气象条件有关[8]。由于资料的限制，本文仅考虑温度对枇杷生产的影响，在以后的研究中将进一步深入完善。

参考文献

[1] 王加义，陈家金，李丽纯，等. GIS 在福建枇杷低温冻害分析中的应用[J]. 中国农业气象，2011，**32**(增 1)：153-156.

[2] 福建省统计局农村处. 2011 年福建省农村统计年鉴[M]. 福州：福建人民出版社，2011：158-159.

[3] 蒋荣复，陈艺芳，林永强. 莆田市枇杷冻害特征分析与预报研究[J]. 中国西部科技，2010，**9**(35)：6-8.

[4] 黄金松. 亚热带果树受冻后的补救措施与预防[J]. 福建果树，2000，**111**(1)：52-54.

[5] 翁志辉. 浅析福建省枇杷幼果的冻害情况及预防与补救措施[J]. 福建农业科技，2005，(1)：16-18.

[6] 蔡文炳，林亦霞. 10 万亩枇杷树遭冻害 果农直接经济损失达五千多万[OL]. http://www.fjsen.com/misc/2009－01/14/content_640011.htm.

[7] 陈惠，王加义，潘卫华，等. 南亚热带主要果树冻(寒)害低温指标的确定[J]. 中国农业气象，2012，**33**(1)：148-155.

[8] 吴仁烨，陈家豪，吴振海. 福州市枇杷低温害预警模型及其应用[J]. 江西农业学报，2007，**19**(1)：56-59.

[9] 邱继水，曾杨，潘建平，等. 广东枇杷生态栽培区划[J]. 广东农业科学，2009，(12)：64-66.

[10] 黄寿波，沈朝栋，李国景. 我国枇杷冻害的农业气象指标及其防御技术[J]. 湖北气象，2000，(4)：17-20.

[11] 谢钟琛，李建. 早钟 6 号枇杷幼果冻害温度界定及其栽培适宜区区划[J]. 福建果树，2006，**136**(1)：7-11.

[12] 曾小平，赵平，孙谷畴，等. 气候变暖对陆生植物的影响[J]. 应用生态学报，2006，**17**(12)：2445-2450.

[13] 杨继武. 农业气象预报和情报[M]. 北京：气象出版社，1994：248-258.

[14] 游超，蔡元刚，张玉芳. 基于气象适宜指数的四川盆地水稻气象产量动态预报技术研究[J]. 高原山地气象研究，2011，**31**(1)：51-55.

[15] 杜尧东，李春梅，毛慧琴. 广东省香蕉与荔枝寒害致灾因子和综合气候指标研究[J]. 生态学杂志，2006，**25**(2)：225-230.

[16] 李娜，霍治国，贺楠，等. 华南地区香蕉、荔枝寒害的气候风险区划[J]. 应用生态学报，2010，**21**(5)：1244-1251.

[17] 陈惠，徐宗焕，潘卫华，等. 地形闭塞的山坡下部冬季气温特征分析[J]. 中国农业气象，2010，**31**(2)：300-304.

[18] 傅抱璞. 起伏地形中的小气候特点[J]. 地理学报，1963，**29**(3)：175-187.

[19] 邵晓梅，刘劲松，许月卿. 河北省旱涝指标的确定及其时空分布特征研究[J]. 自然灾害学报，2001，**10**(4)：133-136.

[20] 张建敏，李世奎. 农业风险分析的主要内容和研究现状[A]. 郭迎春，闫宜玲. 河北省主要农业气象灾害的分布规律辨识[A]. 邓国，李世奎. 中国粮食作物产量风险评估方法[A]. 李世奎，霍治国，王道龙，等. 中国农业灾害风险评价与对策[C]. 北京：气象出版社，1999：34-35，72-73，122-127.

[21] 陈由强，叶冰莹，高一平，等. 低温胁迫下枇杷幼叶细胞内 Ca^{2+} 水平及细胞超微结构变化的研究[J]. 武汉植物学研究，2000，**18**(2)：138-142.

GIS在福建枇杷低温冻害分析中的应用*

王加义　陈家金　李丽纯　徐宗焕

（福建省气象科学研究所，福州　350001）

摘要：根据枇杷生长情况、受害程度与年度极端最低气温、种植区域的坡向、坡度的关系，确定枇杷冻害等级指标；利用福建68个气象台站的地理信息资料，建立枇杷冻害指标的空间分布特征模型，通过GIS技术推算出50m×50m分辨率的冻害指标空间分布；利用GIS的空间分析能力，得出福建枇杷低温冻害的受灾分布规律。

关键词：枇杷；冻害；GIS

0　引言

枇杷原产于中国，是南方名贵特产果品之一，中国枇杷栽培业在国际上居首要位置，尤其在福建、浙江等省份的枇杷种植面积和产量都排在前列[1]。福建地处中、南亚热带，该地区雨量充沛、日照长、无霜期短、热量资源充足，属温暖湿润的亚热带海洋性季风气候[2]，适宜枇杷种植，但冬季低温常常对枇杷造成冻害。枇杷生长发育的各阶段及其不同器官对温度的要求不同。由于枇杷在冬季开花、春季形成果实，冬季低温较易使其发生冻害，对其当年产量有很大的影响，这成为其经济栽培的主要限制因素[3]。枇杷属于亚热带常绿果树，喜温暖气候，营养器官的耐寒性比较强，冬季最低气温降至－18℃，无冻害发生。但是枇杷的花、幼果容易受冻。花蕾较耐冻，多在－5～－7℃时冻死，幼果在－3℃时开始出现冻害[4]。因此，一般把－3℃作为枇杷冻害的临界温度[5]。据研究，枇杷在－2℃气温下经过4 h不产生冻害，－3℃下3 h冻死率达20％，－4℃下1 h冻死率达40％[6]。低温灾害对福建的枇杷生长影响最大，已成为枇杷高产稳产的主要制约因素。近50 a来，福建出现了3 a的异常偏冷和2 a明显偏冷的低温，这5个年度各气象台站年景级差达4级。一旦全省年度极端气温出现异常或明显偏冷，往往会给福建的果树、花卉及其他冬季作物造成不同程度的冻害或寒害[7]。

福建地貌可用“八山一水一分田”来概括，局地多样小气候造成枇杷低温冻害程度各不相同。由于气象台站分布不均等因素制约，无法用台站观测资料客观反映所有区域内的冬季低温状况和枇杷冻害情况，因此，在较大精度下模拟冬季低温分布状况以及枇杷冻害情况成为迫切需要解决的问题。地理信息系统（GIS）具有强大的空间分析能力，借助一定算法可以实现对数据进行插值，结合高程数据能较全面反映数据空间分布特点，从而解决无法全面客观反映

* 基金项目：福建省科技厅农业科技重点项目（2009N0030）；公益性行业（气象）科研专项（GYHY201106024）；福建省气象局开放式气象科学研究基金项目（2010k06）；

本文发表于《中国农业气象》，2011，**32**（增1）。

福建冬季低温状况和枇杷冻害情况的问题。本文采用GIS技术模拟福建低温空间分布,结合枇杷冻害指标,分析福建枇杷低温冻害的空间分布特征,为福建枇杷生产的趋利避害和优化布局提供科学决策依据。

1 资料与方法

1.1 资料及处理

气候资料使用福建68个气象站点历年年度极端最低气温(T_d)。利用相关、插补订正,把各台站T_d的资料年代统一整理为1950/1951—1999/2000,地理信息资料采用68个气象台站的公里网坐标及海拔高度和“数字福建”提供的1∶25万福建基础地理背景资料。

高空间分辨率、栅格化的气象数据能更好地表达其连续分布的空间特征,利于区域空间特征的定量分析,与其他空间数据叠加,实现空间多要素的综合分析和整体评价[8]。利用GIS软件对地理信息矢量数据进行切割、修饰和格式转换,把产生的矢量数据进行栅格化处理。不规则三角网能更好地顾及包含有大量如断裂线、构造线等特征的地形地貌,生成连续或光滑表面[9],利用三角网格尽可能逼近实际的地貌特征,把相关数据(主要是海拔高度值、公里网的X,Y坐标值)进行内插,得到不规则三角网栅格数据。为了分析和计算的方便,将不规则三角网数据转换为四方格网数据,最终得到以下进行分析所需的地理信息:①福建县以上行政边界、政府所在地;②福建主要河流及水体数据;③福建高程、公里网坐标、坡度、坡向等栅格数据,所有栅格数据网格距为50 m×50 m。

1.2 坡向、坡度的确定

在本研究中,限定坡度在40°以内较为合适。同等条件下,坡度大,冷空气不易堆积,因而有利于避冻[10]。坡向按照GIS中的定义,分为正北、正南和东、西坡向。

2 结果与分析

2.1 枇杷冻害指标

每种果树对气象条件的要求各不相同,对于气象因子来说,不同因子带来的影响大小不同,其中冬季低温是影响福建枇杷生存的关键限制因子。冷冬年,由于强低温袭击,往往造成枇杷冻害,严重的还会造成枇杷死亡。年度极端最低气温(T_d)最能表征冬季的低温强度,故选用T_d作为枇杷受冻害影响的主导因子。根据枇杷的生态特征,当气温为−3℃时,幼果开始受冻,−4℃为中度冻害,−5℃为重度冻害,−6℃为严重冻害。一般而言,T_d持续时间越长,冻害越严重。

受地形因素影响,相同T_d值的不同地域往往枇杷冻害的程度不同,故结合地形、坡向、坡度对T_d的影响更能反映实际的枇杷冻害情况。地形可分为平地、北坡、南坡和东、西坡;坡向与地形相对应以正北为0°顺时针旋转的角度表示。

从经济栽培角度考虑,采用10 a一遇的T_d值(即保证率为90%),可以比较客观地反映枇杷低温冻害情况。枇杷冻害等级指标见表1。

表 1 福建枇杷低温冻害分级指标

冻害等级	地形	90%保证率 T_d(℃)	坡向(°)	坡度(°)
无冻害(最适宜区)	平地	≥−3	无	≤1
	北坡	≥−2.7	0～45 或 315～360	1～25
	南坡	≥−4.5	135～225	1～40
	东、西坡	≥−3.6	45～135 或 225～315	1～40
轻度冻害(适宜区)	平地	−4.0～−3.0	无	≤1
	北坡	−3.7～−2.7	0～45 或 315～360	1～25
	南坡	−5.5～−4.5	135～225	1～40
	东、西坡	−4.6～−3.6	45～135 或 225～315	1～40
中度冻害(次适宜区)	平地	−5.0～−4.0	无	≤1
	北坡	−4.7～−3.7	0～45 或 315～360	1～25
	南坡	−6.5～−5.5	135～225	1～40
	东、西坡	−5.6～−4.6	45～135 或 225～315	1～40
重度冻害(一般区)	平地	−6.0～−5.0	无	≤1
	北坡	−5.7～−4.7	0～45 或 315～360	1～25
	南坡	−7.5～−6.5	135～225	1～40
	东、西坡	−6.6～−5.6	45～135 或 225～315	1～40
严重冻害(不适宜区)	平地	≤−6.0	无	≤1
	北坡	≤−5.7	0～45 或 315～360	1～25
	南坡	≤−7.5	135～225	1～40
	东、西坡	≤−6.6	45～135 或 225～315	1～40

2.2 建立不同地形的枇杷冻害指标空间推算模式

由于每个县(市)一般仅设1个气象台站。要表征县(市)内各地的 T_d,必须建立相应的计算模式。经研究,年度极端最低气温的多年平均值(T_{dp})与地理因子关系相当密切。随着纬度(Φ)、海拔高度(H)的升高,T_{dp} 呈降低的趋势[11]。将经纬网坐标转换为公里网坐标,公里网中的横向坐标用 Φ 表示,纵向坐标用 E 表示,用福建68个台站的地理因子 Φ,E,H 与 T_d间进行相关分析,建立枇杷冻害指标因子(10 a一遇的冬季极端最低气温)的空间推算模型:

$$T_d = 49.08412 + 0.00001469231\Phi - 0.00002113957E - 0.005389045H \tag{1}$$

极端最低气温平均值推算模型的复相关系数,$R=0.964$,$F=282.16$,$f_1=3$,$f_2=64$,$F_{0.01}=4.112$,$F \gg F_{0.01}$,相关极显著。

考虑地形因素对枇杷冻害的影响,将 T_d的结果栅格数据与坡度、坡向栅格数据进行逻辑关系运算,得到综合空间推算模型:

$$T_{d1} = (T_d)\mathrm{AND}(P_{D1}) \tag{2}$$

式中,T_{d1}代表平地枇杷冻害指标;P_{D1}代表平地坡度,$P_{D1} \leqslant 1°$。

$$T_{d2} = [(T_d)\mathrm{AND}(P_{X2A})\mathrm{OR}(T_d)\mathrm{AND}(P_{X2B})]\mathrm{AND}(P_{D2}) \tag{3}$$

式中,T_{d2}代表北坡枇杷冻害指标;P_{X2A}、P_{X2B}代表北坡的坡向,$0° \leqslant P_{X2A} \leqslant 45°$,$315° \leqslant P_{X2B} \leqslant 360°$;$P_{D2}$代表北坡坡度,$1° < P_{D2} \leqslant 25°$。

$$T_{d3} = (T_d)\mathrm{AND}(P_{X3})\mathrm{AND}(P_{D3}) \tag{4}$$

式中,T_{d3}代表南坡枇杷冻害指标;P_{X3}代表南坡的坡向,$135° \leqslant P_{X3} \leqslant 225°$;$P_{D3}$代表南坡坡度,$1° < P_{D3} \leqslant 40°$。

$$T_{d4} = [(T_d)\mathrm{AND}(P_{X4A})\mathrm{OR}(T_d)\mathrm{AND}(P_{X4B})]\mathrm{AND}(P_{D4}) \tag{5}$$

式中，T_{d4}代表东、西坡枇杷冻害指标；P_{X4A}，P_{X4B}代表东、西坡的坡向，$45° < P_{X4A} < 135°$，$225° < P_{X4B} < 315°$；P_{D4}代表东、西坡坡度，$1° < P_{D4} \leqslant 40°$。

2.3　枇杷冻害指标空间分布推算

利用式(2)～式(5)，分别推算各指标在空间分布的状态，然后将各级别冻害指标分布图进行合成，最终确定福建 50m×50m 网格的枇杷冻害指标在不同坡度、坡向上的分布图。根据表1中的枇杷冻害分级指标，将福建分为无冻害、轻度、中度、重度、严重冻害5个区域，将各区域赋予不同色彩，并叠加福建的县级行政边界和政府所在地等要素，最后形成福建枇杷低温冻害分布图[12]（图1）。

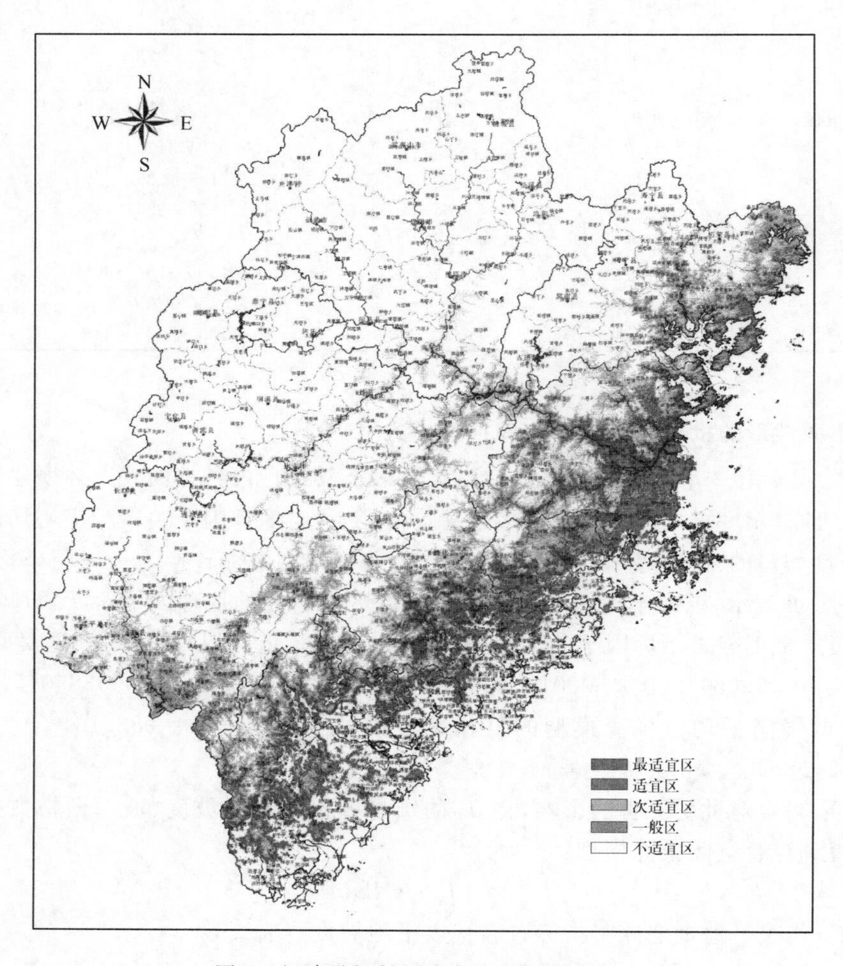

图1　福建枇杷低温冻害分布图（彩图4）

2.4　分区评述

最适宜区（无冻害区）：主要分布在闽东南平原与丘陵相接的地形过渡地带，福州市连江和宁德市霞浦的沿海有零星分布。应合理安排早、中、迟熟枇杷的种植比例，改变目前早熟品种（例如“早钟6号”枇杷）比例过大的状况，延长鲜果上市时间，争取最大经济效益。

适宜区（轻度冻害区）：主要分布在宁德到漳州的沿海各市，龙岩市永定县的东南部有零星分布。该区早熟品种的幼果越冬期有轻微冻害，更适合中、迟熟品种种植。应当压缩早熟品种的种植比例，多种中迟熟品种。

次适宜区（中度冻害）：分布在宁德到漳州的沿海各市，龙岩市南部和东部有部分分布。分布的海拔高度比适宜区要高。该区早熟品种的幼果越冬期常有较严重冻害，较适合中、迟熟品种种植。应尽量不种早熟品种，以中迟熟品种布局为主。

一般区（重度冻害）：除分布在宁德到漳州的沿海各市外，在龙岩市的南部和东部、三明市的东部、南平市的东南部还有部分分布。分布的海拔高度比适宜和次适宜区高。该区不能种植早钟 6 号等早熟品种，中、迟熟品种的冻害也比较严重，只能选择有利小地形（例如"地形暖区"）少量种植。

不适宜区（严重冻害）：除上述区域外的范围，该区冬季气温更低，冻害频率更高，冻害严重，对枇杷种植很容易造成严重冻害，不建议在该区种植。

3　结论

从分析结果来看，福州及其以南各区（市）以及闽东的霞浦等县（市）均存在适合各熟型枇杷生长的区域。福建省枇杷的重点布局县（市、区）为：云霄、诏安、莆田城厢、荔城、涵江、仙游、永春、福清、连江、霞浦等。为了避免或减轻冬季低温对枇杷造成的危害，应选择山体南坡或近水体等有利的小气候地形建园。在本研究中利用地理信息系统进行低温冻害的空间分布推算，使精度提高到 50m×50m 分辨率，有助于从细节上了解冻害分布特点。本研究只考虑了坡度、坡向等地形因素对低温的影响，有关土地利用状况、土壤养分等因素，还有待今后进一步的探讨。

参考文献

[1]郑少泉. 枇杷品种与优质高效栽培技术原色图说[M]. 北京：中国农业出版社，2005：3-4.

[2]福建省计划委员会. 福建农业大全[M]. 福州：福建人民出版社，1992：58-58.

[3]黄寿波，沈朝栋，李国景. 我国枇杷冻害的农业气象指标及其防御技术[J]. 湖北气象，2000，(4)：17-20.

[4]张辉，林新坚，吴一群，等. 基于 GIS 的福建永泰山区枇杷避冻区划[J]. 中国农业气象，2009，**30**(4)：624-627.

[5]谢钟琛，李建. 早钟 6 号枇杷幼果冻害温度界定及其栽培适宜区区划[J]. 福建果树，2006，(1)：7-11.

[6]张夏萍，许伟东，郑诚乐. 枇杷冻害及防范研究进展[J]. 福建果树，2007，(3)：28-31.

[7]蔡文华，王加义，岳辉英. 近 50 年福建省年度极端最低气温统计特征[J]. 气象科技，2005，**33**(3)：230-230.

[8]郭志华，刘祥梅，肖文发，等. 基于 GIS 的中国气候分区及综合评价[J]. 资源科学，2007，**29**(6)：2-9.

[9]樊红，詹小国. ARC\INFO 应用与开发技术(修订版)[M]. 武汉：武汉大学出版社，2002：222-224.

[10]李文，蔡文华，王加义. 利用宁德市沿海越冬热量条件发展晚熟龙眼荔枝[J]. 中国农业气象，2005，**26**(4)：240-240.

[11]王加义，陈惠，蔡文华，等. 基于地理信息系统的闽东南柑橘避冻分区及防冻措施研究[L]. 中国农学通报，2007，**23**(2)：442-442.

[12]陈娟，康为民，郑小波，等. 基于 GIS 在贵州果树气候区划中的应用[J]. 贵州农业科学，2007，**35**(4)：25-25.

GIS 在福建龙眼低温冻害分析中的应用*

王加义　陈　惠　李　文　蔡文华　李丽纯

（福建省气象科学研究所，福建 福州　350001）

摘要：为减少福建龙眼在低温冻害中的损失，实现科学合理的种植布局，进行本研究；根据龙眼的生长情况、受害程度与年度极端最低气温、种植区域的坡向、坡度的关系，确定龙眼冻害等级指标；利用福建 68 个气象台站的地理信息资料，建立龙眼冻害指标的空间分布特征模型，通过 GIS 技术推算出 50 m×50 m 分辨率的冻害指标空间分布；利用 GIS 的空间分析能力，得出福建龙眼低温冻害的分布规律。

关键词：龙眼；冻害；GIS

0　引言

龙眼是我国南方的名贵特产，重要的亚热带果树之一，它和荔枝并列为无患子科果树中最优的两种果树。国际上的龙眼栽培业也以我国居首要位置[1]。温度是龙眼生存的因素之一，它决定龙眼的自然分布。福建地处中、南亚热带，雨量充沛，日照长，无霜期短，热量资源充足，属温暖湿润的亚热带海洋性季风气候[2]，历史上福建为我国龙眼栽培最多的省份。龙眼在亚热带地区的系统发育中，其生长发育与外界环境条件已成为有机统一的整体。龙眼耐寒力较差，气温降至 0℃时幼苗受冻，－0.5～－1℃时成株则表现不同程度的冻害，－4℃时青壮年龙眼树会整株地上部死亡[3]。低温灾害对福建的龙眼生长影响最大，已成为龙眼高产、稳产的主要制约因素。近 50 年来，福建出现了 3 年的异常偏冷和 2 年明显偏冷的低温，这 5 个年度各气象台站年景级差达 4 级。一旦全省年度极端气温出现异常或明显偏冷，往往会给福建的果树、花卉及其他冬季作物造成不同程度的冻害或寒害[4]。

福建地貌可用"八山一水一分田"来概括，局地多样小气候造成龙眼低温冻害程度各不相同。由于气象台站分布不均等因素制约，无法用台站观测资料客观反映所有区域内的冬季低温状况和龙眼冻害情况，因此，在较低精度下模拟冬季低温分布状况，以及龙眼冻害情况成为迫切需要解决的问题。地理信息系统（GIS）具有强大的空间分析能力，借助一定算法可以实现对数据进行插值，结合高程数据能较全面地反映数据空间分布特点，从而解决无法全面客观反映福建所有区域内冬季低温状况和龙眼冻害情况的问题。本文采用 GIS 技术模拟福建低温空间分布，结合龙眼冻害指标，分析福建龙眼低温冻害的空间分布特征，为福建龙眼生产的

* 基金项目："十一五"国家科技支撑计划重点项目（2006BAD04B03）；福建省科技厅农业科技重点项目"福建省农业生态环境动态变化评估及区划研究"（2004N018）；

本文发表于《中国农学通报》，2008，**24**（07）。

趋利避害和优化布局提供科学决策依据。

1 龙眼冻害指标

每种果树对气象条件的要求各不相同，从气象因子的角度来说，不同因子带来的影响大小不同，其中冬季低温是影响福建龙眼生存的关键限制因子。冷冬年，由于强低温袭击，往往造成龙眼冻害，严重的还会造成龙眼的死亡。年度极端最低气温（下用 T_d表示）最能表征冬季的低温强度，故选用 T_d作为龙眼受冻害影响的主导因子。根据龙眼的生态特征，当气温为 0℃时，它们的幼苗及成年树的秋冬梢开始受冻，－2℃为中度冻害，－3℃为重度冻害，－4℃为严重冻害（主干冻死）[5]；一般而言，T_d持续时间越长，冻害越严重。

受地形因素影响，相同 T_d值的不同地域往往对龙眼冻害的程度不尽相同，故而将地形、坡向、坡度对 T_d的影响考虑进来更能反映实际的龙眼冻害情况。地形可分为平地、北坡、南坡和东西坡；坡向与地形相对应以正北为 0°顺时针旋转的角度表示。

对于多年生果树来说，从栽培到盛果期有的需 7～8 年，乃至更长的时间，大部分果树一旦受重冻害，往往是“伤筋动骨”，恢复不易，需若干年后才能恢复元气。从经济栽培角度考虑，采用 10 a 一遇的 T_d值（即保证率为 90％），可比较客观地反映龙眼低温冻害情况，因此，龙眼冻害等级指标如下（表 1）。

表 1 福建龙眼低温冻害分级指标

冻害等级	地形	90％保证率 T_d（℃）	坡向（°）	坡度（°）
无冻害	平地	≥1.0	无	≤1
	北坡	≥1.3	0～45 或 315～360	1～25
	南坡	≥－0.5	135～225	1～40
	东、西坡	≥0.4	45～135 或 225～315	1～40
轻度冻害	平地	－1.0～1.0	无	≤1
	北坡	－0.7～1.3	0～45 或 315～360	1～25
	南坡	－2.5～－0.5	135～225	1～40
	东、西坡	－1.6～0.4	45～135 或 225～315	1～40
中度冻害	平地	－2.0～－1.0	无	≤1
	北坡	－1.7～－0.7	0～45 或 315～360	1～25
	南坡	－3.5～－2.5	135～225	1～40
	东、西坡	－2.6～－1.6	45～135 或 225～315	1～40
重度冻害	平地	－3.0～－2.0	无	≤1
	北坡	－2.7～－1.7	0～45 或 315～360	1～25
	南坡	－4.5～－3.5	135～225	1～40
	东、西坡	－3.6～－2.6	45～135 或 225～315	1～40
严重冻害	平地	≤－3.0	无	≤1
	北坡	≤－2.7	0～45 或 315～360	1～25
	南坡	≤－4.5	135～225	1～40
	东、西坡	≤－3.6	45～135 或 225～315	1～40

2 分析方法

2.1 资料与处理

气候资料使用的是福建 68 个气象站点历年年度极端最低气温(T_d)。利用相关、插补订正,把各台站 T_d 的资料年代统一整理为 1950/1951—1999/2000,地理信息资料采用 68 个气象台站的公里网坐标及海拔高度和“数字福建”提供的 1:25 万福建基础地理背景资料。

高空间分辨率、栅格化的气象数据能更好地表达其连续分布的空间特征,利于区域空间特征的定量分析,与其他空间数据叠加,实现空间多要素的综合分析和整体评价[6]。利用 GIS 软件对地理信息矢量数据进行切割、修饰和格式转换,把产生的矢量数据进行栅格化处理。不规则三角网能更好地顾及包含有大量如断裂线、构造线等特征的地形地貌,生成连续或光滑表面[7],利用三角网格尽可能逼近实际的地貌特征,把相关数据(主要是海拔高度值、公里网的 X,Y 坐标值)进行内插,得到不规则三角网栅格数据。为了分析和计算的方便,将不规则三角网数据转换为四方格网数据,最终得到以下进行分析所需的地理信息:①福建省县级以上行政边界、政府所在地;②福建主要河流及水体数据;③福建高程、公里网坐标、坡度、坡向等栅格数据,所有栅格数据网格距为 50 m×50 m。

2.2 坡向、坡度的确定

平地和凹地的冻害重。与单年生的禾本科植物相比,龙眼的根系发达,在坡地上种植有一定的水土保持功能。生产实践中龙眼种到坡度在 50°左右的坡面上不乏其例,但不宜提倡。种到 30°~40°有相当大比例。因此,在本研究种,限定坡度在 40°以内较为合适。同等条件下,坡度大,冷空气不易堆积,因而有利于避冻[8]。坡向按照 GIS 中的定义,分为正北、正南和东、西坡向。

2.3 建立不同地形的龙眼冻害指标空间推算模式

由于每个县(市)一般仅设 1 个气象台站。要表征县(市)内各地的 T_d,必须建立相应的计算模式。经研究,年度极端最低气温的多年平均值(T_{dp})与地理因子关系相当密切。随着纬度(Φ)、海拔高度(H)的升高,T_{dp} 呈降低的趋势[9]。把经纬网坐标转换为公里网坐标,公里网中的横向坐标用 Φ 表示,纵向坐标用 E 表示,用福建 68 个台站的地理因子 Φ,E,H 与 T_d 间进行相关分析,建立龙眼冻害指标因子(10 年一遇的冬季极端最低气温)的空间推算模型:

$$T_d = 49.08412 + 0.00001469231\Phi - 0.00002113957E - 0.005389045H \tag{1}$$

极端最低气温平均值推算模型的复相关系数 $R=0.964$,$F=282.16$,$f_1=3$,$f_2=64$,$F_{0.01}=4.112$,$F \gg F_{0.01}$,相关性极显著。

考虑地形因素对龙眼冻害的影响,将 T_d 的结果栅格数据与坡度、坡向栅格数据进行逻辑关系运算,得到综合空间推算模型:

$$T_{d1} = (T_d)\text{AND}(P_{D1}) \tag{2}$$

式(2)中:T_{d1} 代表平地龙眼冻害指标;P_{D1} 代表平地坡度,$P_{D1} \leqslant 1°$。

$$T_{d2} = \{[(T_d)\text{AND}(P_{X2A})]\text{OR}[(T_d)\text{AND}(P_{X2B})]\}\text{AND}(P_{D2}) \tag{3}$$

式(3)中:T_{d2} 代表北坡龙眼冻害指标;P_{X2A},P_{X2B} 代表北坡的坡向,$0° \leqslant P_{X2A} \leqslant 45°$,$315° \leqslant P_{X2B} \leqslant 360°$;$P_{D2}$ 代表北坡坡度,$1° < P_{D2} \leqslant 25°$。

$$T_{d3} = (T_d)\text{AND}(P_{X3})\text{AND}(P_{D3}) \tag{4}$$

式(4)中：T_{d3}代表南坡龙眼冻害指标；P_{X3}代表南坡的坡向，$135° \leqslant P_{X3} \leqslant 225°$；$P_{D3}$代表南坡坡度，$1° < P_{D3} \leqslant 40°$。

$$T_{d4} = \{[(T_d)\text{AND}(P_{X4A})]OR[(T_d)\text{AND}(P_{X4B})]\}\text{AND}(P_{D4}) \tag{5}$$

式(5)中：T_{d4}代表东、西坡龙眼冻害指标；P_{X4A}，P_{X4B}代表东、西坡的坡向，$45° < P_{X4A} < 135°$，$225° < P_{X4B} < 315°$；P_{D4}代表东、西坡坡度，$1° < P_{D4} \leqslant 40°$。

2.4 龙眼冻害指标空间分布推算

利用上述(2)，(3)，(4)，(5)公式，分别推算各指标的空间分布状态，然后将各级别冻害指标分布图进行合成，最终确定福建50m×50m网格的龙眼冻害指标在不同坡度、坡向上的分布图。根据表1中的龙眼冻害分级指标，将福建分为无冻害、轻度、中度、重度、严重冻害五个区域，将各区域赋予不同色彩，并叠加福建的县级行政边界和政府所在地等要素，最后形成福建龙眼低温冻害分布图[10]（图1）。

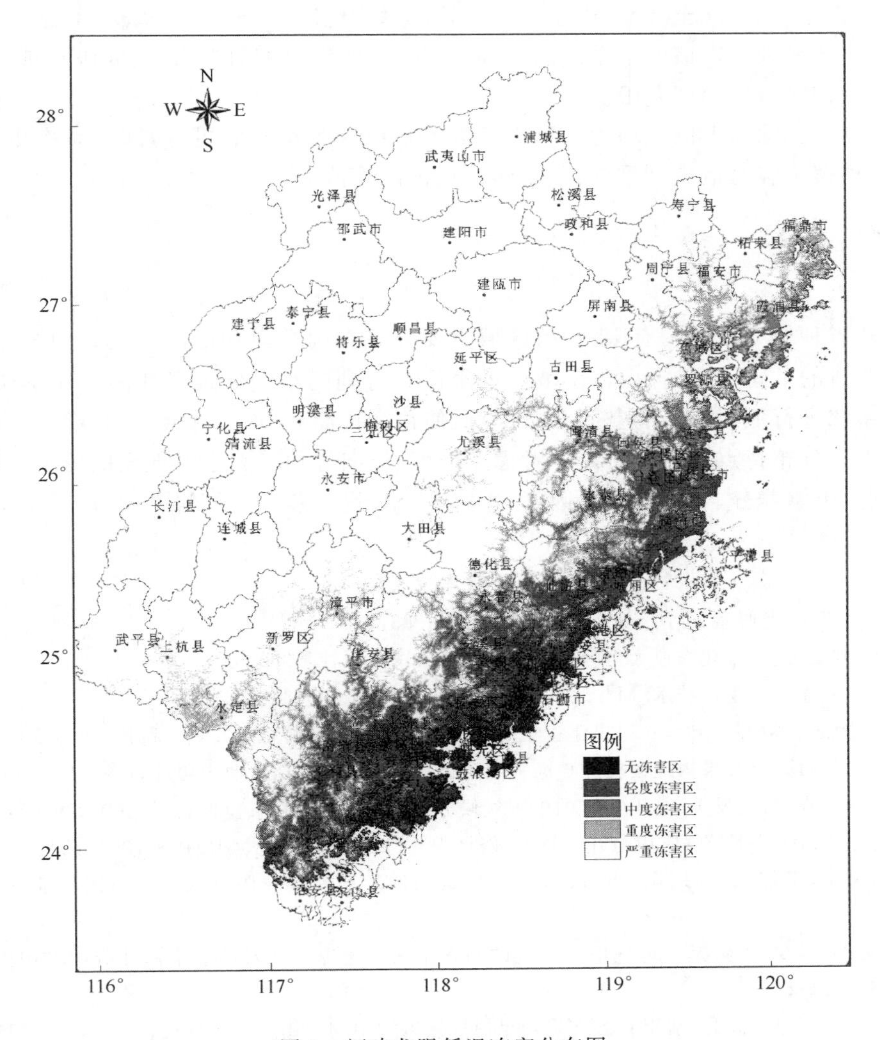

图1 福建龙眼低温冻害分布图

3 结果与分析

无冻害区：主要包括漳浦大部、同安南部和晋江南部。在该区适宜的坡度、坡向上年平均气温适宜，符合龙眼夏梢生长期需要的高温高湿气象条件。冬季较温暖，越冬条件佳，基本无冻害，利于龙眼生产和高产、稳产、优质，可考虑大规模种植。

轻度冻害区：主要包括诏安、云霄、平和、南靖、长泰、漳州、同安北部、南安、安溪、仙游、莆田、福清、福州南部，区域较大，北延至霞浦部分海边南坡地域。该区冬季气候比较温暖，热量条件较理想，冻害轻，能满足龙眼生长发育需要，可考虑大面积种植，但应做好越冬期的冻害防御工作。

中度冻害区：主要分布在沿海一线的山体南坡或水体附近，布局比较零碎，未形成大面积区域。该区越冬条件偏差，冻害出现频率相对较高，容易导致龙眼受冻。在此区域不宜大规模发展龙眼种植，即使局地小气候允许小范围种植也要特别注意采取防冻措施防御冻害。

重度冻害区：该区北至福鼎，南至诏安的较高海拔地区，西至武平的部分地区，分布范围较大，但地块更加零散。在该区冬季气温低，冻害频率高，冻害相对严重，对龙眼种植容易造成冻害，不建议在该区盲目种植龙眼。

严重冻害区：除以上区域均为严重冻害区。在该区冬季气温更低，冻害频率更高，冻害严重，对龙眼种植很容易造成严重冻害，不建议在该区种植。

4 结论

在福建省种植龙眼范围有限，种植区域主要分布在闽东南和沿海一线。为了避免或减轻冬季低温造成的危害，应选择山体南坡或近水体等有利的小气候地形建园。在本研究中利用地理信息系统进行低温冻害的空间分布推算，使精度提高到 50 m×50 m 分辨率，有助于从细节上了解冻害分布特点。本文研究中考虑了坡度、坡向等地形因素对低温的影响，但未考虑土地利用状况、土壤养分、龙眼品种等因素，这有待今后进一步深入探讨。

参考文献

[1] 李来荣，庄伊美. 龙眼栽培[M]. 北京：农业出版社，1983：1.

[2] 福建省计划委员会. 福建农业大全[M]. 福建：福建人民出版社，1992：58.

[3] 柯冠武. 龙眼无公害生产技术[M]. 北京：中国农业出版社，2003：36-38.

[4] 蔡文华，王加义，岳辉英. 近 50 年福建省年度极端最低气温统计特征[J]. 气象科技，2005，**33**(3)：230.

[5] 唐广，蔡涤华，郑大玮. 果树蔬菜霜冻与冻害的防御技术[M]. 北京：农业出版社，1993：178-181.

[6] 郭志华，刘祥梅，肖文发等. 基于 GIS 的中国气候分区及综合评价[J]. 资源科学，2002，**29**(6)：2.

[7] 樊红，詹小国. ARC\INFO 应用与开发技术(修订版)[J]. 武汉：武汉大学出版社，2002：222-224.

[8] 李文，蔡文华，王加义. 利用宁德市沿海越冬热量条件发展晚熟龙眼荔枝[J]. 中国农业气象，2005，**26**(4)：240.

[9]王加义，陈惠，蔡文华等. 基于地理信息系统的闽东南柑橘避冻分区及防冻措施研究[J]. 中国农学通报，2007，**23**(2)：442.

[10] 陈娟，康为民，郑小波等. 基于 GIS 在贵州果树气候区划中的应用[J]. 贵州农业科学，2007，**35**(4)：25.

Division Method and Technology of Agricultural Climate of Suitable Region for Planting Southern Subtropical Fruit trees in Fujian Province of China *

Hui Chen Zhiguo Ma Jiayi Wang Weihua Pan
Zonghuan Xu Wenhua Cai

(Institution of Meteorology in Fujian, Fuzhou, China)

Abstract: According to the climate data of Fujian Province, by using of mathematical statistics to establish geographical projection model between the minimum temperature and longitude, latitude, altitude (including litchi and longan that happened once in 20 years of minimum temperature, the reference of once in 10 years, banana happened once in 5 years of minimum temperature), the chilling (freezing) injury rating index of litchi, longan, banana trees was determined. Agricultural climate division map of suitable planting for fruit trees of southern subtropical zone was made using the tool of GIS. The results showed: the regional distribution of chilling (freezing) injury area of five grading (no, slight, middle, heavy, severe) including litchi, longan, and banana were in a trend of gradual change from the southeast coast to the northwest.

Key words: southern subtropical fruit tree; chilling (freezing) injury; Agricultural climate division

0 Introduction

In recent years, in spite of the introduction of Taiwan fruit trees, the number of tropical fruit trees in South Asia increased, but banana, litchi, longan are still the most important tropical fruit trees in South Asia.

Fujian that is located on the southeastern coast of, across the sub-tropical and subtropical, with warm winter weather, is the main growing areas of tropical fruit trees in South Asia of China. Due to climate change and frequent extreme weather, the winter chilling (freezing) sensitivity of subtropical fruit trees increased, so the loss of injury of winter chilling (freezing) is increasing. For example, 1991, 1999, 2005, 2008, 2009 in Fujian have

* 基金项目：福建省科技厅农业科技重点项目(2009N0030)；"十一五"国家科技支撑计划重点项目（2006BAD04B03）；本文参加"2011 年 19 届国际地理信息科学大会会议"学术交流。

happened winter (chilling) injury attacks, causing heavy losses to agricultural production, of which only the chilling winter temperature in 1999 (freezing) the province suffered injury to more than 20 billion loss. Winter chilling (freezing) injury has become an important constraint of the new rural construction and increasing farmer's income. Therefore, in order to do the layout of fruit trees to avoid the chilling (freezing)plant disaster-prone areas, to reduce the chilling (freezing) injury caused loss of fruit trees suitable for planting areas; it is very necessary to carry out agricultural climatic zoning. In recent 10 years, many experts have carried out agro-climatic zoning of appropriate crop growing areas. Early Climate Division[1-3] is mainly a point value of a simple county, city weather station data that representative of the nominal value of the entire county, for the hills and mountains as the main feature of Fujian region there is a big error, so it is difficult to meet the needs of agricultural production. With the development of GIS technology in the 21st century, it is widely used in agriculture, climate, disasters, and other aspects of agro-climatic zoning [4-6], greatly improving the spatial granularity. Particularly suitable for planting fruit trees in the division [4-9], GIS technical advantage is fully reflected, and provides an important means of suitable layout. But in the past applied zoning chilling (freezing)fruit division index are based on previous research or reference 2, the source did not specify targets, indicators established the existence of enough objectivity. The chilling (freezing) injury rating index of litchi, longan, banana trees was determined combined with two years of chilling (freezing) injury test data of fruit trees and historical data of statistical analysis, Agricultural climate division map of suitable planting for fruit trees of southern subtropical zone in Fujian was made using the tool of GIS.

1 Data Source and Processing

1.1 Meteorological data

The annual extreme minimum temperature data of the province's 68 stations in 1961—2008 is from the Fujian Provincial Meteorological Observatory. Fruit trees coresponding to the extreme minimum temperature adopted the local process revised access to nearby weather station data. To facilitate application, the minimum temperature is the minimum temperature inside the Venetian (T_d) that used in 1.5 m high from the ground. As the winter low temperature research data used in the orchard cross hanging on a bamboo pole erected to observe the minimum thermometer, the thermometer of the sensitive sites is of minimum high of 1.5 m, in order to eliminate systematic errors, all of the minimum temperature data were revised to a unified T_d.

1.2 Chilling (freezing) injury level data of fruit tree

Using the history freezing data of tropical fruit trees in South Asia that have caused frost injury in Fujian, Guangxi 1966/1967, 1985/1986, 1991/1992, 1999/2000, 2002/2003, 2003/2004 and freezing weather and frost injury inspection survey data of 2007/2008, 2008/

2009 winter in the banana groves, litchi, longan orchards. 53 samples of longan tree were collected, 28 samples of litchi tree were collected, and 49 samples of banana samples were collected.

1.3 The basic geographic information data

Geographic information is the background information on the geographical basis of Fujian with 1 : 250000 provided by "Digital Fujian" and 68 meteorological stations of kilometer network coordinates and altitude. Using Geographic information system software "for cutting, modification, and the gradual transformation format the vector data that provided by the" Digital Fujian, the vector and raster data required for this study was extracted, the basic geographic information database including: the provincial Level administrative boundary of County in Fujian Province; the location and name of the county seat; Fujian digital elevation, kilometer raster data coordinate net.

2 Method

2.1 Trees suitable for planting method for determining the division index

The extreme minimum temperature is the main limiting factor of tropical fruit trees in Fujian Province in South Asia. Longan and litchi are both perennial fruit trees, to be rich yield in a number of years before entering the stage, once subjected to heavy or severe injury, it is difficult to restore, or even death. Banana is 2~3 years old, it can be put into operation when they plant. According to economic benefits of the fruit trees, it choice of litchi, longan of 1 case with 20 years minimum temperature, the reference a minimum temperature case of 1 case with 10 years, banana take minimum temperature of 1 case of 5 years as division index factor.

2.2 Test Method for freezing fruit trees seedlings

According to temperature distribution in Fujian Province, on December 20, 2007, 3 crops of litchi, longan, banana seedlings were placed in Tianbao of Zhangzhou City, Xianyou, Fuzhou, Fu'an, Jian'ou meteorological observations near field of Fujian Province, December 20, 2008, in Tianbao of Zhangzhou City, Fuzhou, Fu'an, Jian'ou, Taining meteorological observation site, the test site location and geographic distribution is in table 1. Carried out parallel to the observation, included the observation of meteorological elements and the observation of growth and development of fruit trees. Each chilling air coming, or when the temperature is below 6℃, observation whether freezing tracks trees seedlings, recorded per plant leaves became brown or the percentage of dead trees (%) of branches, and photographed chilling conditions with a digital camera.

Table 1　Test point of observation station location

Site	Latitude	Longitude	Altitude/m
Jian'ou	27. 07°N	118. 32°E	154. 9
Fu'an	27. 17°N	119. 62°E	50. 5
Fuzhou	26. 12°N	119. 3°E	84. 0
Taining	26. 54°N	117. 10°E	340. 9
Xianyou	25. 35°N	118. 68°E	77. 7
Tianbao	24. 63°N	117. 52°E	54. 2

2. 3　Index Determination

Using T_d and freezing data of longan trees, litchi trees, banana in the same time and place, carry out statistical analysis; the preliminary indicators of low temperature injury of 3 fruit trees are get. Using a combination of freezing 2 years test data of fruit tree seedlings and 5 years in a typical freezing data and literature validation, analysis verified the rate of matching, and it finally determine the banana, litchi, longan freezing range of indicators.

2. 4　Division Method suitable for planting fruit trees

For economic benefits of the fruit trees, it use of mathematical statistics to establish the geographical model of minimum temperature in Fujian Province and longitude, latitude, altitude (litchi, longan 1 case with 20 years minimum temperature, the reference case of 10 years, bananas minimum temperature of 1 case with 5 years), combined with the established litchi, longan, banana trees chilling (freezing) injury level indicators, making use of GIS, Fujian agricultural climate division map of suitable for planting subtropical fruit trees was made.

3　Results and Analysis

3. 1　Determination of freezing index

3. 1. 1　Preliminary identification of freezing index

Application of statistical regression methodis to build a statistical regression equation between freezing level X and the minimum temperature T_d:

$$T_d(\text{longan}) = -0.1480 - 1.6255X + 0.1965X_2 \quad (1)$$

$$T_d(\text{litchi}) = -0.3405 - 1.8245X + 0.2228X_2 \quad (2)$$

$$T_d(\text{banana}) = 5.112 - 2.327X + 0.0895X_2 \quad (3)$$

With the freezing level X= 0,1,2,3,4 into this equation, the initial indicators of freezing injury obtained [10-12], table 2.

Table 2 Preliminary indicators of south tropical fruit at all levels of frost injury

Freezing index	No	Slight	Middle	Heavy	Severe
Freezing level	0	1	2	3	4
Longan	−0. 2	−1. 6	−2. 6	−3. 3	−3. 5
Litchi	−0. 3	−1. 9	−3. 1	−3. 8	−4. 1
Banana	5. 1	2. 9	0. 8	−1. 1	−2. 8

3. 1. 2 Determination of freezing index

Using 2 a test data of freezing injury in fruit tree seedlings, data of the typical freezing years and literature validation, and finally the frost injury indicators of banana, litchi, longan at all levels were determined.

According to the preliminary defined indicators, combination 2 a test data of freezing injury in fruit tree seedlings, data of the typical freezing years and literature validation, validation results in table 3 shows that, in addition to the verify agreement rate of history of a typical of litchi is 50%, the verification agreement rate of other kinds are all 67% or over; in addition to difference 2 of the geographical test of longan is 10%, difference 2 of the history typical years of longan and litchi are up to 5% and 4%, the others are 0. Initially identified indicators can be seen to be reliable. Convenient for the application, the entire 0. 5 is to finalize the index range at all levels of fruit trees, table 4.

Table 3 Verification results of South Asian tropical fruit trees low temperature and freezing index (%)

	Typical year			Test data			Literature validation		
Difference	0	1	2	0	1	2	0	1	2
Longan	71	24	5	70	20	10	67	33	0
Litchi	50	46	4	80	20	0	80	20	0
Banana	78	22	0	78	22	0	71	29	0

Table 4 Freezing injury index of fruit trees in southern subtropical (℃)

Trees	Slight	Middle	Heavy	Severe
Longan	$-1.5 \leqslant T_d < 0$	$-2.5 \leqslant T_d < -1.5$	$-3.5 \leqslant T_d < -2.5$	$T_d < -3.5$
Litchi	$-2.0 \leqslant T_d < 0$	$-3.0 \leqslant T_d < -2.0$	$-4.0 \leqslant T_d < -3.0$	$T_d < -4.0$
Banana	$3 \leqslant T_d < 5$	$1 \leqslant T_d < 3$	$-1 \leqslant T_d < 1$	$T_d < -1$

3. 2 Zoning suitable for planting fruit trees

We used 68 stations in Fujian Province of latitude, altitude, distance from the sea, other geographical factors and the extreme minimum temperature to establish the geographical relationship projection models of once with 20 years, 10 years, using geographic information in the grid data calculated grid points within the region across the province for extreme minimum temperature values, the use of GIS mapping extreme minimum temperature distribution; with chilling injury index of litchi, longan, it use of GIS to make Fujian litchi, longan chilling injury distribution map.

3.2.1　Establish the geographical relationship models of annual extreme minimum temperature

$$T_d(1/20) = 48.35584 + 0.00001513087x - 0.00002119564y - 0.005465201h$$
$$(R = 0.962,\ F = 264.36)$$
$$T_d(1/10) = 49.08412 + 0.00001469231x - 0.00002113957y - 0.005389045h$$
$$(R = 0.964,\ F = 282.16)$$
$$T_d(1/5) = 49.46163 + 0.00001413972x - 0.00002088554y - 0.005348332h$$
$$(R = 0.966,\ F = 302.29)$$

Where h is the altitude, x, y is the coordinates of kilometer network that with the latitude and longitude.

3.2.2　Chilling injury distribution map

Using the established relationship between the extreme minimum temperature and the geographical pattern, combined with the established litchi, longan, banana trees chilling (freezing) injury level indicators, making use of GIS, Fujian agricultural climate division map of suitable for planting subtropical fruit trees was made.

3.2.3　Regional differentiation of the climate risk chilling injury

In the chilling injury division map, green represents non-chilling zone, yellow represents slight chilling, dark blue represents middle chilling, slight blue area is on behalf of heavy chilling, white represents a serious chilling injury area. It can be seen that no chilling injury, slight chilling zone, heavy chilling area, serious chilling injury zone of fruit trees in Fujian area in South Asia change from southeast to northwest.

For chilling indicator of litchi similar to longan, their zoning map is also very similar. longan no chilling and slight zone of them mainly in Xiamen, Zhangzhou, Quanzhou, Putian and in a few areas of southeastern coastal areas of Fuzhou, and these areas from southeast to northwest is no chilling zone, slight chilling zone, middle/heavy chilling zone, severe chilling zone; addition to a few areas in southeastern of Nanping, Sanming, Longyan are heavy chilling zone, most of the region are a severe chilling zone; only a small department of the eastern region in Ningde is heavy chilling area, most of it are the severe chilling zone.

In chilling injury division map once in five years of banana, severe chilling zone are central on Nanping, Sanming, Longyan, Ningde areas, other areas are gradual change of middle/heave/severe chilling zone from the southeast coast of central to the northwest, there is basically no slight and no chilling area in the province, even so, there are still large banana production areas in Zhangzhou, in addition to planting of the relatively high efficiency, mainly because of different plots of different have fruit enlargement of banana, so low temperature after the arrival of the fruit enlargement does not cause significant loss of banana production.

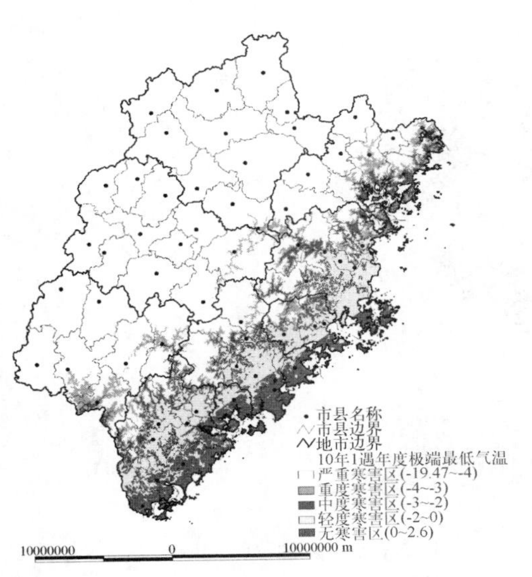

Fig. 1 Litchi chilling injury map of once in 10 years(彩图 5)

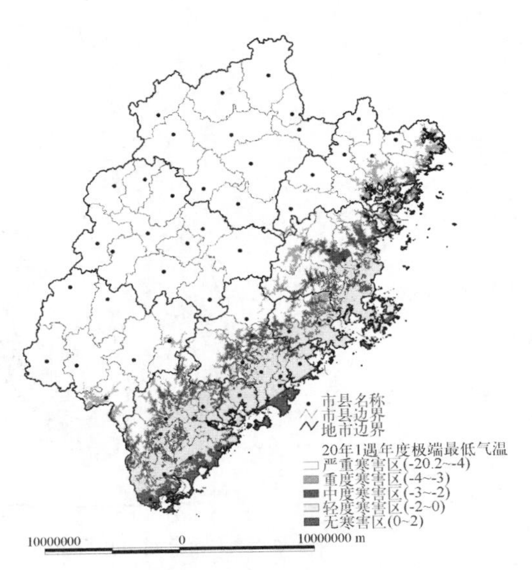

Fig. 2 Litchi chilling injury map of once in 20 years(彩图 6)

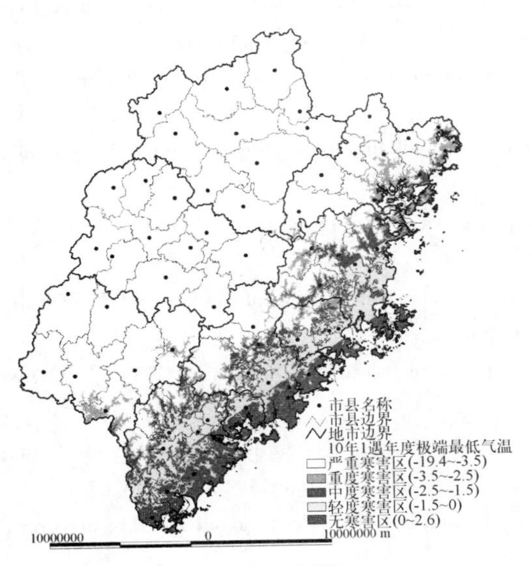

Fig. 3 Longan chilling map of once in 10 years(彩图 7)

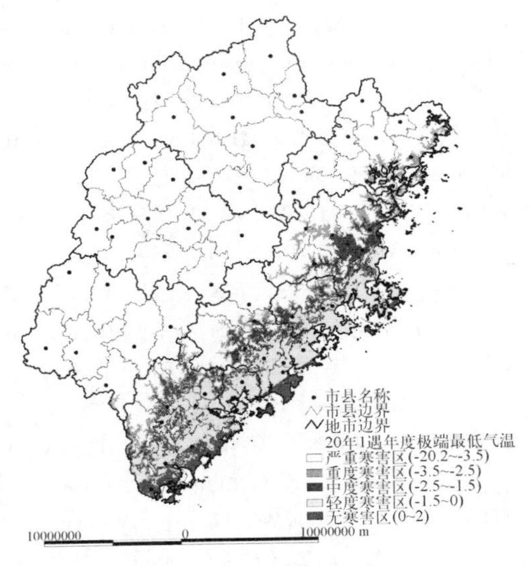

Fig. 4 Longan chilling injury map of once in 20 years(彩图 8)

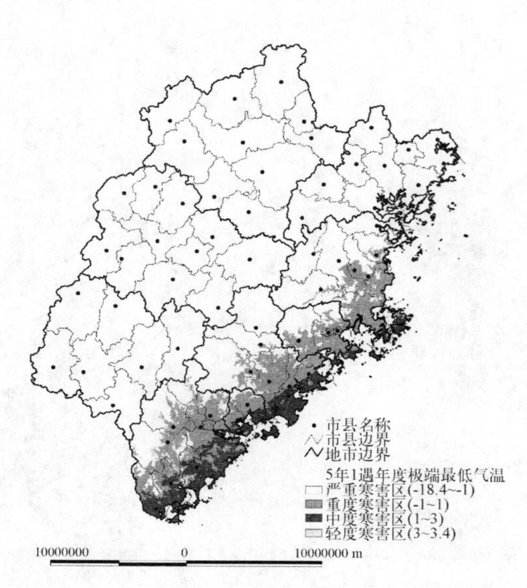

Fig. 5 Chilling injury map of banana once in 5 years(彩图 9)

References

[1] Fujian Provincial Meteorological Bureau, Fujian Agriculture Division Commission Office. Fujian Agricultural Climate Division [M]. Fuzhou: Fujian Science and Technology Press, 1990: 130-171.

[2] LIU J L. Agricultural climatic zoning and rational distribution of Guangdong mango production[J]. *Agricultural Sciences*, 1996, (5): 20-22.

[3] PANG T Y, BIN S Y, CHEN J M. Winter weather conditions and climate division of banana [J]. *Guangxi Meteorology*, 1991, **12**(1): 30-34.

[4] WEI L, YAN J M, WANG H Q. GIS support high-quality early rice growing areas in Jiangxi Province [J]. *Chinese Agricultural Meteorology*, 2002, **23**(2): 27-31.

[5] WANG J Y, CHEN H, LI W, et al. Analysis of low temperature and freezing of longan by GIS in Fujian [J]. *Chinese Agricultural Science Bulletin*, **24**(7): 500-503.

[6] HE Y, LI Z, TAN Z K, et al. Analysis on the low-temperature freezing of banana of GIS [J]. *Chinese Agricultural Science Bulletin*, **24**(8): 38-42.

[7] WANG J Y, CHEN H, CAI W H, et al. Based Geographic Information System Division and South Orange in measures of anti-freeze Fujian [J]. *Chinese Agricultural Science Bulletin*, **23**(2): 441-444.

[8] ZHANG H, LIN X J, WU G, et al. Wing Tai Mountain in Fujian-based GIS to avoid freezing division of loquat [J]. *Agricultural Meteorology*, 2009, **30**(4): 624-627.

[9] Su Y X, DING M H. The optimized layout of planting longan in Guangxi based on GIS [J]. *Agricultural Engineering*, 2006, **22**(12): 145-148.

[10] CAI W H, CHEN H, PAN W H, et al. Fujian longan tree index of freezing injury [J]. *Chinese Agricultural Meteorology*, 2009, **30**(1): 109-112.

[11] CAI W H, ZHANG H, XU Z H, et al. Litchi trees indicators of frost injury [J]. *Chinese Agricultural Science Bulletin*, 2008, **24**(8): 353-356.

[12] XU Z H, LIN L F, CHEN H, et al. Banana indicators of low temperature injury [J]. *Chinese Agricultural Science Bulletin*, 2010, **26**(1): 205-209.

南方果树春季冻灾罕例调查*

李　健[1]　谢文龙[1]　施　清[1]　徐锦斌[2]
罗应贵[3]　邱发春[4]　陈　惠[5]

（1. 福建省农业厅果树站，福建福州　350003；2. 南平市经作站，福建南平　353000；
3. 三明市经作站，福建三明　365000；4. 龙岩市经作站，福建龙岩　364000；
5. 福建省气象科学研究所，福建福州　350001）

摘要：2010 年 3 月 10 日福建西北部果树生产遭受罕见的春季晚霜冻灾，闽东鹫峰山（27°N、118°50′E）、闽中戴云山（25°40′N、118°10′E）、闽西博平岭（24°50′N、117°10′E）以北区域均遭受不同程度的危害；受冻果树包括柑橘、梨、桃、李、木奈、柿、梅等主栽果类在内共计 7 科 18 属 24 种 2 变种，当年产量损失约 1/4。据成灾过程天气分析，此例春季果树冻灾为二类极端天气共同促成：(1)早春 2 月份平均气温显著偏高 2.5℃，其重现率为 51/6(约 8.5 a 一遇)，致使果树物候期提前约15 d；(2) 3 月 10 日霜冻较当地平均终霜日(3 月 1 日)后延 10 d，且极端最低温在 3 月上旬的重现率 ≥51/1，致使多种果类花期或春梢期与晚霜相遇成灾。在闽籍果树史未曾有相似的灾害记载。据灾后的施救调查，南方果树春季冻后修剪应等待枝梢组织生死分明后，再依受害程度一次修剪到位，特别是藤本的葡萄、猕猴桃应待冻后数日视结果母蔓下位新梢的花穗、花芽萌发，再行修剪以避免伤流。由于春季的土温、水温已显著回升，遇辐射霜冻时采取烟熏、喷水或覆盖有较好的防冻效果。

关键词：果树；春季；冻害

2010 年初春 3 月 10、11 日福建西北部（闽西北 25°—28°N）果树遭受大范围的霜冻危害，其中常绿果树柑橘、枇杷（果实），落叶果树梨、桃、李、木奈、柿、梅的嫩梢、花、幼果遭受不同程度的冻害，造成当年果树减产约 25%，近 55 万 t。这种南方低纬度果树大范围遭受春季晚霜危害现象，在福建 1949 年后 60 a 的文献中未见报道[1]。为客观记载这一罕见的南方春季果树冻害事件，作者对受冻果类、生产损失及减灾措施成效进行了系统调查，旨在为我国南方春季果树冻害防范的研究提供史料。

1　调查方法

1.1　果树冻害调查

在冻后 4～14 d（3 月 15—25 日）针对闽西北各县（市、区）主栽果树，调查记载受冻的果类与品种、物候期、GPS 地理坐标与地形环境、器官受损程度与症状。

* 基金项目：福建省科技厅重点项目（2009N0030）；
本文发表于《福建农林大学学报（自然科学版）》，2011，**40**(2)。

1.2 生产损失调查

由县、乡 2 级经作（农技）站，在冻后 10 d 内对 60%的代表性（果类、品种、海拔、坡度）果园进行损失初评估；在受冻 100 d 后或收获期对 30%的代表性果园再行测产评估损失，并据此对损失初评估进行校正，确定最终损失。

1.3 气象资料来源

气象资料由福建省气象科学研究所提供。

2 调查结果

2.1 冻害形成与特点

(1)早春气温异常偏高。2010 年 1 月福建全省月平均气温 11.3℃，距平 1.4℃，属正常至异常偏高，其中闽西北的永安、浦城、长汀 3 县(市)异常偏高 2.0℃以上；2 月份福建全省月平均气温 12.8℃，偏高 2.0℃，闽西北地区偏高 2.5℃，属显著偏高。值得关注的是，2 月 10 日、26—27 日闽西北大部日极端最高气温 ≥25℃，27 日武平、永定气温＞30.0℃。据福建省历年 2、3 月份平均气温差值 3.0℃推算，2010 年闽西北果树生长物候期提前约 20 d，而实际调查表明，多数果树花期提前约 15 d。其中，闽西北脐橙盛花期由 3 月下旬大幅提前至 3 月上旬；砂梨品种蜜雪梨盛花期由 3 月上旬提前至 2 月下旬，翠冠、黄花梨品种盛花期由 3 月中旬提前至 3 月上旬；李、木奈花期由 2 月下旬提前至 2 月中下旬初，桃花期由 3 月上中旬提前至 2 月下旬至 3 月上旬；葡萄萌芽期由 3 月上旬提前至 2 月下旬。

(2)冻害天气过程。2010 年 3 月 6 日全省开始受北方强冷空气南下的影响，闽西北出现平流降温。从表 1 可见：6—9 日最低气温平均降幅为 9.6℃；9—11 日天气急剧转晴出现夜间辐射降温，使最低气温再降约 5.0℃，以至全程最低气温降幅达 14～16℃，永安、永定、连城等县（市)降温超过 20℃，闽西北各果树主产县（市)气象站百叶箱极端最低气温达－3～0℃（田间实际极端最低气温达－5～－2℃[2]），高海拔的屏南达－4.9℃，致使闽西北大部分县(市)出现严重霜冻，南缘海拔 ≥500 m 的地区与北缘均有结冰。此次冻害属平流降温与辐射降温先后交替的典型果树冻害天气，福建果树冬季周期性大冻害均属此类型[3]。

表 1 闽西北各果树主产县(市)冻害全程气温变幅

县市	平流降温/℃			辐射降温/℃		全程降幅/℃
	3 月 6 日最低	3 月 9 日最低	降幅	3 月 10 日极端最低	降幅	
屏南	11.5	1.1	－10.4	－4.9	－6.0	－16.4
光泽	8.0	1.9	－6.1	－2.4	－4.3	－10.4
建宁	6.8	0.5	－6.3	－2.4	－2.9	－9.2
明溪	15.6	2.8	－12.8	－2.4	－5.2	－18.0
浦城	7.9	2.3	－5.6	－2.2	－4.5	－10.1
邵武	8.5	2.9	－5.6	－2.0	－4.9	－10.5
清流	10.5	1.4	－9.1	－2.0	－3.4	－12.5

续表

县市	平流降温/℃			辐射降温/℃		全程降幅/℃
	3月6日最低	3月9日最低	降幅	3月10日极端最低	降幅	
松溪	12.4	3.9	−8.5	−1.8	−5.7	−14.2
宁化	8.3	1.3	−7.0	−1.8	−3.1	−10.1
建阳	11.9	3.6	−8.3	−1.5	−5.1	−13.4
连城	21.3	2.6	−18.7	−1.5	−4.1	−22.8
建瓯	16.1	5.2	−10.9	−1.3	−6.5	−17.4
将乐	15.6	4.0	−11.6	−1.2	−5.2	−16.8
长汀	10.7	2.6	−8.1	−1.1	−3.7	−11.8
古田	16.6	6.0	−10.6	−0.6	−6.6	−17.2
永定	20.0	4.4	−15.6	−0.6	−5.0	−20.6
福鼎	10.7	7.2	−3.5	−0.3	−7.5	−11.0
顺昌	14.1	4.6	−9.5	−0.2	−4.8	−14.3
三明	17.8	5.1	−12.7	0	−5.1	−17.8
永安	20.5	4.2	−16.3	0	−4.2	−20.5
平均	12.7	3.1	−9.6	−1.8	−5.0	−14.5

注：极端最低气温为气象站百叶箱数据 x，辐射型田间估计值为 $x-2.0$℃[2]。

(3)引发冻害机率。据成灾过程天气分析，此次的春季果树冻害实质上是由二类极端天气相遇所促成的，即早春气温异常偏高致使果树物候期提前约 15 d，以及终霜日后延 10 d，致使多种果类花期或春梢期与晚霜相遇。如宁化 2010 年 2 月平均气温 11.4℃，距平 2.3℃，重现频率 6 /51(1960—2010 年)，约 8.5 a 一遇；3 月 11 日极端最低气温(−1.8℃)在 3 月中旬的重现频率 ≤1 /51。假设这两类天气现象的发生之间不相关，那么它们的相遇概率 $\leqslant 6/51^2$，因而称其“罕见 ”，以至许多野生杨梅、毛花猕猴桃、豆梨、柿均遭受冻害。

2.2 果树受冻情况

2.2.1 果树受冻区域

果树受冻区域主要为福建内陆的闽西北中亚热带季风气候区，即由闽西南的博平岭(24°50′N、117°10′E)、中部的戴云山 (25°40′N、118°10′E)、闽东北的鹫峰山(27°N、118°50′E)由西向东的山脉为界的以北区域，果树受冻程度基本随纬度由南向北与海拔由低往高加剧。山脉以南的沿海地区虽基本未受影响，但在平和县大芹山 (海拔 1544 m)北麓秀峰乡(24°15′N，海拔>600 m)的琯溪蜜柚新梢受冻严重。

2.2.2 地形环境影响

调查表明，春季果树受冻程度不仅取决于环境极端最低气温，还决定于果树生长物候期，两因素交互影响以至出现与冬季冻害规律“由南向北与由低往高加剧”相悖的反例。如建宁县均口镇（26°40′N）的砂梨花期较北部里心镇（26°50′N）的早约5 d，受冻程度相对较重；永安市洪田镇海拔350～400 m的纽荷尔脐橙花期较450～500 m的早约5 d，花幼果受冻程度相对较重。在果树物候期基本相同的小流域范围，柑橘新梢以及各果类花器的冻害程度受地势影响较坡向大，为害程度呈典型辐射霜冻“上轻下重”的等高状分布，尤其在小盆地、洼地等受冻更甚。但与冬季辐射霜冻不同，处于春季生长期的果树未见有明显的“南坡较北坡严重”解冻伤害现象。

2.2.3　果树受冻状况

据不完全调查，受冻果树有7科18属24种2变种（表2），已开花或形成花穗、花蕾果树的花器均遭受冻害，而猕猴桃属2个种，以及刺葡萄、无花果、石榴因花芽尚未萌发，不详其花和幼果在同等低温条件下是否受冻，但由枝梢受冻情况可以推断猕猴桃、无花果、石榴的花和幼果不耐同等低温，即“皮之不存，毛将焉附”。根据果树花芽受冻临界温度[4,5]与3月10—11日闽西北果树受冻情况推断：在海拔400～500 m的果树主产区，砂梨、桃、李的花及柑橘新梢受冻，极端最低气温约－2.0～－3.0℃；三明（26°N）以北海拔≥700 m区域的柑橘老叶受冻，桃、李、木奈的新梢受冻，柿2、3年生枝条受冻，极端最低气温约达－5.0℃；海拔≥850 m的柑橘2年生枝条受冻，极端最低气温约－7.0℃。

据观察：桃、李、梨的花和幼果在受冻较轻的情况下外观虽完好，但子房珠心和果心已褐变，在生理落果前逐渐脱落；受冻严重的花瓣、柱头、幼果则呈水渍状，随后发黑脱落。调查表明，常绿果树柑橘及落叶果树梨、桃、李的花器抗冻能力大小为：花蕾＞花朵＞幼果，与文献[4]记载的一致。因而，不同果类物候期的迟早及其器官受冻临界温度决定它的冻害程度。各主栽果类在同等环境下受冻程度如下。柑橘类果树受冻程度大小为：甜橙类（纽荷尔脐橙）＞早熟温蜜＞中熟温蜜、柚类＞椪柑；柚类花芽多着生在树冠内膛，因而减产程度相对较轻；金柑尚未萌动；落叶果树受冻程度大小为：梅＞柿＞李、木奈＞砂梨＞桃；砂梨品种受冻程度大小为：蜜雪梨＞翠冠＞黄花；核果类果树受冻程度大小为：李＞木奈＞桃（早熟桃＞晚熟桃）＞油桃。

浆果类果树因分类地位悬殊不宜比较，其中的葡萄、猕猴桃藤本果树新梢虽然受冻，但后继抽生新梢仍可形成花芽和花穗，当年仍可维持一定产量；柿在休眠期虽可忍受－18℃的低温[5]，但在生长期的抗冻能力却大为降低，在－2.0～－3.0℃新梢冻枯，但受冻后甜柿多年生枝条的隐芽仍可抽生少量花芽结果。无花果受冻后抽发新梢仍可形成结果枝结果。枇杷受冻器官主要为果实。

2.3　生产损失情况

各县乡统计的冻后10 d内果园损失初评估，以及受冻100 d后或收获期果园实际测产情况比较表明：实际受冻果树面积占46%，约9.4万 hm^2，为初估受冻面积的2/3；产量损失约55万t，占25%，为初估损失的66%，其实际损失较初估损失缩水约1/3。与冬季周期大冻害不同，南方春季晚霜为害仅损失当年产量，一般不造成果树冻死。另外，新梢的冻死导致多年生枝梢基部更多的新梢萌发及养分成倍消耗，使冻后余留幼果营养不良而加剧生理落果，形成冻害的后续次生灾害。

表 2　主要受冻果树及其受冻器官

科	属	种	新梢与新叶	花蕾与幼果	调查地点
蔷薇科	枇杷属	枇杷	—	受冻	闽西北
	桃属	桃	—	受冻	闽西北
		油桃	—	受冻	闽西北
	李属	李	—	受冻	闽西北
		木奈	—	受冻	闽西北
	杏属	杏	—	受冻	屏南
		梅	受冻	受冻	连城
	樱桃属	樱桃	—	受冻	三元
	梨属	砂梨	—	受冻	闽西北
		豆梨	—	受冻	闽西北
	苹果属	苹果	—	受冻	松溪
	榅桲属	榅桲	—	受冻	明溪
	木瓜属	木瓜	—	受冻	永安
芸香科	柑橘属	宽皮橘	受冻	受冻	闽西北
		甜橙	受冻	受冻	闽西北
		柚	受冻	受冻	闽西北
	枳属	枳壳	—	受冻	清流
葡萄科	葡萄属	葡萄	受冻	受冻	闽西北
		刺葡萄	—	受冻	福安
柿科	柿属	柿	受冻	受冻	闽西北
杨梅科	杨梅属	杨梅	—	受冻	闽西北
猕猴桃科	猕猴桃属	中华猕猴桃	受冻	受冻	闽西北
		毛花猕猴桃	受冻	受冻	闽西北
	榕属	无花果	受冻	受冻	古田
桑科	桑属	桑	受冻	受冻	清流
	石榴属	石榴	受冻	受冻	三元

注：调查区域海拔 ≤500 m；—表示未受冻。

表 3　2010 年春季闽西北果树冻害损失统计

果类	受冻面积(万 hm^2)	受冻面积比例(%)	产量损失(万 t)	产量损失比例(%)
柑橘	2.95	30.90	18.02	14.80
梨	1.38	73.60	6.46	42.30
桃	1.10	52.39	6.19	36.40
李、木奈	2.17	65.30	13.60	53.10
柿	0.83	63.50	6.62	48.60

续表

果类	受冻面积(万 hm^2)	受冻面积比例(%)	产量损失(万 t)	产量损失比例(%)
葡萄	0.28	60.41	2.63	33.50
杨梅	0.34	61.92	0.39	10.92
枇杷	0.09	60.15	0.56	24.10
其他	0.27	30.95	1.19	26.15
合计	9.41	45.68	55.66	24.70

2.4 葡萄春梢冻后修剪

由于在南方缺乏对罕见春季果树冻害的灾后施救经验，在调查中曾见到许多葡萄种植户因“救灾心切”，在冻后即刻采取修剪措施，以期重新抽发新梢，结果不仅造成大量伤流，且无助促发新梢。因受冻后新梢生长点已死亡，即便新梢上有未受冻的芽也不及结果母蔓的下位芽发育成熟。据冻后田间观察，虽然伤流对新梢抽发的影响不明显(闽西北 3 月份平均气温≥15℃[6]，雨水充足)，但葡萄伤流含 8‰的矿物质、氮、糖、氨基酸等营养干物质[7]，以及耗费了产生根压所需的能量。再则，据对葡萄受冻时新梢抽生长度观察：若梢长度 ≤15 cm 时受冻，下位抽生主芽仍可以抽穗结果，但果穗随受冻新梢长度而显著减小；若新梢即结果枝的长度 ≥50 cm 时受冻，由于营养亏损大使得下位主芽不易抽生花穗，此时可将主梢作为结果母蔓培养，并利用“多次结果技术 ”[8,9]促使结果；介于二者间的具体情况，采取边结果边培育抽发结果枝。因此葡萄春梢冻后应视新梢抽生的花穗情况再行修剪，抹芽和修剪一次完成不仅可节约工本，而且因后继抽发新梢的生长使伤流大为减少。

3 讨论

闽西北地区春季平均终霜日由南向北为 2 月中旬至下旬 (2 月 10 日至 3 月 1 日)[10]，而当地主要果类（梅、李、木奈例外 ）的萌芽期与花期常年均在终霜日之后，历史上仅在北缘(建宁、光泽、浦城)或高海拔地区 (德化县海拔 700 m 的雷峰镇)的个别年份曾有梨、桃、李等果类在局部遭受程度不等的晚霜为害外，罕见有“早春高温 ”加之 “晚霜 ”二类极端天气相遇，造成如此多果类的大范围受害。

果树是多年生经济作物，冻后补救与灾前防范措施相比显得十分乏力。若能根据 48、24 h 天气预报采取防范，则可有效地降低受灾程度。霜冻属辐射降温，大气在近地面呈逆温，采取午夜烟熏一般可提高烟雾下树冠气温约 0.5℃[11]。春季 3 月份闽西北地表平均温度较 1 月份提高 4～5℃[6]，其地表热辐射可使熏烟防霜冻效果优于冬季，期间溪流水温回升 10℃以上，在霜冻午夜喷水也较冬季喷水有更好的防冻效果。另外，采用推迟修剪期的方法能有效延迟萌动避开晚霜[8]。根据调查中果农的反映，果园采用遮阳网、塑料薄膜遮盖树冠可提升气温≥2℃。

南方果树花期均处于春雨季，受晚霜为害后应注意病害防治，减少伤口侵染。对于受冻程度较轻的果类品种，在生产上做好保花保果，减少当年损失；对于严重减产绝收的果类品种，可借机进行高接换种或树冠矫形。果树冻后修剪应掌握“待生死分明，再定向修剪 ”的基本原则，即在冻伤情况尚不明确时不宜采取修剪，而应等待组织生死部位分明后，再依据受冻程度和结果或树冠培育需要，一次删剪或回缩到位。对于藤本的葡萄、猕猴桃应待冻后数日视结果母蔓下位新梢花穗、花芽的萌发情况，再剪除受冻部位，以及疏除副芽及选留主芽结果。实际操作中应根据不同品种、树龄（贮存营养差异）、树体营养状况差异予以区别对待。

福建在20世纪80年代已较为科学系统地研究制定了果树生态与生产区划[1]，且经过1991、1999年2次果树冬季周期性大冻害的许多灾难性教训，使果树生产的区划意识得到有效增强。但在此次春季的冻害调查中，仍发现有违反生态区划的事例。如三明市辛口镇炉洋村（26°06′N、海拔400～900 m）为当地的脐橙生产专业村，其海拔＞700 m的脐橙基本绝收，预计濒临的果树周期大冻害（重现周期8～12 a）还将重挫该村的脐橙生产，甚至使部分果农返贫。因而果树生态区划意识仍有待普及。

从果树器官受冻调查结果（表2）可见，梅的新梢在同等低温条件下完全冻死（全枯），而杏、李新梢丝毫未损。梅的分类历来存在分歧[12,13]，《中国植物志》第38卷[14]与《中国果树分类学》[15]将梅归于杏属，《果树种类论》[16]则将梅归于李属。利用DNA标记的研究结果表明，尽管梅、杏间的遗传距离近于桃、李，但梅明显地聚为单一的一族[17]。本文的调查结果也倾向这一观点。

参考文献

[1] 邱武凌. 福建果树50年[M]. 福州：福建教育出版社，2000：374-383.

[2] 谢钟琛，李健．早钟6号枇杷幼果冻害温度界定及其栽培适宜区区划[J]. 福建果树，2006，(1)：7-11.

[3] 李健，李美桂．1999年冬季福建果树冻害及其特点[J]. 福建农林大学学报：自然科学版，2002，**31**(3)：343-346.

[4] 束怀瑞．果树栽培生理学[M]. 北京：中国农业出版社，1999：253-263.

[5] 郗荣庭．果树栽培学总论[M]. 3版．北京：中国农业出版社，2000：299-307.

[6] 鹿世瑾．福建气候[M]. 北京：气象出版社，1999：138-141.

[7] 晁无疾，李景春．葡萄伤流及其研究[J]. 中外葡萄与葡萄酒，1988，(3)：8-13.

[8] 李健．南方果树实用修剪与高接换种技术[M]. 北京：中国农业出版社，2001：15-16.

[9] 陈杰忠．果树栽培学各论(南方本)[M]. 3版．北京：中国农业出版社，2003：426-437.

[10] 福建省气象局．福建农业气候资源与区划[M]. 福州：福建科技出版社，1990：91-94.

[11] 王道藩，黄寿波．柑桔与气象[M]. 福州：福建科技出版社，1986：98-128.

[12] 房经贵，章镇，蔡斌华，等．果梅品种分类研究进展[J]. 江苏林业科技，2009，**36**(3)：44-50.

[13] 汪祖华，陆振翔，郭洪，等．李、杏、梅亲缘关系及分类地位的同工酶研究[J]. 园艺学报，1991，**18**(2)：97-110.

[14] 俞德浚，陆玲瑞，谷粹芝，等．中国植物志[M]. 第38卷．北京：科学出版社，1986：24-31.

[15] 俞德浚．中国果树分类学[M]. 北京：农业出版社，1979：43-53.

[16] 曲泽洲，孙云蔚．果树种类论[M]. 北京：农业出版社，1990：100-103.

[17] FANG J，TAO J，CHAO C T. The genetic diversity of mei，apricot，plum，and peach revealed by AFLP [J]. The Journal ofHorticultural Sciences& Biotechnology，2006，**81**(5)：898-902.

地形闭塞的山坡下部冬季气温特征分析*

陈 惠[1] 徐宗焕[1] 潘卫华[1]
王加义[1] 林俩法[2] 邓逸民[3] 蔡文华[1]

(1. 福建省气象科学研究所,福州 350001;2. 漳州市气象局,漳州 363000;
3. 龙海市气象局,龙海 363100)

摘要:根据龙海站过去50 a(1959—2009年)的低温历史资料分析,并没有达到荔枝树遭受冻害的标准,但1991/1992年度、1999/2000年度冬季位于该站西南偏南11km的双第华侨农场的荔枝树却遭受了较严重的冻害。为探寻冻害产生的真正原因,本文利用2008/2009年冬季在龙海气象站和龙海市境内的双第华侨农场自动站(位于地形闭塞的山坡地下部)观测的气温资料进行对比分析发现:与龙海站相比,双第站的平均气温和最低气温偏低、最高气温偏高、气温日较差偏大;两站日最低气温间呈极显著的正相关关系($r=0.9468>r_{0.001}$,$n=90$),两站的日最低气温差值随着龙海站最低气温的降低呈增大的趋势,说明龙海站的最低气温较低时双第站的会更低。采用差值法对龙海迁站(2001年)前后的年度极端最低气温资料进行了均一性订正,采用线性回归关系式推算出1991/1992年度和1999/2000年度冬季双第站的最低气温为-4.9℃和-3.8℃,这就是双第华侨农场当年冬季荔枝树发生冻害的真正原因。

关键词:最低气温;地形闭塞山坡地;对比分析;荔枝冻害

福建省地形复杂,地形小气候不同对农作物的布局影响很大。龙海市位于福建南部,种植大量南亚热带果树,冬季气候温暖,自1959年4月龙海市气象站建立至今50个冬季,出现的极端最低气温为1963年1月27日的-0.2℃。据研究[1],荔枝树无冻害、轻冻害(叶片受冻)、中冻害(外枝条受冻)、重冻害(主枝受冻)、严重冻害(主干受冻—整株死亡)的最低气温分别为-0.3℃、-1.9℃、-3.1℃、-3.8℃、-4.1℃。可见,按龙海站50 a来的低温资料分析,当地种植荔枝不会遭受冻害。龙海市境内的双第华侨农场东西长约10 km,总面积为31 km^2,场部所在地的海拔高度为60~70 m,除东北偏北方向有高度约为50~60 m狭小的通道外,农场四周都被350~562 m高的群山遮挡,地形闭塞。该农场20世纪60年代中期引种荔枝树,种植面积约400 hm^2。据调查,1991/1992年度和1999/2000年度冬季的强低温给农场的荔枝树造成较严重的损害,而这两年龙海站的极端最低气温分别是0.7℃、1.5℃,按理不应该引起荔枝冻害的,说明是地形小气候形成低温的影响。关于地形小气候,前人已开展了大量的研究[2-5],黄寿波[6,7]总结了地形小气候研究概况,指出坡地方位、地貌形态、外围地形、丘陵群体结构、山区剖面观测和地形逆温、特殊地形与局地光、温、湿小气候的关系密切,盆地或谷底冬季极端最低气温较平地低,但未给出具体数据。为了了解该农场冬季低温状况,探明荔枝树冻

* 基金项目:“十一五”国家科技支撑计划重点项目(2006BAD04B03);福建省科技厅农业科技重点项目(2009N0030);
本文发表于《中国农业气象》,2010,**31**(2)。

害发生的原因，本课题组在双第华侨农场场部东北向约 0.5 km 的龙海市农业科技综合示范基地的荔枝园中设立了自动气象站。自动站在龙海市气象局的西南偏南方向，直线距离约 11 km，海拔高度偏高约 40 m。目的是想探明地形闭塞的山坡下部冬季气温的变化特征，为地形复杂地区农业布局提供依据。

1 资料与方法

利用 2008/2009 年度冬季（2008 年 12 月—2009 年 2 月）双第华侨农场自动站和同期龙海市气象局自动站的平均气温、日极端最高气温、日极端最低气温资料进行对比分析；龙海市气象局是 2001 年 1 月 1 日搬到现址（小山顶），旧址是在平地上，采用 t 检验对龙海站迁站前（1959/1960—1999/2000）、后（2000/2001—2008/2009）两阶段的年度极端最低气温进行均一性检验，采用差值法对龙海迁站前后的年度极端最低气温资料进行均一性订正；采用线性回归方法进行反延订正，推算 1991/1992 年度和 1999/2000 年度冬季双第站的最低气温，解释这两年冬季造成该农场荔枝树严重冻害的原因。

2 结果与分析

2.1 两站气温逐时变化比较

以 12 月为例，分析双第和龙海两个站逐时气温（t_i）变化情况，如图 1 所示。

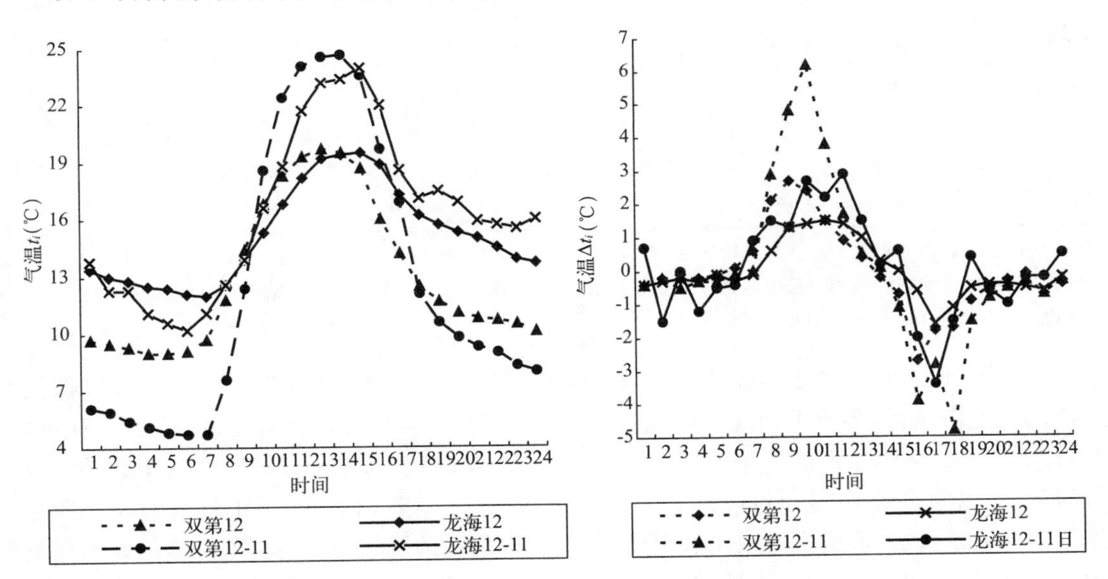

图 1 双第站和龙海站 2008 年 12 月平均气温（t_i）和典型晴天（2008 年 12 月 11 日）气温逐时变化过程

（逐时气温升降值为 1h 内升温或降温的数值，用 Δt_i 表示，$\Delta t_i = t_i - t_{i-1}$）

从图 1a 可以看出，12 月份双第站每小时平均气温除了正午附近几个时段（9—14 时）比龙海站高（10、11 时比龙海站高 1.5℃）外，其他时段都比龙海站低，其中 20、21 时比龙海站低 4.2℃；在典型晴天（12 月 11 日），双第站气温除了正午附近几个时段（10—14 时）比龙海站高

(11 时比龙海站高 3.6℃)外,其他时段都比龙海站低,其中 24 时比龙海站低 8.0℃。从图 1b(每小时气温升降值表示 1 h 内升温或降温的度数,用 Δt_i 表示,$\Delta t_i = t_i - t_{i-1}$)可以看出,双第站一般 6—13 时为升温,其他时段为降温,龙海站 8—14 时为升温,其他时段为降温;双第站平均 Δt_i 最大的是 9 时的 2.7℃、龙海站为 11 时的 1.5℃,双第站平均 Δt_i 最小为 16 时的 −2.7℃、龙海站为 17 时的 −1.6℃;11 日双第站 Δt_i 最大为 10 时的 6.2℃、龙海站为 12 时的 2.9℃,双第站 Δt_i 最小为 18 时的 −4.8℃、龙海站为 17 时的 −3.4℃。总体上,双第站的 $|\Delta t_i|$ 均比龙海站大。可见,类似双第站这样四周环山、冷(热)空气不易同外界交流的坡下洼地,冬季最低气温偏低、最高气温偏高、日较差偏大。由于冷湖效应,冷冬年该地段的果树最易遭受冻害;再加上日出后的快速升温(9 时的气温就比龙海站高),根据江爱良的果树脱水学说[8],果树受冻后快速升温会导致受冻果树树体内经受剧烈的脱水,而使得冻害加重,对果树的生长不利。

2.2　两站平均气温逐月变化比较

双第站和龙海站 2008/2009 年度冬季各月气温资料,如表 1 所示。据研究,山区气温随着海拔高度变化的直减率(γ)平均为 0.5～0.6℃/hm[9],若按此 γ 计算,双第站平均气温应该比龙海站低 0.2℃。

表 1　双第站和龙海站 2008/2009 年度冬季各月气温比较　　单位:℃

	12月			1月			2月			冬季		
	双第	龙海	Δt	双第	龙海	Δt	双第	龙海	Δt	双第	龙海	Δt
t_{24P}	13.0	15.1	−2.1	11.2	12.7	−1.5	17.1	17.7	−0.6	13.6	15.1	−1.5
t_{4P}	13.0	15.1	−2.1	11.1	12.6	−1.5	17.0	17.7	−0.7	13.6	15.0	−1.4
t_{gP}	20.4	20.1	0.3	18.2	17.9	0.3	23.8	22.9	0.9	20.7	20.2	0.5
t_{dP}	7.7	11.3	−3.6	5.5	9.1	−3.6	12.6	14.5	−1.9	8.5	11.6	−3.1
Δt_p	12.7	8.8	3.9	12.7	8.8	3.9	11.2	8.4	2.8	12.2	8.6	3.6
t_D	1.8	6.6	−4.8	−2.5	2.9	−5.4	6.5	11.0	−4.5	−2.5	2.9	−5.4

注:表中 Δt = 双第 − 龙海。t_{24P} 为日平均气温,是 24 次记录的平均值;t_{4P} 为日平均气温,是 20、2、8、14 时 4 次记录的平均值;t_{gP} 是从每日 24 次的气温记录中挑取的日最高气温的平均值;t_{dP} 是从 24 次的最低气温记录中挑取的日最低气温再求平均;Δt_p 为气温日较差;t_D 为月极端最低气温。

从表 1 可见,双第站冬季各月 24 次日平均气温(t_{24P})、4 次日平均气温(t_{4P})、日最低气温(t_{dP})均比龙海站低,冬季平均气温比龙海站低约 1.5℃。若按两站实际的温差(Δt_P)计算,12 月、1 月、2 月、冬季的 γ 分别为 5.25℃/hm、3.75℃/hm、1.50℃/hm、3.75℃/hm(用表中第 1 行的 Δt 除以两站高差 40 m),远大于 0.5～0.6℃/hm。这是因为,文献中所给的 γ 一般是根据位于大地形(较开阔的平地或山坡顶或高山顶)气象站的资料分析得出的。双第站四周被群山环绕,可照时间短;其位于山坡的下部,冷空气难以排泄,多云或晴好天气,辐射降温、冷空气下沉,使得一天中的大部分时间气温偏低(如 12 月 17 时—次日 6 时的 14 h 中,双第站比龙海站气温偏低 3℃以上),故用它与龙海站的温差资料计算 γ,其值偏大。

从表 1 可见,两站月平均气温差值的绝对值表现出随月可照时数的增加而减少的趋势,12 月的月可照时数为年内最少,之后月可照时数逐渐增加,至 6 月达到最大,之后逐渐减少;而表中 12 月、1 月、2 月的 Δt_P 分别为 −2.1℃、−1.5℃、−0.6℃,其绝对值呈减少的趋势;双第站冬季各月的平均日最低气温(t_{dP})、极端最低气温(t_D)比龙海站低,冬季 t_{dP}、t_D分别比龙海站低3.1℃、5.4℃;双第站冬季各月的平均日最高气温(t_{gP})却均比龙海站高,冬季平均最高气温比龙海站高0.5℃;双第站冬季各月的日较差比龙海站大,冬季日较差比龙海站大3.6℃。

2.3 两站最低气温比较

2.3.1 两站日最低气温间的定量关系

龙海站和双第站2008年12月1日—2009年2月28日日最低气温(t_d)逐日变化,如图2所示。

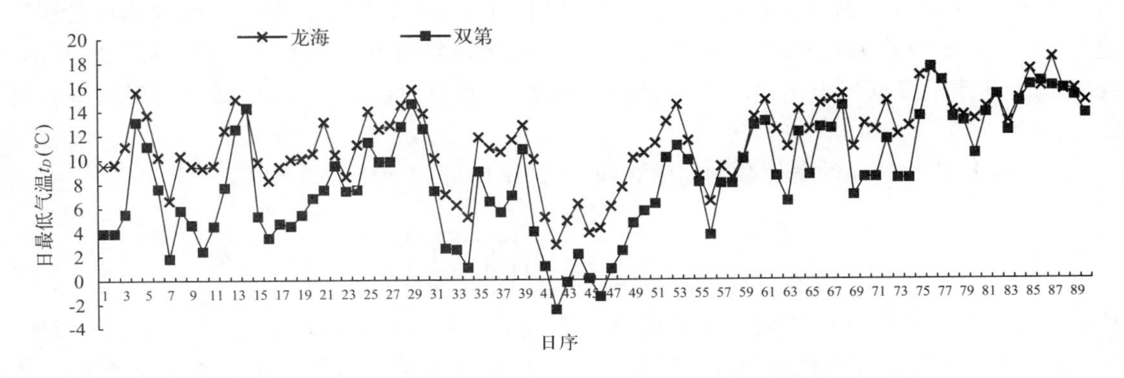

图2 双第站和龙海站2008/2009年度(2008年12月1日—2009年2月28日)冬季日最低气温逐日变化过程

从图中可见,除了12月14日和2月14日、24日、26日双第站比龙海站略高一些(最大为2月24日,高0.4℃)外,其他日期双第站都比龙海站低,平均低3.0℃,以12月10日6.9℃为最低,2008/2009年度冬季极端最低气温出现在1月11日,当天双第站比龙海站低5.4℃。双第站和龙海站2008/2009年度冬季日最低气温点聚图如图3所示,进一步分析显示双第站同

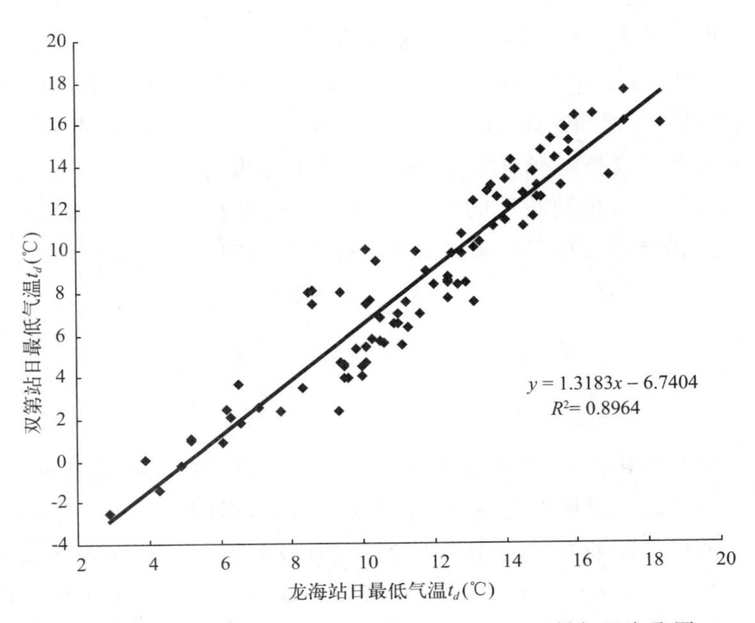

图3 双第站同龙海站2008/2009年度冬季日最低气温点聚图

龙海站日最低气温呈线性相关，关系式为

$$Y=1.3183X-6.7404(r=0.9468>r_{0.001},n=90) \tag{1}$$

即

$$Y-X=0.3183X-6.7404 \tag{2}$$

式中，X 为龙海站日最低气温(℃)，Y 为双第站日最低气温(℃)。较低的 X 和 Y 值，往往是在冷平流之后的晴夜辐射降温引起的。从(2)式可以看出，X 越低，$Y-X$ 的数值就越小，即龙海站的最低气温越低时，双第站的最低气温比龙海站低的越多。

2.3.2　龙海站 1991/1992、1999/2000 冬季最低气温的推算

龙海站 2001 年 1 月 1 日迁址，原址在 24°27′N、117°49′E，拔海高度 7.4m，观测场是在平地上；新址在 24°26′N、117°50′E，拔海高度 32.1m，观测场是在小山顶上。1991/1992、1999/2000 两个冬季的最低气温是在旧址观测的。为此，有必要对新、旧址的最低气温资料进行连续性检验。

假设前后两个阶段的条件数学期望相同，设计统计量

$$t=\frac{\overline{x_1}-\overline{x_2}}{\sqrt{\left(\frac{n_1s_1^2+n_2s_2^2}{n_1+n_2-2}\right)\left(\frac{1}{n_1}+\frac{1}{n_2}\right)}} \tag{3}$$

用来表示观测得到的统计特征与假设的矛盾程度。如假设成立，则 $|t|$ 是一个较小的数值。$|t|$ 越大，表示实际情况与假设吻合程度越差。式中，$\bar{x}$ 为要素平均值，s 为要素的均方差，n 为阶段的年数，右下标 1 代表前阶段(1959/1960—1999/2000 年度)，2 代表后阶段(2000/2001—2008/2009 年度)。计算龙海站的 $t=-2.12$，据 $n_1=40$，$n_2=9$，$|t|>t_{0.05}=2.01$，说明两阶段的资料有明显差异。

根据龙海站 2001 年 1 月份新、旧两站日最低气温的对比观测得知，该月平均最低气温 t_{dP} 新站为 11.94℃，旧站为 11.26℃，新站比旧站最低气温平均高 0.7℃，用它进行差值订正，求得龙海新站 1991/1992 年度、1999/2000 年度冬季极端最低气温分别为 1.4℃、2.2℃。

2.3.3　双第站 1991/1992、1999/2000 冬季最低气温的推算

把龙海新站 1991/1992 年度、1999/2000 年度冬季的极端最低气温值 1.4℃、2.2℃分别代入(1)式，得出双第站 1991/1992 年度、1999/2000 年度冬季的极端最低气温分别为－4.9℃、－3.8℃。此值分别低于荔枝树严重冻害、等于荔枝重冻害的指标，看来这就是当年荔枝冻害的根本原因。目前，比双第自动站低的垅田洼地均未见荔枝树，但自动站所在地及比它高约 10m 的山坡中下部，仍残留当年遭受冻害后被锯掉的荔枝树主干或主枝。

3　结论与讨论

3.1　结论

(1)双第站同龙海站相比，其冬季月平均气温、平均最低气温、极端最低气温比龙海站低，平均最高气温、极端最高气温比龙海站高，即四周环山、地形闭塞的山坡下(底)部小气候特征是最高气温偏高、最低气温偏低、低温持续时间长、日较差偏大。福建强低温天气为均由晴天辐射引起的降温，因此，该结论与黄寿波的总结是一致的[6,7]，这是由于地形闭塞的盆地或谷地，湍流交换弱，风速小，白天增温快，夜间冷却也快，而且周围山坡上的冷空气在夜间流向谷

地(或盆底),形成“冷湖”。

(2)双第站与龙海站的日最低气温间相关密切,两站的最低气温差值随最低气温的降低呈增大的趋势;龙海站的最低气温越低时,龙海站与双第站最低气温的差值越大,即双第站的最低气温比龙海站低得越多。利用双第站与龙海站线性相关关系式,推算得双第站 1991/1992 年度、1999/2000 年度冬季的极端最低气温分别为-4.9℃、-3.8℃,此值分别低于荔枝树严重冻害、等于荔枝重冻害的指标,这就是当年双第华侨农场荔枝冻害的根本原因。

(3)龙海站 2001 年 1 月 1 日迁址,新旧址纬度、经度仅差 1′,高度仅差 25 m。由于新址在小山顶,旧址在平地,前、后段的最低气温资料有明显差异,表现出不连续,新址的最低气温平均比旧址高 0.7℃,此乃晴天山坡地逆温造成的,使得位于小山顶的新址最低气温比位于平地的旧址偏高。

3.2 讨论

福建省果树遭受冻害的低温,绝大多数是冷平流过后的晴夜辐射降温引起的。这种天气形势下山坡地都会形成坡地逆温,即山坡的低洼地常因冷空气下沉积聚成为冷湖,地形越闭塞,冷湖效应越明显,坡下(底)部的最低气温越低。虽然双第站仅比龙海站高 40 m,直线距离仅 11 km,但由于其四周环山、地形闭塞,冷湖效应十分明显,上述资料分析得知,双第站 1991/1992 年度、1999/2000 年度冬季的最低气温比龙海站低约 6℃。因此,用龙海市气象站低温资料分析,荔枝树是不会发生冻害的,而地形闭塞、冷湖效应明显的双第站所在山坡下(底)部冷冬年出现了使荔枝树冻害的低温,从而使荔枝树遭受冻害,重则死亡。据福建省东部沿海几个县 10 多个山坡地的考察资料研究表明[10-14]:由于冷平流过后的晴夜辐射降温引起的坡地逆温,相对高差在 60 m 以下的山坡,坡顶的最低气温最高;相对高差为 80～290 m 的山坡,在山坡的中上部的某一相对坡位(G)($1 \geqslant G > 0.63$)的最低气温最高。山坡的中上(或顶)部的最低气温要比坡下(底)部平均高 1～2.8℃。双第自动站所在的山坡下部可见荔枝树锯掉主干的痕迹,中下部可见荔枝树锯掉主枝的痕迹,而中上部则未见锯掉枝干的痕迹。这也是对坡地逆温最好的印证。据坡地逆温现象,宜选择山坡的中、上部种植荔枝、龙眼、橄榄类果树,比自动站高度低的坡底、垄田宜种植橙、橘类等较耐冻类的果树,这样可以避免或减轻因低温给果树造成的损失。

福建省各县多为山区,地形错综复杂,小气候差异明显,尤其是最低气温差别更大,故不宜不加区别、盲目用县(市)气象站的低温资料来分析或说明小气候差异明显的果园中发生的冻害情况。

参考文献

[1] 蔡文华,张辉,徐宗焕,等.荔枝树冻害指标初探[J].中国农学通报,2008,**24**(9):353-356.

[2] 潘学标,龙步菊,苏燕华,等.黄土高原北部坡梁地地形微气候的温度变化特征研究[J].中国农学通报,2005,**21**(12):367-371.

[3] 黎金水.地形及气候对梧州市荔枝生长的影响[J].广西气象,1995,**15**(4):22-23.

[4] 罗红,杨志锋.峡谷暖区农业地形气候垂直分层及其农业发展战略[J].地理研究,1999,**18**(4):407-450.

[5] 黄寿波,金志凤.近 50 年我国农业小气候研究概况及若干进展[J].湖北气象,2003,(4):3-6.

[6] 黄寿波.我国农业地形小气候研究的进展[J].热带作物科技,1985,(3):91-95.

[7] 黄寿波.我国地形小气候研究概况与展望[J].地理研究,1986,**5**(2):916-925.

[8] 江爱良.试论我国柑桔冻害的天气型[A].江爱良论文选集[C].北京:气象出版社,2002:170-177.

[9] 中国农业百科全书总编辑委员会农业气象卷编辑委员会. 中国农业百科全书农业气象卷[M]. 北京：农业出版社，1986：223.

[10] 蔡文华，林新坚，张辉. 福鼎市冬季坡地低温考察和龙眼荔枝园地选择[J]. 气象，2005，**31**(9)：79-82.

[11] 蔡文华，陈惠，李文，等. 2004/2005 年冬季连江县低温考察和橄榄树冻害指标初探[J]. 中国农业气象，2006，**27**(3)：200-203.

[12] 蔡文华，潘卫华，张辉，等. 2004/2005 年连江县冬季沿坡地地面气温观测和分析研究[J]. 应用气象学报，2006，**17**(4)：483-487.

[13] 蔡文华，林晶，李双锦，等. 闽侯县孔源村 2005/2006 年度冬季低温考察和适地果树树种的选择[J]. 中国农业气象，2008，**29**(1)：107-110.

[14] 蔡文华，张辉，潘卫华，等. 福建省东部近海地区冬季坡地逆温分析[J]. 中国农业气象，2009，**30**(2)：248-251.

Application Research of MODIS Data in Monitoring Land Use Change in Fujian*

Weihua Pan Chungui Zhang Hui Chen
Yiyong Cai Jiajin Chen Lichun Li

(*Institute of Meteorological Science in Fujian*, *Fuzhou* 350001, *China*)

Abstract: It was necessary and significative to explore the low-cost, high-precision and real-time access method of land-use/cover using the MODIS data multi-temporal and multi-spectral for quickly assess regional land use/cover change. Firstly, the study used maximum values compose (MVC) to select the optimal MODIS data in Fujian study area because there were mountainous landform and cloudy climatic condition in study area. Secondly, the characteristic variables of surface albedo, vegetation index(NDVI), water index(NDWI) and so on were combined, Moreover, the decision tree classifier system was established based on multi-factors composition for land cover/use classification in Fujian province. The results showed that the decision tree classifier was better than conventional maximum likelihood classifier, and was well applied the MODIS data to classify the land-use/cover of Fujian, because the decision tree classifier system took advantage of the MODIS multi-spectrum characters and artificial intelligence and could achieve a certain high precision, which made an important impact on monitoring land change and protecting arable land.

Key words: Land-use/cover; NDVI; Decision tree classifier system; Fujian; Remote sensing

0 Introduction

Urbanization had significantly modified the landscape during the reform periods in China, which had significant climatic implications across all scales due to the simultaneous removal of natural land cover and introduction of urban materials. Urban growth and sprawl had drastically modified the biophysical environment[1-3]. From a broader perspective urbanization is one of many ways in which human were altering the land-cover of the globe, and the changes were estimated to have significantly altered more than 80% of the Earth's land area over the last several centuries[4,5].

Land cover and land use (LCLU) change detection provided a fundament input for planning, management and environmental studies, such as landscape dynamics or natural risks and impacts[6]. One technology which offered considerable promise for monitoring land cover

* 基金项目:国家自然科学基金项目(41071267);福建省科技厅农业科技重点项目(2009N0030);
本文发表于《2011 年国际空间数据和地理信息应用会议论文集》,(EI 收录)。

change was satellite remote sensing, because of its temporal resolution, provided an excellent historical framework for estimating the spatial extent of LCLU change and a repetitive measurement of earth surface conditions relevant to climatology, hydrology, oceanography and land cover monitoring[7,8].

One mission in particular, theMODIS series begun in 1999, was designed and continues to operate with the objective of tracking changes in land-cover conditions. The high temporal resolutions and regular revisit times of the MODIS mission were well suited to monitoring and studies of LCLU change. There had appeared many researches in LCLU based on MODIS data in recent years[9-13]. For land use information extraction methods, from the traditional supervised classification to the automatic classification setting by experters, the decision tree classifier method had been applied widely[14,15]. As we all know, there were many mountains and a few arable lands in Fujian and the characteristics of LCLU types were very complex in view of the low spatial resolution of MODIS data, so the decision tree classifier method was introduced to establish a suitable classification method for the LCLU classification in Fujian.

1 Study Site and Data Preprocessing

The study area was Fujian province (23°33′—28°20′N, 115°50′-120°40′E), which lied in Southeast China. There were mostly mountainous and hilly terrain and a few arable lands, and the climate was subtropical marine monsoon climate influenced by seasonal exchanged warm or cold air current. Coming through a rapid development and urbanization during the last three decades, farmland adjacent to the urban periphery had converted to urban uses and resulted in loss of cropland, water and forest.

In order to select the optimal MODIS data, themaximum values compose (MVC) method[16] was introduced to choose images in the study, and the images of 2004 and 2010 were gained respectively. Subsequently, the images were dealt with Bowtie Effect reviser, geometric correction, atmospheric correction and study area extraction, and so on.

2 Land Cover and Land Use Classifier Method

For this study, a common legend was established based on the official census and actual land-cover characters of Fujian province. In the cases of 2004 and 2010, seven LCLU categories were added to the images classification schemes: forest, arable land, urban, village, river and lake, grass and the others (unused land). In order to achieve an accurate classification, an important step of the process was to select optimal band clusters based on spectrum analysis. Lots of DN values of MODIS bands were sampled in the training areas of multifarious land types, and the mean values of them were calculated and the spectrum plots were draw out based on their mean values (Figure 1).

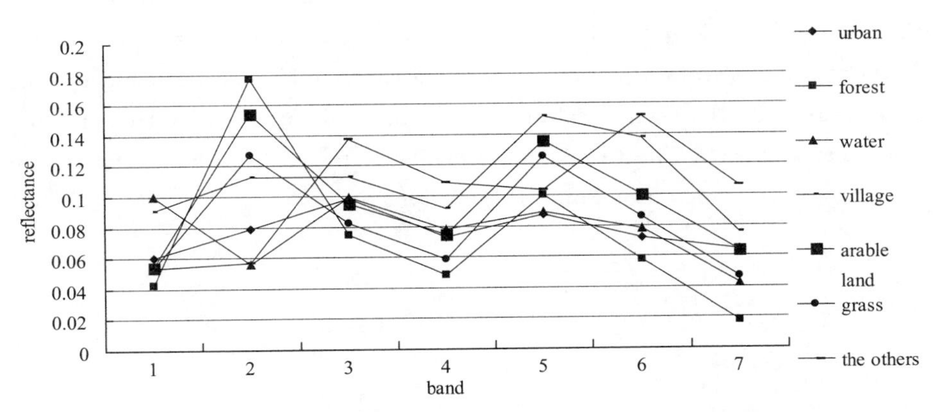

Fig. 1 Reflectivity of different land use types over study area

As could be showed that the spectral reflectance of different land types were very low in band 1 of MODIS from the figure 1, such as forest, arable land and grass. And the mean values of the three land types were at 0. 06 or less, it was difficult to differentiate them by the spectral values of band 1. In the spectral line of band 2, the value of water was the lowest and was relatively easy to separate the water from the others, but the spectral values of urban and unused land were similar. The spectral lines of different land types in band 3 and band 4 were confused seriously. Obviously, the spectral line of band 5 was similar to band 2. Moreover, the spectral line of band 6 was as alike as the spectral line of band 7 and the spectral values of unused land and village were much higher than those of water and vegetation.

In order to achieve an accurate classification, the decision tree classify method was introduced into the classification experiments, and several important characteristic variables such as vegetation index (*NDVI*), water index (*NDWI*) were established and combined. According to different absorption mechanism of vegetation in the red channel and near infrared channel, the mathematical expression through the linear or nonlinear combination of red channel and near infrared channel was shown as:

$$NDVI = (B_2 - B_1)/(B_2 + B_1) \tag{1}$$

While the B_1 , B_2 was the first band and second band of MODIS respectively, the NDVI index could be an important parameter to characterize the vegetation characteristics and carried plenty of information of vegetation structure and function. Although the *NDVI* index didn't directly provide the land cover types, could reflect objectively the changes of amount of vegetation cover. Similarly, the water index (*NDWI*) was established based on the spectral characteristics of green channel and near infrared channel was shown as:

$$NDWI = (B_4 - B_2)/(B_4 + B_2) \tag{2}$$

While the B_2 was the near infrared channel and reflected the high reflectivity of leaves, the B_4 was the green channel and reflected the distribution and growth of vegetation. The *NDWI* index could reflect well the change of cell liquid water of vegetation and was suited to extract the water information. Based on the spectral characteristics of MODIS data and the extracted genes above such as *NDVI* and *NDWI*, the decision tree classifier method of land cover and land use classification in Fujian province was established by using the maximum, minimum, average and other statistical analysis. The model of decision tree classifier of Fujian was shown as Figure 2. The threshold values were tested by several experiments to ascertain the appropriate values based on different land types.

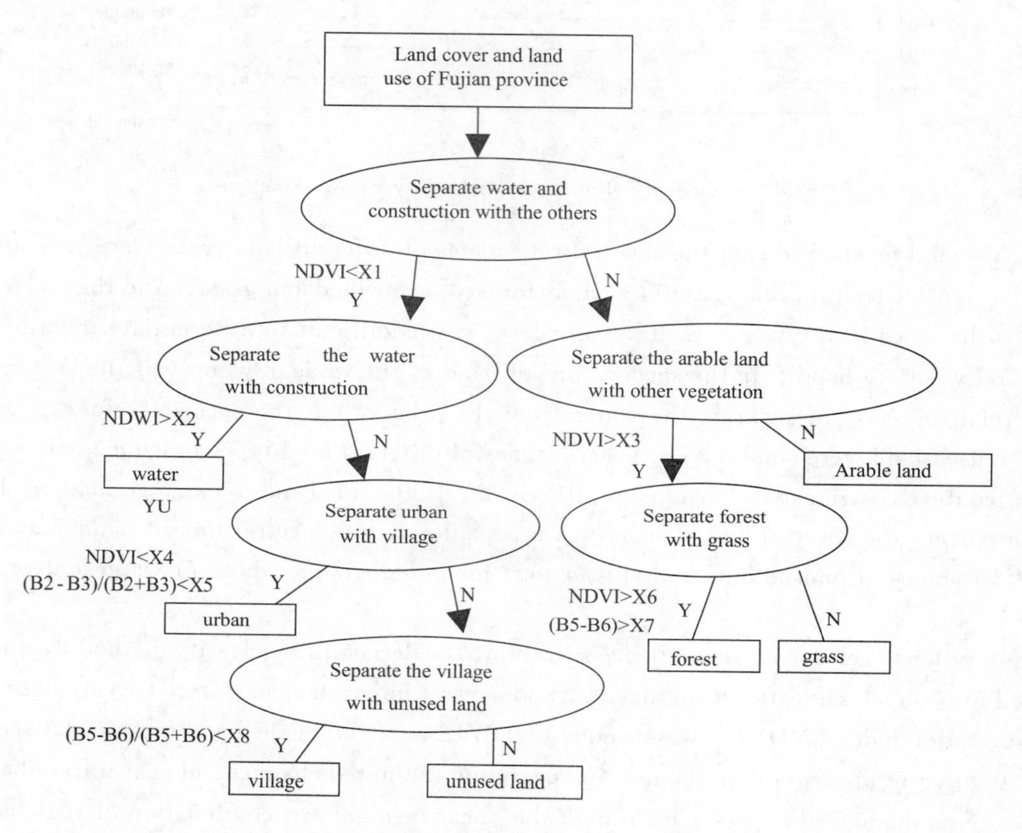

Fig. 2 Model of decision tree of land use in Fujian

3 Land Cover and Land Use Classifier Mapping

3.1 Images Classification Mapping

According to the decision tree classifier mechanism established above, the MODIS images of 2004 and 2010 were classified by running the mechanism respectively. Subsequently, the hierarchical extracted various types of land use information such as urban and forests were put into ArcGIS to overlay, and various types were displayed in different colors in one map. Finally, the land use classification maps of two images were formed and shown in Figure 3 and Figure 4.

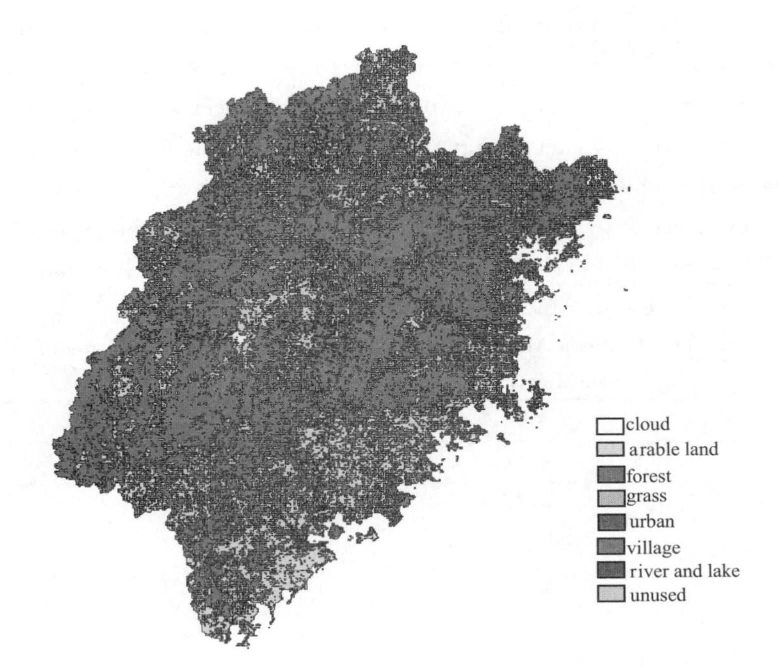

Fig. 3 Land use/cover classification map of Fujian in 2004(彩图 10)

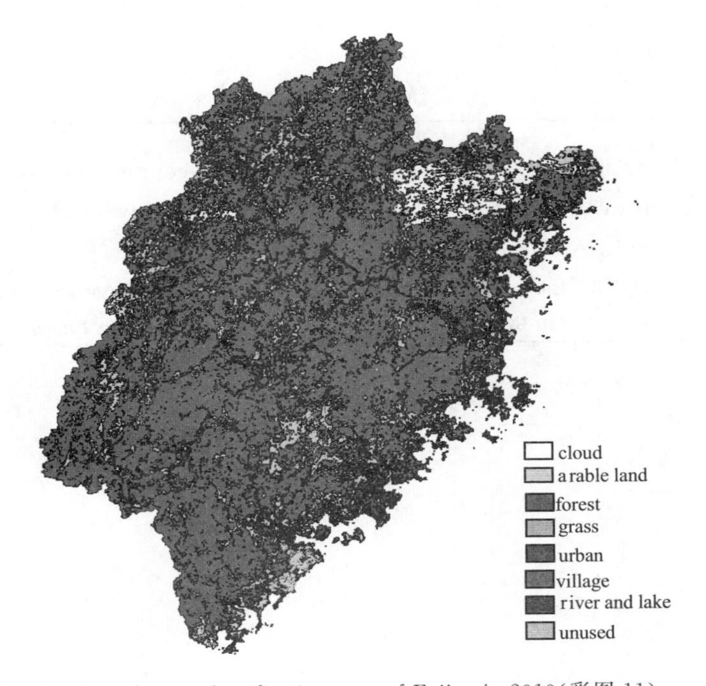

Fig. 4 Land use/cover classification map of Fujian in 2010(彩图 11)

3.2 Accuracy Assessment

Accuracy assessmentwas performed for the 2004 and the 2010 land-cover/land-use classification maps and the high resolution Landsat TM/ETM+ classification images and fieldmeasured data by GPS were used to evaluate precision. Based on a stratified random sample of 381 pixels selected from the 2004 map, an overall accuracy of 82 percent was obtained (Table 1). In terms of producer's and user's accuracies, a minimum of 80 percent was reached for eight classes (except that the accuracy of arable land was 76.36 percent). As for the 2010 land-use/land-cover map produced, a stratified random sample of 420 pixels revealed an overall accuracy of 79 percent (Table 2). Both producer's and user's accuracies were over 75 percent. Therefore, the two land-use and land-cover maps were comparable in accuracy despite differences in the type of Landsat images used.

Table 1 Error Matrix from the 2004s Image. Both Classification Results (in Rows) and Ground Truth (in Columns), in Pixels

Classified Data	Referred Data								
	1	2	3	4	5	6	7	Total	UA(%)
1. arable land	42	3		2	1	1	6	55	76.36
2. village	2	45	1	1	5		2	56	80.35
3. forest	4	1	52	5		1	1	64	81.25
4. grassland	2	1	4	40	2		2	51	78.43
5. urban	1	7			54	1		63	85.71
6. water		2	1		2	35	1	41	85.36
7. unused	1		2	1	2		45	51	88.23
Total	52	59	60	49	66	38	57	381	
PrA(%)	80.7	76.3	86.6	81.6	81.8	92.1	78.9		

As a result, the total pixelswere 381 and overall accuracy and Kappa indices of the supervised classification were 82.15% and 79.11% respectively (PrA = Producer's Accuracy in %; UA = User's Accuracy in %).

Table 2 Error Matrix from the 2010s Image. Both Classification Results (in Rows) and Ground Truth (in Columns), in Pixels

Classified Data	Referred Data								
	1	2	3	4	5	6	7	Total	UA(%)
1. arable land	50	3		4			3	60	83.33
2. village	4	45			10			60	75.00
3. forest	6		50	4				60	83.33
4. grassland	8	1	9	41			1	60	68.33
5. urban		3			53	1	3	60	88.33
6. water	4		1	5		44	6	60	73.33
7. unused	3	2	2	1	3		49	60	81.67
Total	75	54	62	55	66	45	62	420	
PrA(%)	66.6	83.3	80.6	74.5	80.3	97.7	79.0		

As a result, the total pixelswere 420 and overall accuracy and Kappa indices of the supervised classification were 79.00% and 75.55% respectively (PrA = Producer's Accuracy in %; UA = User's Accuracy in %).

4 Strategies for LCLU Change Monitoring

4.1 Accuracy comparisons of DTC and MLC

To demonstrate the advantages of decision tree classifier, the MODIS image of 2010 was taken as an example, and the classification accuracies by using the decision tree classifier method (DTC) were compared with the classification accuracies by adopted maximum likelihood supervised classifier method (MLC) (Table 3). As could be seen from table 3, the total accuracy by using the decision tree classifier method was 79.0%, but the total accuracy by means of MLC was 73.6%. Moreover, the classification accuracies of urban, village and arable land by decision tree classifier were much higher than them by MLC, increased by 9.8%, 10.7% and 7.6% respectively.

Table 3 Classification Accuracy Comparison of DTC and MLC

Classifier methods	Classification accuracy(%)							
	urban	village	arable land	forest	grass	water	others	Total accuracy
DTC	88.3	75.0	83.3	83.3	68.3	73.3	81.6	79.0
MLC	78.5	64.3	75.7	84.2	65.1	69.3	80.7	73.6

4.2 LCLU change detections

The study indicated that the LCLU of Fujian province had been developing during the past 6 years, and the urban area had grown by 209 km^2 and the arable land had decreased 562 km^2. Moreover, the land cover conversion was associtated with the rapid urbanization development, the natural land cover such as forest and grass had converted 693 km^2 to the construction types such as unused land, urban and villages. With the rapid development in economics and further advance in reform policy, the urban areas had sprawled quickly and the residential development had the strongly favoured the occupying of arable land, the cleaning of forest and the filling of water body. Commercial development had converted both agricultural and forested land. This might reflected consumer preference for watered homesites, or it might reflect a lack of arable land adjacent to existing communities where new residential growth was likely to occur, which caused the competition between the arable land and the construction land.

The smart change of LCLU inFujian province highlighted regional economic and political variations. It was evident that the economics of Fujian province increased in a high speed, and GDP of the province ranks No. 13 in the whole nation.

Table 4　Classification Areas of Different Types Both Years, (km^2)

Years	Land use types						
	urban	village	arable land	forest	grass	water	unused land
2004	2349	3562	14804	79158	15372	2851	3302
2010	2558	3719	14242	78783	15054	1174	5866

The levels of urbanization and industrialization were rather high because of economics extraversion. Based on the census data of local jurisdictions, larger amount of straight foreign investments swarmed into the city and capital construction such as factory, transportation road building appeared much more pronounced than before.

The correlation between population increase and LCLU change appeared particularly strong for the Fujian area. On one hand, these quick growth rates of LCLU correlated with regional population suggested more people's inhabitation to build, which drived the land-cover to change. On the other hand, with the increase of personal income data, it certainly requested that the development of the region should keep pace with the major economic and developing trend. Indeed, it was fairly reliable to consider that these underlying population variations might be reflected in land-cover changes.

5　Results and Discussions

This paper used the decision tree classifier method to extract the LCLU information based on MODIS data in Fujian Province, and the change of land use was monitoring during the six years. From the results of classification experiments, the accuracies of urban surface, forest and arable land were quite high by means of decision tree classifiers, although the accuracies of grass, river and lake were lower because of their broken patterns in MODIS images. However, from the interpretation of classification experiments of 2004 and 2010 years, the results were quite consistent with the actual situations, which indicated the use of decision tree classifier for regional scale land use classification based on MODIS data was feasible.

For the past 6 years from 2004 to 2010, Fujian Province there had undergone dramatic change in land use and land cover that had resulted in loss of cropland and forest, thus drastically altering the land surface characteristics. The land cover and land use maps revealed a great increase in urban use at the expense of forest, lake and cropland. To further study, it had shown that satellite observation of LCLU change was related to underlying socio-economic trends and the outcome of local policies. With the rapid development of economics and increase of population, more and more land were used to satisfied the need of people, resulted in lots of urban surfaces instead of croplands and forest. To seek high income benefits drived people to plant high-value-added crops replace of traditional rice and wheat, which further impulsed the LCLU change of Fujian.

The significant change of LCLU had greatly affect our existences and lives, to maintain the persistent development of economics and society, strict land-protected policies and logical land-used schemes should be put into practice all over the counties and cities, even to the whole nation. Moreover, the dynamics monitoring of LCLU change through remote sensing technology provided important information for us to discover and analyse the estate of LCLU during the urbanization process.

References

[1] Auer A. H. Correlation of land use and cover with meteorological anomalies. *Journal of Applied Meteorology*. 1978,**17**:636-643.

[2] Roth M, Oke T R,Emery W J. Satellite derived urban heat islands from three coastal cities and the utilization of such data in urban climatology. *International Journal of Remote Sensing*,1989,**10**:1699-1720.

[3] Kaiser E,God schalk D,Jr SF. *Urban Land Use Planning*, Urbana, IL:University of Illinois, 1995.

[4] Thomas Jr W L. *Man's role in changing the face of the earth*, Chincago: Univerisity of Chicago Press, 1956.

[5] Vitosek P M,Mooney H A,Lubchenco J, and Melillo J M. Human domination of Earth's ecosystems. *Science*, 277,1997,**277**:494-499.

[6] European Commission,*Remote sensing of Mediterranean desertification and environmental changes (resmedes)*, Luxembourg:Office for official publications of the European communities, 1998.

[7] Kostmayer P H. The American landscape in the 21st century. Congressional Record. 1989,**135**:9963.

[8] Jensen J R,Cowen D C. Remote sensing of urban/suburban infrastructure and socio-economic attributes. *Photogrammetric Engineering and Remote Sensing*,1999,**65**:611-622.

[9] Tucker C J, Townshend J R G,Goff T E. Continental land cover classification using meteorological satellite data. *Science*, 1984,**227**:369-375.

[10] Lu Y,Lin N F. Macroscopic assessment of land degradation in the Songlia plain using MODIS data. *Geography and Geo-information Science*,2004,**20**:22-25.

[11] Zhang CG,Pan W H,Chen H,et al. "Application of MODIS data to monitoring of land use/cover changes in Fuzhou region," *Chinese Journal of Agrometeorology*,2006,**27**:300-304.

[12] Liu A X,Wang J,Lv C Y. Land cover classification based on MODIS data in area to the north-west of Beijing. *Progress in Geography*,2006,**25**:96-102.

[13] Sun Y L,Yang X H,Wang X S,etal. Land use classification based on decision tree using MODIS data. *Resources Science*,2007. **29**:169-174.

[14] Muchoney D,Borak J, Chih, et al. Application of the MODIS global supervised classification model to vegetation and land cover mapping of Central America. *Remote Sensing*, 2000,**21**:1115-1138, 2000.

[15] Li M S,Peng S K, Zhou L, et al. A study of automated construction and classification of decision tree classifiers based on ASTER remotely sensed datasets. *Remote Sensing for Land & Resources*, 2006,**3**: 33-42.

[16] Zhang C,Pan W,et al. Application of MODIS data to monitoring of LCLU changes in Fuzhou region. *Chinese Journal of Agrometeorology*. 2006,**13**:300-304.

福建省年极端低温的分布及其参数估计*

林　晶　陈　惠　陈家金　张春桂　杨　凯　李丽纯

（福建省气象科学研究所，福州　350001）

摘要：利用福建省 67 个气象站 50 a(1961—2010 年)最低气温资料，分析了福建省极端低温的时空分布规律，并应用耿贝尔分布函数对各站的年极端气温进行了概率计算，计算过程中耿贝尔分布函数分别采用了 2 种参数估计方法：矩法和耿贝尔法，结合 2 种表征参数估计优良性的指标，并对不同的参数估计方法进行了比较。结果表明：大多数情况下采用矩法的拟合效果较好；在推算不同重现期的年极端最低气温时，用耿贝尔法较好。

关键词：极端低温；概率分布；参数估计

0　引言

随着全球气候变暖趋势加剧，特大干旱、暴雨洪涝等极端天气气候事件发生频率越来越高，破坏程度越来越强，影响范围也越来越广泛[1]。多年一遇，甚至百年一遇，超百年一遇的极端天气气候事件不断发生，特别是近 10 年来表现得尤为突出，对社会的影响也越来越大，因此推算这类气候极值具有重要的现实意义。气象要素极值作为气候随机变量在数学意义上是不稳定的，但它们随时间的变化过程在概率上却是稳定的，因此，气象要素极值的分布可以用分布函数去模拟[2,3]，从而为气象极端事件出现概率提供理论依据和数据参考。

福建省位于中国东南沿海地区，地处亚热带季风气候区，冬季气候温暖。随着热带、亚热带果树引种和扩种，果树品种和产量逐年增长，果树经济收益在福建省经济发展中起着举足轻重的作用。然而福建省境内地貌复杂，农业生产对极端气温变化的脆弱性特征显著[4,5]，仅 1999 年的低温冻害就使得福建地区直接经济损失超过 15 亿元[6]，因此有必要对全省极端气温变化做一个较为全面、详细的研究和探讨。

目前，有关专家对福建省的冬季低温冻害进行了很多研究[7-12]，国内外推算极端低温的方法也很多[13-16]，本文利用耿贝尔分布函数估算多年一遇的极端最低气温。为此，首先对福建省近 50 a 的极端最低气温资料进行统计分析，归纳出年极端低温的时空分布特征，再利用极端低温的历史资料进行统计推算，并根据其概率分布估算出未来若干年内可能出现的极端最低气温。

---

* 基金项目：福建省科技厅农业科技重点项目(2009N0030)；“十一五”国家科技支撑计划重点项目(2006BAD04B03)；公益性行业(气象)科研专项(GYHY201106024)；

本文发表于《中国农业气象》，2011，**32**(增 1)。

1 资料和方法

1.1 资料来源

选取福建省67个气象台站1961—2010年50 a的逐日极端最低气温资料，建立逐月与全年极端最低气温的时间序列，并利用GIS技术直观表达全省极端低温的时空分布分析结果。

1.2 研究方法

耿贝尔分布是极值渐进分布的一种理论模式，用于拟合最小值的分布时，其概率密度函数和分布函数为

$$f(x) = a \cdot \exp\{a(x+u) - \exp[a(x+u)]\} \tag{1}$$

$$F(x) = 1 - \exp\{-\exp[a(x+u)]\} \tag{2}$$

式中，$a>0$，为尺度参数；u为分布密度的众数。只要利用已有的极端最低气温序列$x_1 \leqslant x_2 \leqslant \cdots \leqslant x_n$合理估计出参数$a$，$u$的数值，则$F(x)$被唯一确定。

重现期为R（概率为$1/R$）时的极端最低气温R_x为

$$R_x = -u + \frac{1}{a}\ln\left[-\ln\left(\frac{R-1}{R}\right)\right] \tag{3}$$

1.2.1 耿贝尔分布的2种常用参数估计方法

(1)矩法

矩法估计在数学计算上最为简单。参数a，u与矩的关系为

一阶矩(数学期望)：
$$E(x) = -\frac{\gamma}{a} - u \tag{4}$$

式中，γ为欧拉常数，$\gamma \approx 0.57722$

二阶矩(方差)：
$$\sigma^2 = \frac{\pi^2}{6a^2} \tag{5}$$

由此得到

$$a = 1.28255\sigma, u = -E(x) - \frac{0.57722}{a}$$

在实际计算中一般用有限样本容量的均值和标准差作为理论值$E(x)$和σ的近似估计。

(2)耿贝尔法

耿贝尔法是一种直接与经验频率相结合的参数估计方法。假定极端最低气温有序序列$x_1 \leqslant x_2 \leqslant \cdots \leqslant x_n$，则

$$y_i = \ln\{-\ln[1-F^*(x_i)]\} \quad i=1,2,\cdots,n \tag{6}$$

可得：
$$a = \frac{\sigma(y)}{\sigma(x)}, u = \frac{E(y)}{a} - E(x)$$

1.2.2 表征参数估计优良性的指标

为了找出有效性最高的估计值和比较不同方法所求得的估计值的优良性，计算了以下3种表征参数估计优良性的指标。

(1)拟合标准差

$$\sigma=\sqrt{\frac{1}{n}\sum_{i=1}^{n}(x_i-\hat{x}_i)^2} \tag{7}$$

式中，x_i 为有序样本；$\hat{x}_i$ 为拟合值，按照下式计算

$$\hat{x}_i=\frac{1}{a}\ln\{-\ln[1-F^*(x_i)]\}-u \tag{8}$$

其中，

$$F^*(x_i)=\frac{i}{n+1},0<i\leqslant n \tag{9}$$

(2)拟合相对偏差

$$V=\frac{1}{n}\sum_{i=1}^{n}\left|\frac{x_i-\hat{x}_i}{\hat{x}_i}\right| \tag{10}$$

(3)柯尔莫哥洛夫检验[17](K－G 检验)指标

$$K_f=D_n\sqrt{n} \tag{11}$$

式中，n 为样本容量。

$$D_n=\max\{|F^*(x_i)-F(x_i)|\} \tag{12}$$

D_n 表示在所有各点上，经验分布与假设的理论分布之差的最大值。D_n 越小，说明拟合逐点偏差越小，拟合效果越好。取置信度 $\alpha=0.01$，由 n 与 α 查表得知，只要 $K_f<0.231$，则认为年极端最低气温服从耿贝尔分布。

2　结果与分析

2.1　极端最低气温的空间分布特征

纵观福建省 1961—2010 年极端最低气温小于等于 0℃、小于等于－3℃出现的总站次的地理分布(图 1、图 2)，总站次由东南向西北逐渐递增，高值区出现在寿宁县、永泰县，低值区出现在大部沿海县市。极端最低气温小于等于 0℃出现总站次在 0～1596 次，中南部沿海平原地区在 50 次以下，其中平潭、厦门、东山、石狮和泉州市没有出现 0℃及以下低温。极端最低气温小于等于－3℃出现总站次在 0～547 次，沿海大部分地区没有出现－3℃及以下低温。

2.2　极端最低气温的时间分布特征

从表 1 可以看出，福建省 1961—2010 年极端最低气温小于等于 0℃、小于等于－3℃出现的总次数分别为 25726 次和 6297 次。按年代分布来看，各界限温度的发生总次数均表现为 20 世纪 60 年代＞70 年代＞80 年代＞90 年代＞21 世纪初；极端最低气温小于等于 0℃出现站次所占比例由 60 年代的 27.84％下降到 21 世纪初的 12.72％；小于等于－3℃出现站次所占比例由 60 年代的 33.97％下降到 21 世纪初的 8.88％。可见随着气候变化，20 世纪 60 年代至 21 世纪初各年代界限极端最低气温的发生次数随着时间进程呈现下降的趋势。

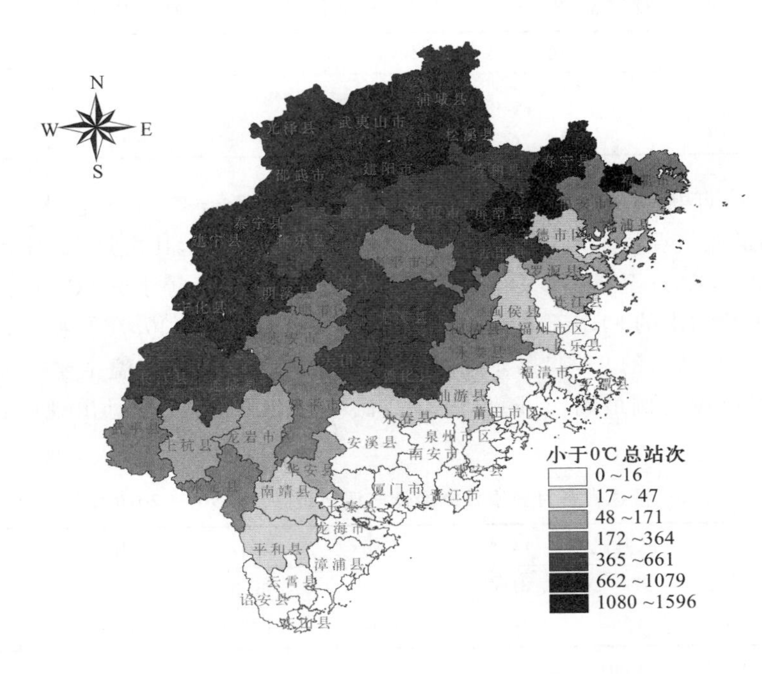

图 1 福建省 1961—2010 年小于等于 0℃最低气温出现总站次

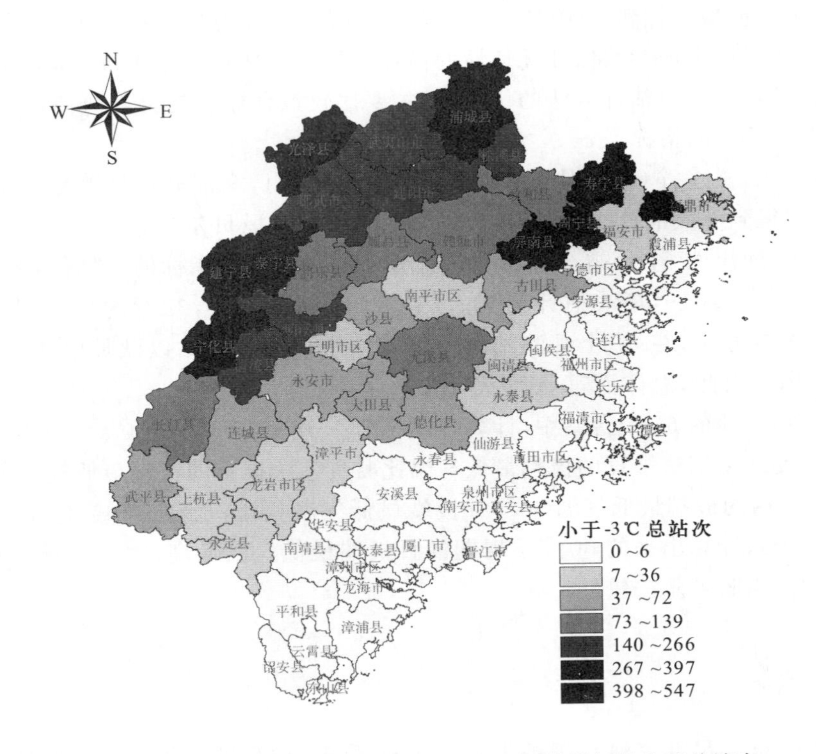

图 2 福建省 1961—2010 年小于等于－3℃最低气温出现总站次

表 1　福建省 1961—2010 年各年代界限极端最低气温出现站次

	60 年代	70 年代	80 年代	90 年代	2001—2010	总站次
≤0℃	7162	6321	5135	3836	3272	25726
≤−3℃	2139	1745	979	875	559	6297

从 1961—2010 年极端最低气温小于等于 0℃、小于等于－3℃出现总站次的月份分布来看，≤0℃的极端最低气温最多出现在 1 月，占总站次的 42.10%，其次是 12 月和 2 月，分别占 31.70%和 18.83%，12 月至翌年 2 月占总站次的 92.63%；小于等于－3℃的极端最低气温最多出现在 1 月，占总站次的 51.17%，其次是 12 月和 2 月，分别占 30.76%和 15.48%，12 月小于等于翌年 2 月占总站次的 97.41%。总的来看，各界限极端最低气温主要出现在 12 月至翌年 2 月，尤以 1 月所占比例最高，且随着极端最低气温的下降，在 1 月出现的比例越来越高（表 2）。

表 2　福建省各月界限极端最低气温出现站次(1961—2010 年)

	10 月	11 月	12 月	1 月	2 月	3 月	4 月	总站次
≤0℃	8	922	8156	10830	4844	955	11	25726
≤−3℃	0	55	1937	3222	975	108	0	6297

2.3　耿贝尔分布模式的拟合效果检验

用耿贝尔分布函数对福建省 1961—2010 年年极端最低气温进行拟合实验，并用 2 种方法估计参数，计算了 3 种表征参数估计优良性的指标 σ, V, K_f，将计算结果统一取 3 位小数，根据统计学理论，比较不同参数估计方法的优良性，主要比较拟合标准差 σ，若两种方法的 σ 指标持平，则再比较 V 与 K_f 的指标[2]。

计算结果表明，福建省 67 个观测站的 K_f 均小于 0.231，全部通过显著性检验，即 2 种参数估计方法均能得到有效的分布参数，年极端最低气温服从耿贝尔分布。

为方便比较，列出 67 个台站 2 种参数估计方法的 σ、V、K_f 指标的平均值，耿贝尔法估计为：0.392℃，1.2%，0.019，矩法估计为：0.384℃，1.1%，0.018，二者的均值以矩法的为较小。根据上述比较方法，在 67 个观测站的计算实例中，有 15 个站以耿贝尔法为优，其余 52 个站以矩法为优。因此，总体而言，矩法较优。

另一方面，在上述的 67 个台站中，计算各站 10 a 一遇、20 a 一遇、30 a 一遇与 50 a 一遇的极端最低气温，发现用矩法推算的极端最低气温比耿贝尔法推算的极端最低气温稍高，且用矩法推算的 50 a 一遇的极端最低气温与 50 a 极端最低气温相比，长汀、连城、建宁、惠安、厦门、东山、柘荣这 7 个站计算出来的 50 a 重现期的日极端最低气温偏高，因此在推算重现期的年极端最低气温时，用耿贝尔法较好。

3　结论与讨论

(1)福建省年极端最低气温小于等于 0℃、小于等于－3℃出现的总站次的地域分布趋势都是由东南沿海向西北地区递增。

(2)福建省界限极端低温主要出现在 12 月－翌年 2 月，尤以 1 月所占比例最高，且随着极端最低气温的下降,其在 1 月出现的比例越来越高;从年代分布上看,20 世纪 60 年代—21 世纪初各界限极端低温的年代发生数随着时间进程呈现下降的趋势。

(3)从耿贝尔拟合的年极端最低气温的结果来看,效果是令人满意的,福建省所有的 67 个观测站计算得出的 K_f 均小于 0.231,通过率为 100%。

耿贝尔分布能够较准确地描述年极端最低气温的概率特征,从实际资料获得的参数能够建立年极端最低气温的理论分布模式,从理论上揭示年极端最低气温的统计规律,有助于对概率事件的认识,可以较为科学地预测一些异常天气变化,从而合理安排农业生产规划。

参考文献

[1]徐军昶,高彦斌,李四虎.基于 GIS 的陕西省极端气温及其重现期值的空间分布特征研究[J].陕西气象,2010,(1):6.

[2]屠其璞,王俊德,丁裕国,等.气象应用概率统计学[M].北京:气象出版社,1984:104-130,208-212,243-244.

[3]幺枕生.气候统计学的研究展望[J].气象科技,1984,(6):1-8.

[4]鹿世瑾.福建气候[M].北京:气象出版社,1999:136.

[5]曾文献,余泽宁.1991—1992 年度福建省的果树冻害调查[J].中国果树,1993,(1):34-35.

[6]李键,李美桂.1999 年冬季福建果树冻害及其特点[J].福建农林大学学报,2002,**31**(3):344.

[7]蔡文华,张星,陈惠,等.区域性冬季低温冻害评价方法的研究[J].气象,2001,**27**(增):8-11.

[8]蔡文华,张辉,潘卫华,等.1.5m 贴地气层内最低温度考察和贴地层逆温特征分析[J].中国农业气象,2007,**28**(2):140-143.

[9]吴仁烨,陈家豪,吴振海,等.福州市枇杷低温害预警及其应用[J].江西农业学报,2007,**19**(1):56-59.

[10]刘布春,李茂松,霍治国,等.2008 年低温雨雪冰冻灾害对种植业的影响[J].中国农业气象,2008,**29**(2):242-246.

[11]陈家金,张星.福建省 1999 年 12 月下旬冻害灾损评估[J].福建农业科技,2000,(增):45-46.

[12]蔡文华,陈家金,陈惠.福建省 2004/2005 冬季低温评价和果树冻害成因分析[J].亚热带农业研究,2005,**1**(3):35-39.

[13]王增武,孟庆珍,扬瑞峰,等.重庆地面最低气温年极值的渐近分布及参数估计[J].成都信息工程学院学报,2004,**19**(3):442-446.

[14]杜尧东,毛慧琴,刘锦銮.华南地区寒害概率分布模型研究[J].自然灾害学报,2003,**12**(2):103-107.

[15]董安祥,白虎志,李栋梁,等.青藏铁路沿线气温和地温的极值推算[J].高原气象,2003,**22**(5):503-506.

[16]秦旭,张讲社,延晓冬.基于改进的 EMD 的运城市持续极端气温的初步分析[J].大气科学学报,2009,**32**(5):645-651.

[17]高绍凤,陈万隆,朱超群,等.应用气候学[M].北京:气象出版社,2001:124-129.

闽侯县孔源村 2005/2006 年度冬季低温考察和适地果树树种的选择*

蔡文华[1]　林　晶[1]　李双锦[2]　张　辉[3]　兰忠明[3]

(1. 福建省气象科学研究所，福州　350001；2. 福建省气象台；3. 福建省农科院土肥所)

摘要：据对闽侯县孔源村 2005/2006 年度冬季低温考察资料分析，对于相对高差为 60m 的小山坡，晴天最低气温随高度的增加而增加，越近坡顶，最低气温越高；对相对高差为 86m 的小山坡，在相对坡位为 0.86 的山坡中上部，晴天最低气温常出现最高，逆温最明显。孔源村四周被群山环抱，仅西南面有一狭小的出口，冷空气易进难出，最低气温偏低。山坡地逆温仅体现同一山坡不同坡位之间最低气温的差别，尽管所考察的两个山坡最大的逆温差达到 2.6℃，但所考察的 14 个点最低气温都比闽侯县气象局低，故在果树建园选择园址时，不要过分夸大坡地逆温的作用。据考察的资料分析，孔源村可选下部较开阔、坡位为 0.6～1、海拔高度约 140～180 m 处适当种植橄榄树；山坡的下部和坡底海拔高度低于 80 m 的山间垄田洼地可种植宽皮桔，其他坡位以种植甜橙为好。

关键词：低温考察；坡地逆温；果园地选择

0　引言

闽侯县大部地处中亚热带[1]，种植南亚热带橄榄可创造良好的经济效益，但毕竟地理位置偏北，避冻条件不及南部地区。温度低于－2.0℃，橄榄叶片受冻；温度低于－2.7℃，橄榄末一枝条受冻；温度低于－3.0℃，橄榄末二枝条受冻[2]；最低气温小于等于－4.0℃，橄榄的幼树有冻死现象[3]。据对闽侯县气象局 53 个年度极端最低气温(T_D)统计，仅 1955 年 1 月 12 日出现－4.0℃和 1963 年 1 月 8 日出现－2.4℃有可能使橄榄遭受冻害的低温；资料序列中 20 a 一遇的低温为－2.0℃，较适宜种植橄榄树。闽侯县白沙镇孔源村地处县城西北偏北方向，离县城直线距离约 10 km。其南部有 650 m 高的山，东面有排排山、乌石岗等山体，海拔高度约 560～900 m，北面有坪艮山、际头顶等山体，海拔高度 600～700 m，西边被 550～800 m 的山体阻挡，仅西南边海拔高度为 40 m，是群山冷空气排泄的唯一通道。孔源村 20 世纪 80 年代曾种植一批橄榄树，福建省果树明显冻害年(1991/1992 年)和异常冻害年(1999/2000 年)[4]，闽侯县出现－1.9℃和－1.2℃的低温，孔源村橄榄生产遭到严重损失。为了掌握孔源村冬季低温状况、指导当地充分利用冬季气候资源、合理选择树种，同时为进一步探索坡地逆温的规律、为坡地逆温研究积累更多资料，2005/2006 年冬季在该村两个原种植橄榄树的山坡进行了坡地低

* 基金项目：福建省科技计划项目(2004N033)；“十一五”国家科技支撑计划重点项目(2006BAD04B03)；
本文发表于《中国农业气象》，2008，**29**(1)。

温考察。

1 考察点的设置和考察内容

年度极端最低气温(T_D)常由平流降温后再辐射降温(A 型低温)引起,也有仅为平流降温而(B 型低温)产生的。闽侯县 A,B 型低温概率分别为 50/53(占 94%)和 3/53(占 6%)。和全省其他地方一样,使果树遭受较重或严重冻害的低温都出现在 A 型。A 型低温由于辐射冷却,山坡地常形成上暖下冷的逆温现象[5-7],因此考察主要是观测日最低气温(t_d),用于分析 t_d 随海拔高度(H)的变化情况。考察时间为 2005 年 12 月 10 日—2006 年 1 月 10 日。

考察点设在两座山坡上,一座朝东(称 E 坡),从坡顶到坡底部设 6 个点,各点的 H 分别为 140,127,120,103,87,80 m;另一座朝东南(称 SE 坡),从坡顶到坡底部设 8 个点,各点的 H 分别为 180,157,144,136,126,116,104,94 m。两组山坡都以 H 最高点为 1 号点,随着 H 的下降,测点代码号依次增加。最低气温是在竖杆上横挂最低温度表进行观测的,最低温度表的感应部位离地面 1.5 m。E 坡的 2～6 号点和 SE 坡的 5～8 号点都曾种植橄榄树。考察期间还对两个山坡橄榄树冻害后的冻死和残存的株数进行调查。采用回归分析和差值法对数据进行统计分析。

2 考察结果分析

2.1 坡地逆温

把考察资料分为晴天(含多云天)和阴雨天两类。阴雨天两组山坡 t_d 基本上是山坡下部比上部高,山顶为最低,t_d 随 H 的升高呈下降的趋势。阴雨天 E 坡上下温差小,t_d 随 H 的递减率仅为 −0.2℃/100m;SE 坡为 −0.62℃/100m。可见,阴雨天不存在逆温现象,故以下仅分析晴天的观察结果。

两坡地各点晴天 t_d 平均值(t_D)随测点位置变化如图 1。由图 1(a)可见,E 坡上 t_d 最高值多出现在 1 号点(概率为 15/16,其中 1 次与 2 号点并列),2 号点单独出现 1 次最高;t_d 最低都出现在 6 号点(概率为 16/16)。可见,随着 H 的升高,t_d 呈上升的趋势。E 坡的坡顶与坡底间高差为 60 m,坡顶同坡底之间所测的 t_d 的逆温差($\Delta t_{d1}=t_{d1}-t_{d6}$)为 1.7～3.8℃,平均逆温差($\Delta t_{D1}=t_{D1}-t_{D6}$)为 2.6℃,$t_D$ 随 H 的递增率(γ)为 4.4℃/100m,存在明显的逆温现象。观测期间的最大逆温差出现在 12 月 22 日和 12 月 24 日,1 号点比 6 号点高 3.8℃,γ 最大值为 6.3℃/100m。由图 1(b)可见,SE 坡也存在类似情况,只不过由于 SE 坡的坡顶与坡底间高差为 86 m,t_d 最高值没有出现在 1 号点,大都出现在 3 号点,概率为 15/15,其中 1 次与 1 号点并列,1 次与 2 号点并列;8 号点的 t_d 最低,概率为 13/15,其中 3 次与 7 号点并列,7 号点单独出现最低值 2 次。3 号～8 号点随着 H 的升高,t_d 基本上呈上升的趋势。3 号点与 8 号点的高差为 50 m,逆温差($\Delta t_{d3}=t_{d3}-t_{d8}$)为 0.8～2.4℃,平均逆温差($\Delta t_{D3}=t_{D3}-t_{D8}$)为 1.6℃,$\gamma$ 为 3.2℃/100m。最大逆温差出现在 12 月 18 日,Δt_d 为 2.4℃,γ 最大为 4.8℃/100m。

2.2 坡地逆温与坡位的关系

各测点同山坡底的高差(Δh_i)与山坡顶同山坡底的高差(即山坡总高差,用 ΔH 表示)之

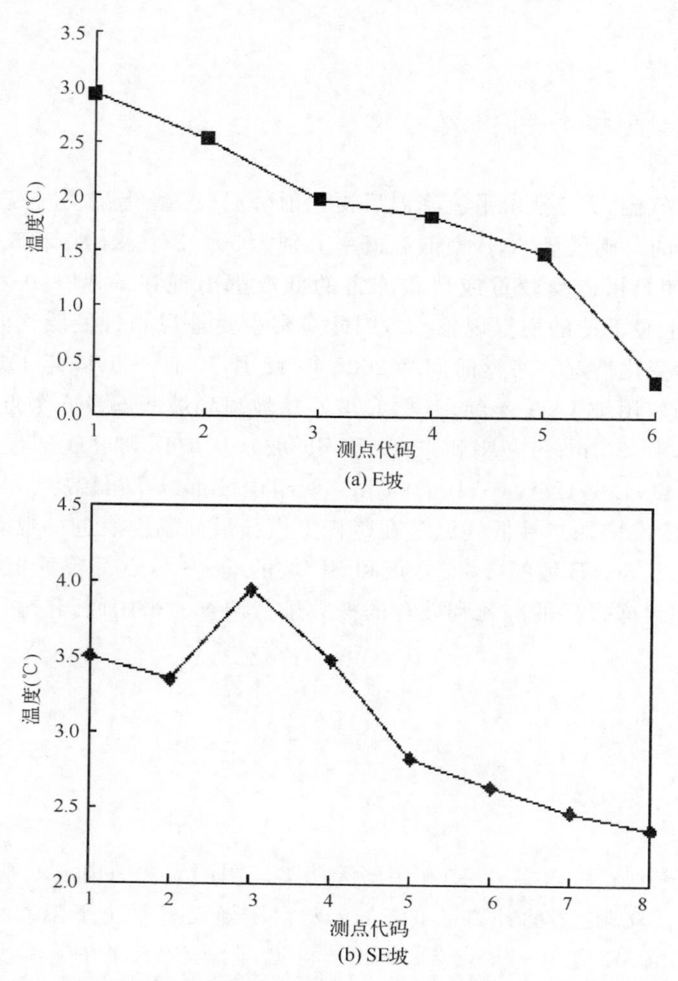

图 1　闽侯县孔源村坡地的平均最低气温(t_D)随测点位置变化

比，称为相对坡位，用 G 表示($G_i=\Delta h_i/\Delta H, 1\geqslant G_i\geqslant 0$)。E 坡晴天各测点同 6 号点的逆温差($\Delta t_{di}=t_{di}-t_{d6}$)与 G_i 的相关分析数据见表 1。从表 1 可见，Δt_d 同 G 一元回归方程的剩余均方差(S_r)与 Δt_d 同 G, G^2 一元二次回归方程的 S_r 相同，最后选用一元回归方程来表达。冷空气下泄不畅，E 坡晴天引起的辐射逆温表现为：

$$\Delta t_d = 0.4621 + 2.1576G \tag{1}$$

从(1)式可知，Δt_d 随 G 的增大而增大，ΔH 为 60 m 的山坡，当 $G=1$ 时，它与坡底最低气温的逆温差最大，即 E 坡晴天坡顶比坡底 t_d 平均高约 2.6℃。

SE 坡晴天各测点同 8 号点的逆温差($\Delta t_{di}=t_{di}-t_{d8}$)与 G_i 的相关分析数据见表 1。从表 1 可见，Δt_d 与 G、G^2 一元二次回归方程的 S_r 为 0.42，比 Δt_d 与 G 一元回归方程的 S_r 小。故用一元二次回归方程来拟合：

$$\Delta t_d = -0.1842 + 3.2865G - 1.9202G^2$$

即：

$$\Delta t_d = 1.2220 - 1.9202(G - 0.8558)^2 \tag{2}$$

从(2)式可知，SE 坡 ΔH 为 86 m，当 G 位于 0.8558 处时，它与坡底最低气温的逆温差最大，即 SE 坡晴天该坡位比坡底 t_d 平均高约 1.2℃。

从两组坡地逆温可见，冬季的晴夜，山坡地都出现山坡顶部或中上部的 t_d 比坡底高的逆温现象。坡地逆温最大逆温差还与周围的地理环境关系密切。E 坡比较闭塞，其最大的逆温差平均为 2.6℃，SE 坡相对开阔，冷空气较 E 坡容易排泄，其最大逆温差平均为 1.2℃，即冷空气较易排泄的山坡其最大的逆温差偏小。

表 1 E 坡组和 SE 坡组 Δt_d 与 G 的相关分析

	因子	R	U	Q	S_r	B_0	B_1	B_2	F	$F_{0.01}$
E 坡	G	0.81*	57.21	31.06	0.57	0.4621	2.1576		173.18	
	G^2	0.75*	49.81	38.46	0.64	0.7821	2.0036		121.72	
	G,G^2	0.81	57.99	30.28	0.57	0.3618	3.0707	−0.9427	89.07	4.84
SE 坡	G	0.69*	22.48	24.54	0.46	0.0901	1.4057		108.09	
	G^2	0.57*	15.04	31.98	0.52	0.3880	1.1167		55.47	
	G,G^2	0.75	26.70	20.32	0.42	−0.1842	3.2865	−1.9202	76.87	4.79

注：表中 R 为相关系数，U 为回归平方和，Q 为残差平方和，S_r 为剩余均方差，B_0，B_1，B_2 为回归系数，F 为回归检验的统计量，$F_{0.01}$ 是相应的信度为 0.01 的 F 值。R 数值上的 * 号，表示通过了 0.001 水平的显著性检验。

2.3 与县气象局最低气温比较

由于最低气温是通过杆上悬挂最低温度表进行观测的，经对比观测，悬挂式观测的最低气温比用百叶箱观测的最低气温平均约低 1.3℃。考察期间同期晴天闽侯县气象局百叶箱最低气温的平均值（T_d）为 5.4℃，消除系统观测误差后的测点最低气温平均值（t_D）为 4.1℃。两组山坡各测点 t_D 以及各测点与闽侯县气象局的平均温差（Δt_D）和实际温差（不消除系统误差，用百叶箱的 T_d 直接减去测点的 t_D，用 ΔT_d 表示）如表 2 所示。从表 2 可见，两个山坡各测点的 Δt_D 都<0，即所有考察点的最低气温都比县气象局低。t_D 最高的 SE 坡 3 号点为 3.9℃，也比县气象局低 0.2℃，t_D 最低的 E 坡 6 号点为 0.4℃，比县气象局的最低气温低 3.7℃。E 坡的 ΔT_d 为 −2.4～−5.0℃；SE 坡的 ΔT_d 为 −1.5～−3.0℃。

闽侯县局 1991 年 12 月 29 日的最低气温（t_{d91}）为 −1.9℃，用差值法进行反演，孔源村 E 坡和 SE 坡各测点 1991 年 12 月 29 日悬挂式的最低温度（t_{d91}）分别为 −4.3～−6.9℃ 和 −3.4～−4.9℃，详见表 2。

表 2 晴天孔源村 E、SE 两组山坡各测点 t_D 与闽侯县气象局 T_d 比较

测点	E 坡					SE 坡				
代码	t_D(℃)	Δt_D(℃)	ΔT_d(℃)	t_{d91}(℃)	ZL	t_D(℃)	Δt_D(℃)	ΔT_d(℃)	t_{d91}(℃)	ZL
1	3.0	−1.1	−2.4	−4.3		3.5	−0.6	−1.9	−3.8	
2	2.6	−1.5	−2.8	−4.7	0.625	3.4	−0.7	−2.0	−3.9	
3	2.1	−2.0	−3.3	−5.2	0.875	3.9	−0.2	−1.5	−3.4	
4	1.9	−2.2	−3.5	−5.4	1.000	3.5	−0.6	−1.9	−3.8	
5	1.6	−2.5	−3.8	−5.7	1.000	2.8	−1.3	−2.6	−4.5	0.562
6	0.4	−3.7	−5.0	−6.9	1.000	2.7	−1.4	−2.7	−4.6	0.687
7						2.5	−1.6	−2.9	−4.8	0.750
8						2.4	−1.7	−3.0	−4.9	0.937

注：t_D 为两坡地各点晴天 t_d 的平均值；Δt_D 为各测点与闽侯县气象局的平均温差；ΔT_d 为县气象站百叶箱的 T_d 与测点 t_D 实际差；t_{d91} 为闽侯县 1991 年 12 月 29 日的最低气温；ZL 为各点橄榄树的冻死率。

2.4 橄榄冻害调查

考察期间对两个山坡橄榄树的冻害情况进行调查，14 个测点中有 9 个测点曾种植橄榄。在考察点的同高度周围，SE 坡每测点选取 16 株，E 坡比较狭窄，橄榄种植的数量有限，每个测点选取 8 株，调查冻死和残存的株数。各点冻死率（冻死率＝该点冻死株数/该点调查总株数，用 ZL 表示）见表 2。从表 2 可见，E 坡 4 号～6 号点的 ZL 为 1；SE 坡坡底 ZL 达 0.94；逆温差较大、t_D 比坡底高 2.2℃的 E 坡 2 号点橄榄树的 ZL 仍达 0.625；对于同一个山坡，在小于最大逆温差所在的相对坡位内，随着 G 的降低，ZL 呈上升的趋势。2005 年 1 月上、中旬使连江县浦东农场橄榄树末二枝条遭受冻害的最低气温为－3.8℃，橄榄树未出现冻死的现象[2]。参考此记录，去掉 E 坡 6 号点的记录，制作橄榄冻死率与最低气温点聚图（图 2）。最低气温与冻死率的相关系数为 0.93，关系式为：

$$T_D = -3.6549 - 1.6677ZL \tag{3}$$

从(3)式可得出，当 ZL 为 0.20 时，T_D 为－4.0℃；当 T_D 为－4.5℃时，ZL 为 0.50。

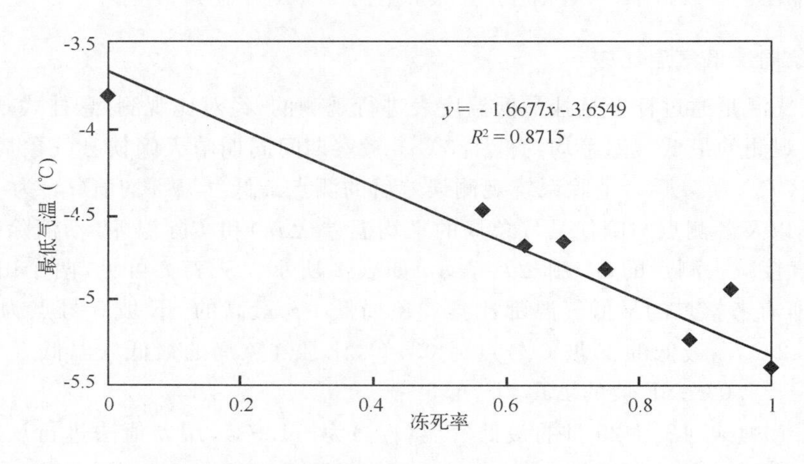

图 2 最低气温（T_D）与橄榄冻死率点聚图

2.5 适地果树树种的选择

果树的冻害一般分为无冻害、轻度冻害、中度冻害、重度冻害和严重冻害。轻度、中度、重度、严重的冻害指标分别用 t_{-1}、t_{-2}、t_{-3}、t_{-4} 表示。从果树生存和经济栽培角度考虑，常以 20 a 一遇的年度极端最低气温（$T_{D(1/20)}$）与冻害指标进行比较，$T_{D(1/20)} > t_{-1}$ 为最适宜区；$t_{-1} \geqslant T_{D(1/20)} > t_{-2}$ 为适宜区；$t_{-2} \geqslant T_{D(1/20)} > t_{-3}$ 为次适宜区；$t_{-3} \geqslant T_{D(1/20)} > t_{-4}$ 为可能种植区；$t_{-4} \geqslant T_{D(1/20)}$ 为不适宜区。闽侯县 20 a 一遇的年度极端最低气温为－2.0℃，比 t_{d91} 低 0.1℃，故把 t_{d91} 当作 $T_{D(1/20)}$。橄榄树的致死低温为－4.0℃，孔源村 SE 坡的 1 号～4 号点 $-3℃ \geqslant T_{D(1/20)} > -4℃$，属可能种植区。故孔源村可选下部较开阔、坡位为 0.6～1、海拔高度约 140～180 m 处适当种植橄榄树；E 坡和 SE 坡的 5 号～8 号点即原冻死橄榄树的地方不宜再种橄榄树；类似 E 坡的坡底和海拔高度低于 80 m 的山间垄田洼地，$T_{D(1/20)}$ 低于－7℃，以种植宽皮桔为好；其他坡位可以种植甜橙。

3 结论与讨论

(1)冬季冷空气过后的晴夜，两个山坡地都存在坡地逆温现象。相对高差为 60 m 的 E 坡，其逆温差最大的坡位出现在山顶；而相对高差为 86 m 的 SE 坡，其逆温差最大的坡位出现在 0.8557(坡的中上部)处。

(2)山坡地逆温只是体现同一山坡不同坡位之间最低气温的差别。孔源村四面被群山环绕，仅西南面为一狭小的出口，属冷空气易进难出的地形，其最低气温偏低。考察的两个山坡 14 个点的各点最低气温的平均值都比县气象局的低。其中 E 坡最大的逆温差虽然达到 2.6℃，但是因为该坡坡底的最低气温的平均值比县气象局的低 3.8℃，所以 E 坡最大逆温差的山顶最低气温的平均值仍比县气象局的低 1.2℃。故切不可肆意夸大坡地逆温的作用。

(3)根据闽侯县气象局的资料，闽侯县属于橄榄树适宜种植区。但由于县内地形复杂，气候差异十分明显，种植橄榄树必须十分注重小气候环境的选择，以避免或减轻低温冻害给橄榄生产带来的损失。孔源村离县城虽然仅 10 km，考察的 14 个点晴天最低气温的平均值比县城低 0.2～3.8℃。1991 年 12 月 29 日闽侯县城出现－1.9℃低温(相当于 20 a 一遇的低温)，14 个点的 t_{d91} 除了 SE 坡的 1 号～4 号点为－3.4～－3.9℃外，其他各测点 t_{d91} 都<－4.0℃。孔源村 20 世纪 80 年代所种植的橄榄树冻死率都在一半以上，坡的中、下部几乎全部冻死。故孔源村可选下部较开阔、坡位为 0.6～1、海拔高度约 140～180 m 处适当种植橄榄树；原冻死橄榄树的地方不宜再种橄榄树；类似 E 坡的坡底和海拔高度低于 80 m 的山间垄田洼地以种植宽皮桔为好；其他坡位可以种植甜橙。

参考文献

[1]福建省气象局，福建省农业区划委员会办公室．福建农业气候资源与区划[M]. 福州：福建科学技术出版社，1990：100-121.

[2]蔡文华，陈惠，李文，等. 2004/2005 年连江县低温考察和橄榄树冻害指标初探[J]. 中国农业气象，2006，**27**(3)：200-203.

[3]张劲梅，叶昌儒，何冰，等. 利用山区气候资源实现橄榄稳产高产[J]. 中国农业气象，2003，**24**(4)：61-63.

[4]蔡文华，陈惠，张星，等. 区域性冬季低温冻害评价方法的研究[J]. 气象，2001，**27**(增)：8-11.

[5]蔡文华，林新坚，张辉. 福鼎市冬季坡地低温考察和龙眼、荔枝园地选择[J]. 气象，2005，**31**(9)：79-82.

[6]张辉，张伟光，蔡文华，等. 霞浦县 2003 年冬季低温考察及栽植果树的小气候区选择[J]. 福建农业学报，2005，**20**(2)：100-103.

[7]蔡文华，潘卫华，张辉，等. 2004/2005 年连江县冬季沿坡地地面气温观测和分析研究[J]. 应用气象学报，2006，**17**(4)：483-487.

福州市农作物低温灾害监测预警服务系统设计与应用*

林瑞坤[1,2,3]　张立新[1,2]　杨开甲[3]　吴振海[3]

（1. 南京信息工程大学，南京　210044；2. 气象灾害省部共建教育部重点实验室，南京　210044；
3. 福州农业气象试验站，福州　350014）

摘要：低温灾害是福州市农作物的主要气象灾害之一，其监测预警具有重要意义。运用远程监控系统，并结合福州市部分农作物低温灾害气象指标，建立福州市农作物低温灾害监测预警系统，并在2012年1月下旬实际应用中进行测试和应用。灾后调查显示，系统运行生成的监测预警结果基本与实际相吻合。结果表明，该系统自动生成的监测、预警分布图及预警信息，对最终形成的决策服务产品具有很大的指导作用，在灾害监测预警中具有较好的应用前景。

关键词：福州市农作物；低温灾害；监测；预警；设计与应用

0　引言

受全球气候变化影响，极端气候事件越来越频繁。虽然存在气候变暖趋势，但冻害仍频繁发生。气候变暖并不意味着冬季没有剧烈降温。相反，严重寒、冻害发生前大多有明显温暖期，而突发性天气使动植物难以适应短时间的气温剧烈变化，从而更易遭受危害。本研究是在福州市完成中尺度灾害性天气预警系统福州分中心、县级支中心建设之后，对福州市陆地已建成的大气综合探测网的延伸，是为福州市农业服务能力的提升，符合省会中心城市建设和中国气象事业的发展战略。项目建成后，将会大大提高福州市农作物低温灾害的监测预警水平和综合服务能力，减少经济损失。已有研究分析的低温灾害监测主要集中于监测作物发育期变化、作物生长量变化、确定作物低温灾害气候指标及应用遥感监测技术，并做一些相应的预测模型等[1-6]。对于低温灾害预警系统应用研究，福建省气象台2005年建立了基于GIS的新一代福建省气候监测与灾害预警系统[7]；上海地区2001年研制了农业气象灾害监测警示系统[8]；杭州市气象局2008年开发了“农业气象灾害预警业务服务平台”[9]；广东省气象局开展了基于GIS技术的广东荔枝寒害监测预警研究[10]；设施农业气象灾害的预警等[11,12]。以上已有的研究均未把天气预报、气象因子实时监测数据、预警三者有机结合起来。

地理信息技术和基于网络的远程监控技术的快速发展，使得对低温灾害的分布区域和范围、持续时间和强度等的实时动态监测预警成为可能。本系统建设是依托中尺度灾害性天气

* 基金项目：福建省科技厅农业科技重点项目（2009N0030）；
本文发表于《中国农学通报》，2012，**28**（29）。

预警系统，充分利用福州市现有气象台站及野外区域气象监测站网，采用先进的探测技术和通信技术建设成一个布局合理和自动化程度较高的综合监测站网和高速通信网，对影响福州市农作物的低温灾害天气系统的发生、发展等特征进行立体、动态、综合的监测，并实现信息共享；建立基于 DEM、GIS 并能把天气预报、气象因子实时监测数据及预警三者有机结合起来的农作物低温气象灾害专业预报系统，实现多地形环境气象监测、及时准确预警、客观定量分析评估低温气象灾害造成的危害和影响，及时向福州市各级政府有关部门、公众和有关专业用户提供低温气象灾害的监测、预警和防御服务，最终提高福州市农作物低温气象灾害的预警服务能力，增强政府服务社会功能，为福州市防灾减灾、建设海峡西岸经济区、做大做强省会中心城市和服务“三农”、建设社会主义新农村提供可靠的气象保障。

1 系统建设的主要内容

本项目建设内容主要包括农田小气候监测系统、气象信息通讯网络系统和农作物低温灾害预警报系统三部分。其中，农作物低温灾害预警报服务系统包括农作物低温灾害指标数据库子系统、农作物低温灾害预警模型子系统和农作物低温灾害预警报信息网络子系统三部分。

2 系统总体设计

本系统设计主要由硬件和软件两部分组成，其中硬件主要是由服务器、工作站及微气候综合测定仪(包含空气温度、湿度、风向、风速、雨量、地温、总辐射、光合有效辐射、净辐射等气象要素)组成；软件主要包括服务器端管理软件和客户端应用软件两部分。服务器端包括数据库管理和数据采集模块两部分，用于接收远程监控系统的数据和存储历史气象数据；各类传感器 10 min 采集 1 次数据并及时传输给服务器，数据采集模块每天 24 h 运行，接收远程监控系统发回的区域自动站和农田小气候实时气象数据，并把数据存入数据库中。通过客户端应用软件建立不同作物低温灾害实时监测及预警条件，应用地理信息系统读取远程监控区域自动站和农田小气候气象数据，结合福州市气象台未来 1～3 d 的天气预报信息和福州市部分农作物灾害发生气象指标，系统自动提供预警信息、制作预警信息地图及实时监测图，及时启动灾害预警制作发布流程，通过因特网、手机短信及 LED 显示屏为用户提供低温灾害预警及信息查询等各项操作[13]。

3 系统实现的关键技术

3.1 建立福州市农作物低温灾害指标数据库

在解决农作物低温灾害的课题中，首先要弄清其气候指标。如果不清楚其气候指标，那么有关趋利避害区域布局及低温灾害防御措施的研究势必遇到困难。根据实地调查、咨询专家及查阅文献，收集福州市部分较大种植面积的农作物低温灾害农业气象指标[14]，建立福州市农作物低温灾害气象指标数据库(见表 1)。

表 1 福州市部分农作物低温灾害气象指标(℃)

	农作物								
	水稻	番茄	花椰菜	马铃薯	大蒜	草莓	茶叶	枇杷	橄榄
低温灾害气象指标	20	1	0	2	−4	5	−2.5	−3	−3

3.2 建立农田小气候远程监控系统

远程监控系统集气象要素监测技术、现代传感技术、无线通信技术、计算机网络技术等为一体,主要由三部分组成:小气候自动测定仪(含气温、空气湿度、风向风速、太阳辐射、地温等气象要素)、监控现场数据采集与发送模块服务器端数据接收存储模块、基于 Web 的数据管理和数据发布模块。应用地理信息系统读取区域站和农田小气候数据库,并结合作物灾害气候指标即可做出基于 GIS 的灾害预警信息电子地图分布显示。

3.3 地理数据获取及处理

本系统基于 2006 年完成的 Google 行政区域图和 Google 卫星影像图,叠加福州所属辖区的县(市)行政边界矢量图。各监测站点在地图中的相应经纬度显示。当监测点数据超过报警设置的阈值时就出现相应的报警色值;根据气象台未来 1~3 d 的天气预报数值预报数据,生成基于 GIS 的 24 h、48 h、72 h 的低温预警分布图,监测点所属县(市)的行政区域就被赋予相应的报警色值,从而达到灾害监测、预警的目的。

4 系统的技术流程和主要功能

4.1 技术流程

经过前期开发研究,最终生成《福州市农作物低温灾害监测预警服务系统》业务平台(见图 1),该系统主要体现监测及预警两大功能。系统调入由区域自动站和农田小气候通过远程监控系统获得的实时气象数据,按照预警配置设置的预警条件,判定各站点是否达到低温灾害的

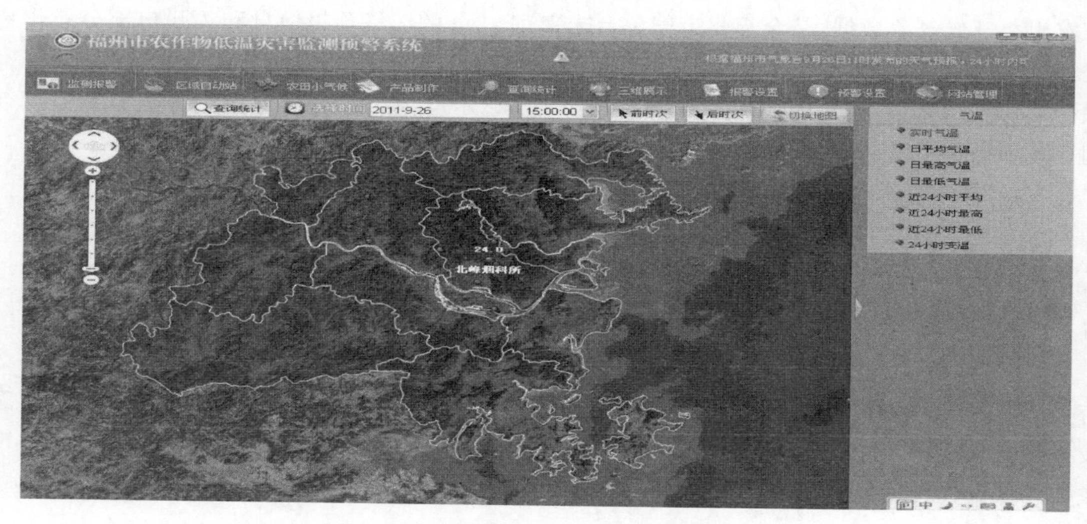

图 1 福州市农作物低温灾害监测预警系统

发生程度，实时监测结果（站点不同颜色）输出在福州市行政区域的背景图上；根据气象台未来1～3 d的天气预报数值预报数据，系统自动搜索农作物低温灾害预警指标，判定各站点是否达到低温灾害的发生程度，跳出预警信息；依据数值预报数据，结合经度、纬度、海拔高度和最低气温的统计模型，生成24 h、48 h、72 h的低温预警分布图[15]；人工通过实时监测图及预警信息进行word文档编辑形成服务产品，通过因特网及LED显示屏向用户发布。技术流程图，见图2。

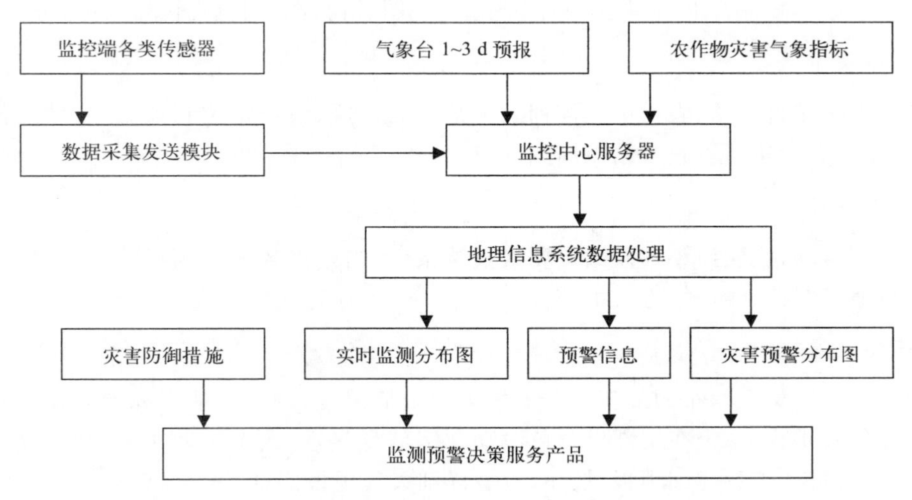

图2 福州市农作物低温灾害监测预警技术流程图

4.2 主要功能

福州市农作物低温监测预警系统在设计时尽量做到扩展性强、界面友好、操作简便、易于推广应用。系统主要包括9个模块：监测报警、区域自动站、农田小气候、产品制作、查询统计、三维展示、报警设置、预警设置、网站管理。

4.2.1 监测报警

当区域自动站站点的某要素如温度等，数值达到报警设置中的设置条件，则该要素以黄、蓝、橙、红等颜色的点在GIS地图中标识。不同颜色代表达到不同的报警级别。

4.2.2 区域自动站

可快捷查看最新时刻福州区域自动站和各要素信息，在“选择时间”后的控件中选择所要查询的时刻，即可浏览各时次自动站信息。点击“查询统计”，进行自动站要素小时数据、分钟数据信息查询统计。选择所要统计的时间段、要素，点击“选择站点”弹出的对话框中选择所要查询的站点，得到查询统计结果。

4.2.3 农田小气候

可快捷查看最新时刻农田小气候站点温度，在温室大棚可看棚内、外温度差异。点击“查询统计”，进行农田小气候站点小时数据、分钟数据信息查询统计。选择所要统计的时间段、要素，点击“选择站点”，在弹出的对话框中选择所要查询的站点，得到查询统计结果。

4.2.4　产品制作

主要产品类型：灾害预警、农气旬报、农气月报、农用天气、蔬菜专题、农事建议。依据实时监测及预警信息，结合防御措施，制作相关产品，生成 word 文件，通过互联网及无线移动技术(GPRS)发送至 LED 电子显示屏终端，实现信息的实时传送及显示。

4.2.5　查询统计

历史 A0 文件查询统计，结果生成柱状图、趋势图、饼状图，同时提供导出 Excel 功能。

4.2.6　三维展示

任意点击区域自动站、农田小气候列表中某一点，可以快速定位到该站点，站点位于地图中心位置，点击放大按钮可查看站点周围环境。

4.2.7　报警设置

设置区域自动站、农田小气候站点要素报警条件，当站点数据达到报警条件时，系统在监测报警栏目通过图标、颜色等方式报警。

4.2.8　预警设置

根据福州市气象台发布的最新天气预报中的最低温度，判断可能受冻的农作物种类。出现可能受冻的农作物，系统在头部以黄色滚动文字信息显示，点击滚动文字，弹出完整预警内容。点击弹出窗口“查看详细预报”按钮，查看详细天气预报信息。

4.2.9　网站管理

系统提供信息添加、修改、删除、关键字查找等功能，信息更新至 www. fzqx. gov. cn 农业气象—农气科普栏目。

5　系统实际应用效果

根据福州市气象台 2012 年 1 月 24 日发布的天气预报，《福州市农作物低温灾害监测预警系统》按照预警配置设置的预警条件，判定 24 h 内可能受冻的农作物，如马铃薯、花椰菜和番茄等，并进行滚动预警；监测点数据超过报警设置的阈值，监测点出现相应的报警色值；2012 年 1 月 24 日对未来 24 h 的低温灾害预警结果，见图 3。依据实时监测图出现的报警色值、预警信息及未来 24 h 低温灾害预警结果图，人工进行 word 文档编辑形成服务产品，通过因特网、手机短信及 LED 显示屏向用户发布，提醒农民加强管理，注意防灾。据灾后调查结果，部分受灾较重的高海拔地区早播马铃薯幼苗被冻死，花椰菜和番茄也受一定的霜霉病危害，监测预警结果基本与实际相吻合。经初步实际应用检验及在应用中的不断完善，本系统主要功能基本达到预期设计目标，可以为生产管理部门和用户提供有用的服务信息，大幅度地增强了防灾减灾的实效性、针对性和主动性，有利于管理决策水平的提高，最终提高了福州市农作物低温气象灾害的预警服务能力，对指导防灾减灾具有重要的参考价值。

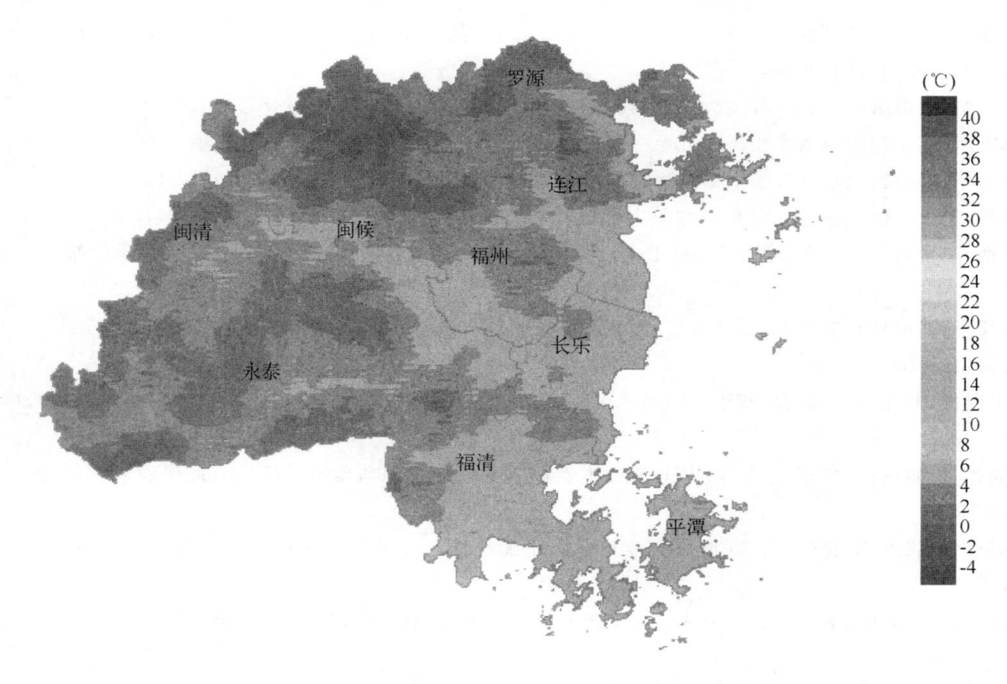

图 3　2012 年 1 月 24 日 17 时福州市发布的未来 24 h 低温灾害预警结果图

6　结论与讨论

《福州市农作物低温灾害监测预警系统》把气象要素监测技术、现代传感技术、无线通信技术、计算机网络技术等有机地结合为一体，并结合查阅文献获得的部分农作物低温灾害指标，具有运行快、稳定，占用系统资源少、操作简便、易于推广应用等优点，为福州市农业生产防灾减灾提供了一个重要的途径，也为扩展气象科技农业服务提供了一个平台。运用地理信息系统把天气预报与现场实时监测数据紧密相结合的分析方法，大幅度地增强了防灾减灾的实效性、针对性和主动性，有利于管理决策水平的提高，最终提高福州市农作物低温气象灾害的预警服务能力，增强政府服务社会功能，为福州市防灾减灾、建设海峡西岸经济区、做大做强省会中心城市和服务“三农”、建设社会主义新农村提供可靠的气象保障。

受技术条件及设备限制，极端最低气温的坡向、坡度影响及水体对气温的调节作用未得到充分考虑。如何进一步增加基于无线远程监控站点，逐步形成针对不同地形环境的监测网络，进一步做好极端最低气温的坡向、坡度、水体及地形逆温订正，并细化农作物低温灾害的指标系统，使之能在实际生产上更好地推广应用，是今后的重要研究任务。

参考文献

[1] 孙智辉，李宏群，郑小阳. 延安日光温室冬季低温冻害天气分析与预报[J]. 中国农业气象，2005，**26**(3)：197-199.

[2] 王海青，卞正奎，郭一飞，等. 泰州市冬季低温冻害预报及对策[J]. 安徽农业科学，2010，**38**(35)：20256-20263.

[3] 王春乙,王石立,霍治国,等. 近10年来中国主要农业气象灾害监测预警与评估技术研究进展[J]. 气象学报,2005,**63**(5):659-671.

[4] 朱兰娟,蔡海航,姜纪红,等. 农业气象灾害预警系统的开发与应用[J]. 科技通报,2008,**24**(6):758-761.

[5] 那家凤. 基于均生函数水稻扬花低温冷害程度的 EOF 预测模型[J]. 中国农业气象,1998,**19**(4):50-52.

[6] 杨晓华,金菊良,魏一鸣. 预测低温冷害的门限回归模型[J]. 灾害学,2002,**17**(1):10-14.

[7] 杨林. 基于 GIS 的福建省气候监测与灾害预警系统[J]. 气象科技,2005,**33**(5):474-477.

[8] 戎恺,陆贤,段项锁,等. 基于 WebGIS 的上海农业气象灾害监测系统[J]. 华东师范大学学报,2001(3):45-49.

[9] 娄伟平,诸晓明,周锁铨. 绍兴市农业生态和农业气象灾害监测预警系统[J]. 农业工程学报,2007,**23**(12):182-186.

[10] 王春林,刘锦銮,周国逸. 基于 GIS 技术的广东荔枝寒害监测预警研究[J]. 应用气象学报,2003,**14**(4):487-495.

[11] 刘德义,黎贞发,傅宁. 谈基于 Web 的设施农业气象信息监测与预警系统[J]. 现代农业科技,2009(7):287-288.

[12] 张佐经,张海辉,翟长远,等. 设施农业环境因子无线监测及预警系统设计[J]. 农机化研究,2010(11):78-82.

[13] 关福来,杜克明,魏瑞江,等. 日光温室低温寡照灾害监测预警系统设计[J]. 中国农业气象,2009,**30**(4):601-604.

[14] 许昌燊,许基全,朱寿燕,等. 农业气象指标大全[M]. 北京:气象出版社,2004:24-65.

[15] 汤国安,陈正江,赵牡丹,等. ArcView 地理信息系统空间分析方法[M]. 北京:科学出版社,2002:150-252.

Study on Integrated Climatic Index for Low Temperature Injury of Loquat in Putian *

Kai Yang[1] Binbin Chen[1] Hui Chen[1]
Jing Lin[1] Jiayi Wang[1] Xiqiong Yang[2]

(1. Institute of Meteorological Sciences of Fujian Province, Fuzhou 350001, China
2. Zhangzhou Meteorological Administration, Zhangzhou 363000, China)

Abstract: Based on the daily climate data in winter and relative meteorological yield of loquat for 2 meteorological stations in Putian from 1992 to 2009, this paper studied the disaster-inducing factors and integrated climatic index for low temperature injury of loquat. The results showed that the critical temperature for low temperature injury of loquat could be determined as 3.0℃. The disaster-inducing factors included extreme minimum temperature, the sum of daily numbers for less than or equal to 3.0℃, the sustained days of low temperature injury for less than or equal to 3.0℃, and harmful chilling accumulation for less than or equal to 3.0℃, and there were obvious correlations among these factors. According to the method of principal component analysis, an integrated climatic index was obtained. By the correlation analysis of integrated climatic index for low temperature injury and the relative meteorological yield of loquat in Putian, the value of integrated climatic index of low temperature injury was significantly negatively correlated with the yield of loquat, and could be used to analyze the degree of low temperature injury of loquat.

Key words: loquat; low temperature injury; relative meteorological yield; disaster inducing factor; integrated climatic index.

0 Introduction

Putian city in Fujian Province is located in the low mountains and hills in the central coastal, belong to typical subtropical marine monsoon climate, the temperature is moderate, winter is not too cold, summer is not too hot, water and heat resources are rich, and the distribution of theirs is good, the light is in full. Putian is the main production base of loquat in China[1]. The planting area of loquat reached 300000 mu, which accounts for a quarter of the national planting area, the yield of loquat was nearly 80000 tons, accounting for one-third of

* 基金项目：福建省自然科学基金项目（NO. 2012J01161）；福建省气象局青年专项（2011q12）；
本文参与"第二届能源与环境保护国际学术会议"学术交流。

the national yield. Loquat was the pillar industry of agriculture in Putian, the planting regions mainly distributed in the mountainous and semi-mountainous area [2].

Loquat belongs to subtropical crops; it is special product of ever green trees in China, which is also one of the main fruit trees in Fujian [3]. Loquat flowers in autumn winter, and fruits in spring. The growth and development of each stage and different organs of plants required different temperature. If it encountered low temperature below −3.0℃ in the growth and development process, the flowers and young fruit would be frosted. Low temperature injury commonly occur in December to next early February, and the stage of flower thinning and fruit thinning already finished, the low temperature injury would seriously affect the fruit quality and yield. Whether loquat could be economic cultivated, the temperature was the main limiting factor [3-6]. Loquat often suffered from low temperature injury in the northeast Fujian and north Fujian, even in Fuzhou and the coastal regions of southeast Fujian, the influence of low temperature injury was serious. At present, the low temperature injury has become the main disaster of loquat production in Putian, low temperature injury caused a huge economic loss of loquat production in Putian in December 1999, and from the last ten days of December 2004 to the early of middle of January 2005, and from the middle ten days of January 2009 [7-9]. Many scholars made a thorough research on the low temperature indicators of banana and litchi fruit trees [10-13], but the research on the integrated index of low temperature injury was relatively less. In this study, according to the systematic analysis of disaster inducing factors of low temperature injury, this paper put forward a objective and quantitative integrated climatic index of low temperature injury of loquat in Putian, and provided evidence for the evaluation and regionalization of low temperature injury, and provided a scientific basis for local production of loquat departments to formulate appropriate policies, decisions and measures of disaster prevention and reduction.

1 Material and methods

The data used in this paper includes daily mean temperature and daily minimum temperature in each winter season (from December to February) of two meteorological station in Putian City, Fujian Province. Because the yield data of loquat had only from 1992 to 2009 continuous recording, therefore we determined the starting and ending time of data was from 1992 to 2009 in this study.

The loquat social yield was sorted from 1992 to 2009 in Putian. Loquat yield was formed in the comprehensive influence of all kinds of natural and unnatural factors; generally the actual yield of loquat could be decomposed into trend yield and meteorological yield [14,15]:

$$Y = Y_t + Y_w \tag{1}$$

We supposed Y was loquat actual yield, Y_t was a reflection of long period yield component in the level of historic productivity development, it was referred to as trend production; Y_w was the yield component affected by the short cycle of change factors dominated by meteorological elements, it was called as meteorological yield on an annual cycle. Yield per unit is kg/mu.

Five years moving average method was used to calculate trend yield:

$$Y_t = (Y_{i-5} + Y_{i-4} + Y_{i-3} + Y_{i-1} + Y_i)/5 \quad (2)$$

We supposed Y_t was the trend yield after i years, Y_{i-5}, Y_{i-4}, Y_{i-3}, Y_{i-1}, Y_i were the actual yield of five years before and the yield after i years.

Then we obtained the meteorological yield and the relative meteorological yield:

$$Y_w = Y - Y_t \quad (3)$$

$$Y'_w = Y_w / Y_t \times 100\% \quad (4)$$

The low temperature of freezing injury that fruit trees suffered in Fujian Province was mainly caused by radiation cooling at clear night after cold advection. Many scholars found that the sustained days and harmful chilling accumulation in the process of low temperature could better represent the cumulative effect of advection chilling injury caused by many supplement of moderate or weak cold air [12,13]. In this paper, we used the method to study disaster inducing factors of low temperature injury of loquat; the harmful chilling accumulation formula is as follows:

$$X = \frac{1}{4} \sum_{N=1}^{X_2} (T_c - T_{\min})^2 / (T_m - T_{\min}), (T_{\min} \leqslant T_c) \quad (5)$$

We supposed X was harmful chilling accumulation (℃ • d), N was sustained days in the process of low temperature (d), $T_{\min}$ was daily minimum temperature (℃), T_m was daily mean temperature (℃), T_c was the critical temperature of chilling injury (℃). The X contained sustained days, daily minimum temperature and other information of low temperature process in the calculation.

2 Results and Discussion

The low temperature injury of loquat generally occurred from December to the beginning of February in the next year. The biological minimum temperature of young fruit was −3.0℃. When the daily mean temperature was less than −3.0℃, young fruit exhibited harmful symptoms; the daily mean temperature reached to −5.0℃, it already amounted to half lethal critical state; the daily mean temperature was less than −6.0℃, young fruits almost all died. Because the loquat in Putian was mainly planted in mountainous and semi-mountainous area, and meteorological station was generally located in the flat open land, affected by topography, the temperature difference between the mountains and the corresponding meteorological station was obvious, especially the difference of extreme minimum temperature was greater, the minimum temperature in county was 3.0~5.0℃ higher than that in the mountain (the typical sunny day could reach 8℃ [16]. Studies have also pointed out that the minimum temperature difference in winter of two adjacent measuring points between the height of 1.5 meters could reach 0.6℃ to 5.8℃, up to more than 12℃ because of the difference of topography [17]. In order to determine the critical temperature for low temperature injury of loquat objectively, we analyzed the correlation of relative meteorological yield and harmful chilling accumulation which the daily minimum temperature was less than or equal to 5.0℃, 4.5℃, 4.0℃, 3.5℃, 3.0℃, 2.5℃, 2.0℃, the relative meteorological yield and the harmful chilling accumulation which the daily minimum temperature was less than or equal to 3.0℃ were significant negative correlation, the correlation coefficient was −0.517, the results were shown in table 1. Therefore, we determined that the critical temperature of low temperature injury of loquat was 3.0℃ in Putian, namely when the minimum temperature was less than or equal to 3.0℃, the process of low temperature injury begun, when the minimum temperature was greater than 3.0℃, the process ended.

Table 1　The correlation analysis of relative meteorological yield of loquat and meteorological factors

Name	Correlations	Correlation coefficient
Extreme minimum temperature	Significant correlation	0.529
Harmful chilling accumulation (≤3.0℃)	Significant correlation	−0.517
Sum of low temperature days (≤3.0℃)	Significant correlation	−0.528
Sustained days of low temperature injury (≤3.0℃)	Significant correlation	−0.588

We analyzed the correlation of relative meteorological yield and extreme minimum temperature, the largest decline in the daily mean temperature, the sum of low temperature days (≤3.0℃), and the sustained days of low temperature injury (≤3.0℃) every winter in Putian, the study found that the correlation coefficient of relative meteorological yield and extreme minimum temperature, the sum of low temperature days (≤3.0℃), and the sustained days of low temperature injury (≤3.0℃) reached 0.05 level of significance, the results were shown in Table 1. Therefore, this study selected the extreme minimum temperature, the sum of low temperature days (≤3.0℃), the sustained days of low temperature injury (≤3.0℃) and the harmful chilling accumulation (≤3.0℃), as the disaster inducing factors of low temperature injury, we set four factors for X_1, X_2, X_3, X_4 respectively. The results were shown in table 2.

Table 2　The annual variation of disaster-inducing factors of low temperature injury in Putian

Year	X_1/℃	X_2/℃·d	X_3/d	X_4/d
1992	−0.3	2.6	5	3
1993	1.2	1.4	5	4
1994	2.1	0.2	1	1
1995	2.5	0.4	3	2
1996	2.9	0.1	3	2
1997	3.1	0.1	1	1
1998	4.4	0.0	0	0
1999	4.7	0.0	1	1

(continue)

Year	X_1/℃	X_2/℃ • d	X_3/d	X_4/d
2000	0.1	2.8	5	4
2001	5.0	0.0	0	0
2002	3.7	0.0	1	1
2003	4.2	0.0	0	0
2004	2.2	0.6	3	2
2005	0.8	1.1	4	2
2006	2.0	0.4	3	1
2007	4.4	0.0	0	0
2008	3.1	0.1	2	1
2009	1.8	0.8	4	3

The correlation coefficient of four disaster inducing factors of low temperature injury was calculated. The results were shown in table 3. We found that the correlation coefficient among the factors had reached the level of significant 0.01. This showed that the disaster inducing factors were not independent, but influenced each other.

Table 3 Correlation coefficient matrix among four disaster inducing factors in Putian

Disaster inducing factors	X_1	X_2	X_3	X_4
X_1	1	−0.866	−0.927	−0.884
X_2	−0.866	1	0.838	0.874
X_3	−0.927	0.838	1	0.941
X_4	−0.884	0.874	0.941	1

Because there was significant correlation among 4 disaster inducing factors, in order to avoid a large number or a certain degree of information overlap among the factors, the factors was simplified comprehensively by the principal component analysis method. The simplified index could effectively reflect the amount of main information of the original index, and there was no relationship among the new indexes.

By using statistical software SPSS15.0, the four disaster inducing factors on low temperature injury of loquat was analyzed by the principal component analysis method. According to the selecting principle of the principal component number, the eigenvalues that the principal component corresponded were greater than 1 before the number of m principal components (eigenvalue could be regarded as the index on the impact strength of the principal components to some extent), the software extracted the first principal component, and got the eigenvalues of covariance matrix, the eigenvalues $\lambda=$ (3.665, 0.178, 0.117, 0.040), the eigenvectors of A1, A2, A3, A4 were −0.501, 0.487, 0.506 and 0.505. Integrated climatic index was obtained for 4 disaster inducing factors of low temperature injury (*HI*), the formula was as below:

$$HI = -0.501X_1 + 0.487X_2 + 0.506X_3 + 0.505X_4 \tag{6}$$

From the physical point of view, the lower the extreme minimum temperature, and the greater the harmful chilling accumulation (≤3.0℃), and the more the sum of low temperature days (≤ 3.0℃), and the longer the sustained days of low temperature injury (≤3.0℃), their contributions to the integrated climatic index (HI) were greater.

In order to test the representativeness and accuracy of the integrated climatic index of low temperature injury, the data of main loquat production area were made a trial calculation in Putian City, Fujian Province. The relative meteorological yield of loquat was compared with the integrated climatic index of low temperature injury in winter from 1992 to 2009. The results were shown in figure 1. The year when the integrated climatic index was large, generally the yield of loquat was low, the year when the index was small, generally the yield was high, both showed the opposite trend. As shown in the Figure 1, the index was large in 2000, 2005 and 2009; the production of corresponding years was low, the situation was the same as the suffering from low temperature injury in winter 1999—2000, winter 2004—2005 and winter 2008—2009. In these years, the low temperature injury caused the yield reduction. We calculated the correlation coefficient of the integrated climatic index and the relative meteorological, the coefficient was −0.562 and reached the significant level of 0.05. The result showed that the integrated climatic index of low temperature injury of loquat could be used in the analysis of low temperature injury degree in Fujian Province.

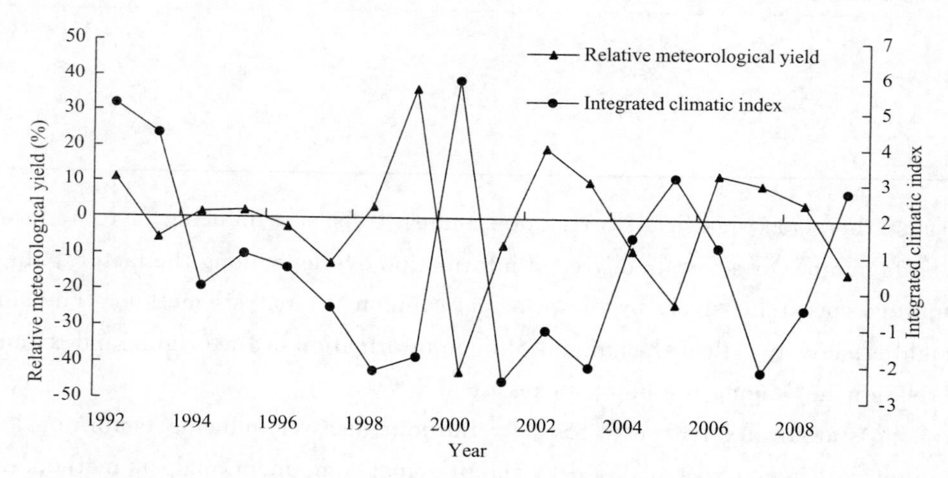

Fig. 1　Comparison of integrated climatic index of low temperature injury and relative meteorological yield of loquat from 1992 to 2009 in Putian

In the study, we analyzed the correlation of relative meteorological yield and harmful chilling accumulation which the daily minimum temperature was less than or equal to 5.0℃, 4.5℃, 4.0℃, 3.5℃, 3.0℃, 2.5℃, 2.0℃, the critical temperature of low temperature injury for loquat was determined to be 3.0 ℃. When the minimum temperature was less than or equal to 3.0℃, the process of low temperature injury begun, when the minimum temperature was greater than 3.0℃, the process ended. The disaster inducing factors of low temperature injury for loquat could be identified as the extreme minimum temperature, the sum of low temperature days (≤3.0℃), the sustained days of low temperature injury (≤3.0℃) and the harmful chilling accumulation (≤3.0℃), the correlation was obvious among these factors. Four factors was simplified comprehensively by the principal component analysis method, the integrated climatic index of low temperature injury was obtained, the physical significance of the index was distinct, and the correlation coefficient of the integrated climatic index and the relative meteorological was −0.562, with a significant level of 0.05. Therefore the integrated climatic index of low temperature injury of loquat could be used in the analysis of low temperature injury degree in Fujian Province.

The factors affecting loquat low temperature injury were very complex. The occurrence and extent of the low temperature injury were not only influenced by meteorological factors, but also by botany factors. In the meteorological factors, in addition to the impact of low temperature, the freezing injury was also related with overcast and rainy, gale, shortage of sunlight and other meteorological conditions. Due to the limitations of the data, the study was only considered the impact of low temperature injury on loquat production. Therefore, how to reveal the occurrence rules of low temperature injury of loquat in Putian City and even Fujian Province more deeply, needs further study.

References

[1] ZENG M J, ZHANG L Y. Growth condition and rational distribution of loquat in Putian [J]. *Anhui Agricultural Science Bulletin*, 2009, **15**(19):97-99.

[2] JIANG R F, CHEN Y F and LIN Y Q. Feature analysis and forecast research of loquat frost injury in Putian [J]. *Science and Technology in Western China*, 2010, **9**(35):6-8.

[3] WU R Y, CHEN J H and WU Z H. Pre-warning model and its application for low temperature damage of loquat in Fuzhou [J]. *Acta Agriculture Jiangxi*, 2007, **19**(1):56-59.

[4] QIU J S, ZENG Y, PAN J P, et al. Ecological cultivation regionalization of loquat in Guangdong Province [J]. *Guangdong Agricultural Science*, 2009, (12):64-66.

[5] HUANG S B, SHEN C D, LI G J. Frozen injury of agricultural meteorological index and Defense Technology for loquat in China [J]. *Hubei meteorology*, 2000(4):17-20.

[6] XIE Z C, LI J. Zaozhong 6 freezing temperature suitable for cultivation of loquat fruit definition and zoning [J]. *Fujian Fruits*, 2006, **136**(1): 7-11.

[7] HUANG J S. Remedial measures and prevention of subtropical fruit after freezing [J]. *Fujian Fruits*, 2000, **111**(1):52-54.

[8] WENG Z H. Initial analysis on the frozen injury of prevention and remedial measures for loquat in Fujian Province [J]. *Fujian Agricultural Science and Technology*, 2005(1):16-18.

[9] CAI W B, LIN Y X. One hundred thousand Mu loquat trees were injured by freezing, the direct losses of farmers reached about fifty million [N]. *Meizhou daily*, 2009-01-14(2).

[10] LIU J L, DU Y D, MAO H Q. Chilly disasters risk analysis and division of litchi in South China [J]. *Journal of Natural Disasters*, 2003, **12**(3):126-130.

[11] ZHI S Q, LIU J L, DU Y D. Risk analysis of cold damage to banana in Guangdong Province [J]. *Jour-*

nal of Natural Disasters, 2003, **12**(2):113-116.

[12] DU Y D, LI C M, MAO H Q. Disaster-inducing factors and integrated climatic index for banana and litchi in Guangdong Province [J]. *Chinese Journal of Ecology*, 2006, **25**(2):225-230.

[13] LI N, HUO Z G, HE N, et al. Climatic risk zoning for banana and litchi's chilling injury in South China [J]. *Chinese Journal of Applied Ecology*, 2010, **21**(5):1244-1251.

[14] YANG J W. Agro-meteorological prediction and information [M]. Beijing: Meteorological Press, 1994: 248-258.

[15] YOU C, CAI G C, ZhANG Y F. Study on dynamic forecasting technology of meteorological yield of rice in Sichuan basin based on weather appropriate index [J]. *Plateau and Mountain Meteorology Research*, 2011, **31**(1):51-55.

[16] CHEN H, XU Z H, PAN W H, et al. Research on the characteristics of the air temperature of lower landlocked mountain slopes in winter [J]. *Chinese Journal of Agro-meteorology*, 2010, **31**(2): 300-304.

[17] FU P B. Microclimate features of the undulating terrain [J]. *Acta Geographical Sinica*, 1963, **29**(3): 175-187.

[18] CHEN Y Q, YE B Y, GAO Y P, et al. Changes of the level of Ca^{2+} in cells of loquat leaflets under low temperature stress [J]. *Plant Science Journal*, 2000, **18**(2):138-142.

福建龙眼树冻害指标初探*

蔡文华[1] 陈 惠[1] 潘卫华[1] 谭宗琨[2] 徐宗焕[1]

(1. 福建省气象科学研究所，福建福州 350001；2. 广西壮族自治区气象减灾研究所，南宁 530022)

摘要：强低温常给龙眼树造成伤害，重则死亡，探讨龙眼树的冻害指标对龙眼树的合理布局和低温预警具有重要意义。为此，本文收集福建省近几年冬季低温考察资料、龙眼树冻害调查资料，引用考察文献中的龙眼树冻害和同期的低温资料，参考广西壮族自治区气象减灾研究所1999/2000年冬季10多县(市)龙眼树冻害的照片资料和对应的低温资料；经统计处理整理成同时同地龙眼树的冻害级别与百叶箱中的最低气温资料；相关分析表明：龙眼树冻害级别与最低气温间可以用一元二次方程拟合，龙眼树的无冻害、轻冻害、中冻害、重冻害、严重冻害对应的最低气温分别为－0.2℃、－1.6℃、－2.6℃、－3.3℃、－3.5℃；各冻害级别之间平均温差随着冻害级别的提高而缩小。

关键词：龙眼树；冻害等级；最低气温；相关分析；冻害指标

0 引言

从冻害与寒害最基本区别的温度条件看，冻害发生时温度必须在0℃以下，作物遭受伤害；寒害发生时温度在0℃以上，作物遭受伤害[1]。龙眼是一种亚热带果树，既存在冻害，也存在寒害。而常见报导的是冻害，它对龙眼树危害大，重则死亡，故文中仅对龙眼树的冻害进行分析研究。有关龙眼树的冻害指标，有过一些报导[2-8]，但这些报导所给出的冻害指标温度是否由同地同时的资料分析得出，是百叶箱最低气温还是龙眼树果园中露天的最低温度、是1.5 m的气温还是其他高度的温度、是用人工气候箱试验还是采用其他方法得出的等未见详细的说明。甚至有些文献中，用市、县气象站的低温值作为异地龙眼树冻害发生的温度指标，具有明显的不合理性。冻害的发生是气象学因子与植物学因子共同作用的结果，在植物学因子相同的条件下，低温强度和低温持续时间是决定冻害是否发生与发生强度的关键性因子。一般常用最低温度、负积温、最冷月平均温度等作为反映寒冷强度的指标[1]。由于适用于研究的资料有限，本研究仅考虑最低气温这一因子，根据冬季最低气温和龙眼树冻害的调查资料进行初步分析，以期得到引发龙眼树冻害的指标，为龙眼树的避冻气候区划、低温冻害预警提供科学依据。

1 资料和方法

为探索龙眼树冻害指标的需要，利用2002/2003年度冬季在福鼎市八尺门，2003/2004年

* 基金项目："十一五"国家科技支撑计划重点项目(2006BAD04B03)和福建省科技计划项目(2007S0060)；
本文发表于《中国农业气象》，2009，**30**(1)。

度冬季在福鼎市白岩村、日岙村,2007/2008 年度冬季在永泰县赤鲤村等地的山坡地低温考察资料及当年和 1999/2000 年度冬季龙眼树冻害调查资料(资料 a);参考广西壮族自治区气象减灾研究所 1999/2000 年度冬季龙眼树冻害照片资料和同期相对应的低温资料(资料 b);引用参考文献[6]中有关福建省的龙眼树冻害和同期相对应的低温资料(资料 c)。

龙眼树冻害指标的分析原则上采用同时同地的冻害级别与最低温度资料。为了便于应用,最低温度采用的是离地 1.5 m 高百叶箱内的最低气温(t_d)。由于实际的冬季低温考察资料均采用在龙眼果园中竖立的竹竿上横挂最低温度表观测的,最低温度表的感应部位离地 1.5 m。为了消除系统误差,2003/2004 年度冬季在福鼎市气象局观测场也用同样的方法观测最低温度,与百叶箱内最低气温进行对比观测。取百叶箱内外最低温度差的平均值(1.25℃)作为系统误差对低温考察资料(t_{dl})进行了系统订正,把所有的 t_{dl} 统一订正为 t_d。

由于市县气象站与考察点间存在小气候差异,为了利用 1999/2000 年度冬季和其他年份的龙眼树冻害调查资料,用同期市县气象站的 t_d 资料对消除系统误差后各个测点的低温考察资料进行差值反演订正,推算出各个测点龙眼树冻害当年或 1999/2000 年度冬季的 t_d;最后采用同时同地龙眼树的冻害资料和 t_d 资料,进行相关统计,分析龙眼树各个冻害级别的温度指标。

2 结果与分析

2.1 龙眼树冻害指标的初步分析

2.1.1 龙眼树冻害等级的确定

关于龙眼树冻害等级的划分,不同人有不同的标准[4,5,9-12],这会给龙眼树冻害指标的确定造成差异。综合这些文献,将龙眼树的冻害统一分为五级:无冻害(0 级:未有冻害)、轻冻害(1 级:叶片受冻)、中冻害(2 级:外枝条受冻)、重冻害(3 级:主枝受冻)、严重冻害(4 级:主干受冻-整株死亡)。据此将文献[12]中原冻害等级 2、3 级合并为 2 级,原冻害等级 4 级、5 级各下降 1 个等级,划为 3 级、4 级;文献[12]冻害调查中不在测点附近的冻害资料舍去;对同一地点 10 株以上群体冻害级别为跨级别的,作平均处理。据龙眼树冻害等级的划分对资料 b 的龙眼树冻害照片资料确定相应的冻害等级。1999/2000 年度冬季最低气温为近 60 a 来福建省第三个低值,低温年景评价属异常偏冷年[13]。当年的强低温给福建省的龙眼树造成了严重损失,果农们对龙眼树被冻死的严重冻害印象十分深刻,而且当年龙眼树冻死的残迹仍然存在,故 1999/2000 年度冬季的龙眼树冻害使用的是 4 级冻害的资料。

2.1.2 龙眼树冻害等级与最低气温的相关分析

据资料 a、资料 b 和资料 c 整理、统计,汇总成 52 组龙眼树冻害等级(X)和同期相对应的最低气温(t_d)资料,其点聚图见图 1。从图 1 可见,龙眼树冻害等级(X)与相应的 t_d 间有极显著负相关关系,可用一元一次方程拟合($R=0.72>r_{0.001}=0.4433$),剩余均方差 S_{r_1} 为 0.88;也可用一元二次方程拟合,复相关系数 $R=0.76$,$F=32.76>F_{0.01}=5.07$,t_d 与 X,X^2 的回归效果好,剩余均方差 S_{r_2} 为 0.84。$S_{r_2}<S_{r_1}$,故采用一元二次方程进行拟合,它们的表达式为:

$$t_d=-0.1480-1.6255X+0.1965X^2 \tag{1}$$

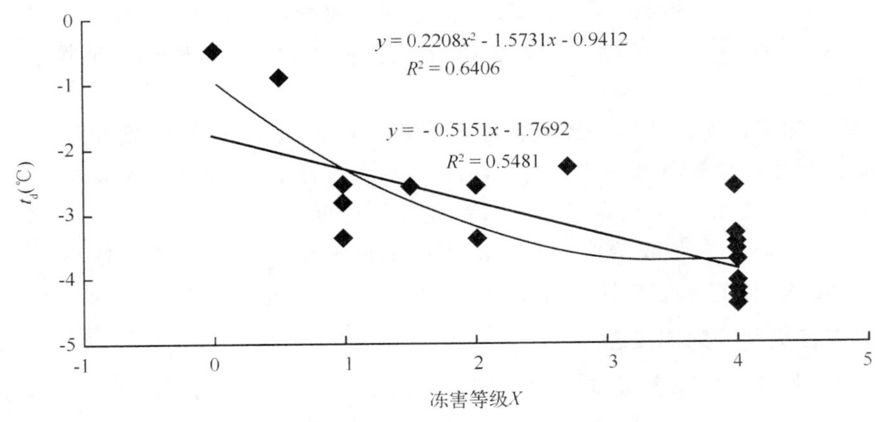

图 1　龙眼冻害等级与最低气温 t_d 点聚图

冻害的发生是气象学因子与植物学因子共同作用的结果。从调查资料得知：对于同一地形地貌、同一海拔高度，低温强度越强（t_d 越低），龙眼树冻害级别越高（严重）。对于同一地形地貌、同一海拔高度、同一低温强度，树龄长的龙眼树冻害级别低，幼龄的龙眼树冻害级别高；树体强壮的龙眼树冻害级别低，树体弱小的龙眼树冻害级别高；当年大量结果的龙眼树冻害级别高，当年结果少的龙眼树冻害级别低；晚秋（冬）梢抽发过多的龙眼树冻害加重，晚秋（冬）梢抽发少的龙眼树冻害级别低。故采用拟合公式求得龙眼树各冻害级别的温度为平均状况的 t_d。用 $X=0,1,2,3,4$ 分别代入(1)式，求得龙眼树各冻害级别的 t_d，见表 1。

表 1　龙眼各冻害级别对应的 t_d 及相应的露天 t_d 指标

	冻害级别				
	0 级	1 级	2 级	3 级	4 级
百叶箱内 t_d(℃)	−0.1	−1.6	−2.6	−3.3	−3.5
露天 t_{dl}(℃)	−1.4	−2.9	−3.9	−4.6	−4.8

2.2　龙眼树冻害的露天温度指标

2003 年 12 月 13 日—2004 年 1 月 12 日在福鼎市气象局观测场用竹竿横挂最低温度表的方法观测最低温度，与百叶箱内同步观测的最低气温对比。百叶箱内最低温度（t_{dn}）与百叶箱外最低温度（t_{dw}）的温差用 Δt_d（$\Delta t_d = t_{dn} - t_{dw}$）表示，$t_d$ 当晚 20 时、02 时、08 时的总云量（N）、相对湿度（U）、风速（F）三次观测值之和用 N_{20+2+8}、U_{20+2+8}、F_{20+2+8} 表示。结果发现，观测期间 $N_{20+2+8} \leqslant 10$ 的晴夜共 15 d，Δt_d 最大为 1.7℃，Δt_d 最小为 0.7℃，平均为 1.25℃，对比观测期间最低气温为 12 月 21 日的 −1.4℃，当天 Δt_d 为 1.2℃。百叶箱内的最低温度之所以比露天高是因为晴夜辐射降温时百叶箱阻挡了辐射降温的缘故。

用 Δt_d 与 N_{20+2+8}、U_{20+2+8}、F_{20+2+8} 进行相关统计，$R(\Delta t_d, N_{20+2+8}) = -0.65 > r_{0.01,15} = 0.64$，$Sr(\Delta t_d, N_{20+2+8}) = 0.22$；$R(\Delta t_d, N_{20+2+8}, U_{20+2+8}, F_{20+2+8}) = 0.76$，$F = 5.06 > F_{0.05} = 3.59$，$Sr(\Delta t_d, N_{20+2+8}, U_{20+2+8}, F_{20+2+8}) = 0.20$；$Sr(\Delta t_d, N_{20+2+8}, U_{20+2+8}, F_{20+2+8}) < Sr(\Delta t_d, N_{20+2+8})$，故用三元方程进行拟合，得到：

$$\Delta t_d = 2.4992 - 0.0383N_{20+2+8} - 0.0050U_{20+2+8} - 0.1029F_{20+2+8} \tag{2}$$

从(2)式可见，N_{20+2+8}与Δt_d反相关，夜间的总云量越少，Δt_d越大，总云量增加1成，Δt_d约减小0.04℃；Δt_d随着U_{20+2+8}的增大而减小，随着F_{20+2+8}的增大而减小，风速增加1 m/s，Δt_d约减小0.1℃。

由于无法得知造成龙眼树冻害的最低温度当晚果园的云量、相对湿度和风速等要素的资料，因此只取百叶箱内外最低温度差的平均值1.3℃参加统计分析。得到故龙眼树无冻害、1级冻害、2级冻害、3级冻害、4级冻害1.5 m高露天的温度分别为－1.4℃、－2.9℃、－3.9℃、－4.6℃、－4.8℃(表1)。如果造成龙眼树冻害的最低温度当晚果园的云量小、相对湿度小、风速小，那么Δt_d大，以它参加统计分析得出的各级冻害露天的温度会低一些。

2.3 龙眼树冻害级别间的温度差

从表1得出龙眼树各冻害级别间的温度差($\Delta t_{di}=t_{di}-t_{d(i+1)}$)$\Delta t_{d0}$，$\Delta t_{d1}$，$\Delta t_{d2}$，$\Delta t_{d3}$分别为1.5℃、1.0℃、0.7℃、0.2℃。可见随着龙眼树冻害级别的提高，冻害级别间的温度差有逐渐缩小的趋势。即龙眼树达到2级冻害的t_d之后，t_d再降低0.7℃，龙眼树的冻害级别会升为3级；若t_d继续降低0.2℃，龙眼树的冻害级别会升为4级。

3 结论与讨论

(1)最低气温和低温持续时间是决定果树冻害是否发生与冻害程度强弱的关键因子，本研究仅考虑最低气温这一因子。龙眼树冻害级别X与最低气温t_d相关密切，随着t_d的降低，龙眼树的冻害趋向严重；t_d与X一般可用一元二次方程拟合。

(2)果树冻害的发生是气象学因子与植物学因子共同作用的结果。同一低温强度对不同树龄、不同长势、不同结果状况、不同晚秋(冬)梢抽发量的龙眼树造成的冻害级别是不一样的，故采用拟合公式求得龙眼树各冻害级别的温度为平均状况的t_d。龙眼树发生无冻害、1级冻害、2级冻害、3级冻害、4级冻害时百叶箱中的最低气温分别为－0.1℃、－1.6℃、－2.6℃、－3.3℃、－3.5℃；1.5 m高露天的温度则分别为－1.4℃、－2.9℃、－3.9℃、－4.6℃、－4.8℃。树龄长的大树、强壮的树、结果少的树、晚秋(冬)梢抽发少的树类似，只是达到同级冻害相应的低温值会偏高。

(3)随着龙眼树冻害级别的升高，龙眼树冻害级别间的温度差Δt_d有逐渐缩小的趋势。

文献[7]认为，“气温降至0℃，幼苗受冻。－0.5～－4℃，则大树也表现出程度不同的冻害。轻者枝叶枯干，重者整株地上部死亡。”这些是从福州1951—1952年、1954—1957年6组龙眼树冻害情况和对应的最低温度资料归纳出来的。其中1951年1月的－1.5℃和1957年1月的－2.0℃，龙眼大树叶片冻焦，这与1级冻害指标－1.6℃基本相似；1955年1月－4℃，10 a生龙眼树主干冻死至地面，这比4级冻害指标低0.5℃。文献[2]、[3]、[5]、[8]与文献[7]相同；文献[4]的－4℃以下可能严重受冻，甚至死亡，这与文献[7]基本相似。文献[6]则据该果树所1991年12月出现－3.5℃低温，龙眼树大都被冻到主干和1999年12月出现－3.7℃低温，龙眼树发生了严重冻害(这与4级冻害指标基本相同)指出：当果园中气温降到－3～－4℃龙眼树就会发生严重的冻害。其严重冻害的上限指标比4级冻害指标偏高约0.7℃。较详细的龙眼树冻害分级指标未见报道。

据调查实际上给龙眼树造成冻害还有其他方面的原因：同一低温强度，低温出现的时间早，冻害加重；同一低温强度，前期干旱，冻害加重；还有因管理不当而造成龙眼树的冻害差异等,本文都未考虑在内。由于冻害指标为平均状况的 t_d,故低温出现早、前期干旱等情况时发生的冻害与幼龄树、弱小树、结果多的树、晚秋(冬)梢抽发多的树类似,同级冻害的低温值会偏高。

如果不同 t_d、不同树龄的龙眼树冻害的样本足够多,在资料中增加树龄订正,再进行相关分析,拟合的效果可能会更好。

参考文献

[1]崔读昌. 关于冻害、寒害、冷害和霜冻[J]. 中国农业气象,1999,**20**(1):56-57.

[2]唐广,蔡涤华,郑大玮. 果树蔬菜霜冻与冻害的防御技术[M]. 北京:农业出版社,1993:51-52,32.

[3]李来荣,庄伊美. 龙眼栽培[M]. 北京:农业出版社,1983:37-39.

[4]李文,林铮. 福建省自然灾害及大气污染对果树的伤害[A]. 福建果树 50 年[C]. 福州:福建科技出版社,2000:374-377.

[5]袁亚芳. 宁德市龙眼冻害调查分析[J]. 福建果树,2000,(2):24.

[6]黄金松. 亚热带果树受冻后的补救措施与预防[J]. 福建果树,2000,(1):52-54.

[7]华南农学院. 果树栽培学各论(南方本上册)[M]. 北京:农业出版社,1981:163,189-190.

[8]许昌燊. 农业气象指标大全[M]. 北京:气象出版社,2004:118-119.

[9]王再兴,吴龙祥,陈燕珍. 惠安县龙眼冻害调查及冻后管理措施[J]. 福建果树,2000,(4):26-28.

[10]钟连生,叶水兴,汤龙泉. 长泰县热带、亚热带果树冻害调查[J]. 福建果树,2000,(4):21-22.

[11]黄育宗,黄绿林,周福龙,等. 福建平和果树冻害调查[J]. 亚热带植物通讯,2000,**29**(3):34-38.

[12]张辉,张伟光,蔡文华,等. 闽东北 2003/2004 年度冬季荔枝、龙眼冻害考察报告[J]. 福建农业科技,2004,(3):8-9.

[13]蔡文华,陈惠,张星. 区域性冬季低温冻害评价方法的研究[J]. 气象,2001,**27**(增):8-11.

香蕉低温害指标初探*

徐宗焕[1]　林俩法[2]　陈　惠[1]　施宗强[3]　蔡文华[1]

(1. 福建省气象科学研究所,福州　350001;2. 福建省漳州市气象局,漳州　363001;
3. 福建省漳州市热带作物气象试验站,漳州　363001)

摘要:香蕉喜温怕冷,强低温常使香蕉造成伤害,重者死亡,最低气温是香蕉生长的主要限制因子,收集福建香蕉主产区代表点1966/1967,1985/1986,1991/1992,1999/2000年冬季最低气温和附近香蕉园受害程度及近几年冬季在香蕉园进行最低气温考察记载和香蕉低温害调查的图片资料,经相关统计分析表明,它们可以用一元二次方程进行拟合;香蕉的无冻害、轻冻害、中冻害、重冻害、严重冻害的最低气温分别为:5.1℃,2.9℃,0.8℃,−1.1℃,−2.8℃。

关键词:香蕉;低温害等级;最低气温;相关分析;低温害指标

我国香蕉主要种植区域——华南地区，属于北热带和南亚热带季风气候,富饶的农业气候资源为香蕉高产优质提供了有利条件,但低温等气象灾害频繁发生,给香蕉生产带来巨大的损失,严重制约香蕉生产的发展。如1999年12月的低温灾害给香蕉生产带来毁灭性打击,经济损失较大。但近年来,在全球气候变暖、暖冬的情况下,人们又容易忽略对短周期的低温灾害等极端事件的防御,对香蕉生产的布局缺乏合理性。因此,进行香蕉低温害指标分析,能进一步提高气象为农业服务的针对性和准确性,为各级政府和有关部门科学安排农业生产,为农民群众趋利避害夺丰收提供依据。

香蕉是芭蕉科(Musaceae)芭蕉属(Musa)植物,为典型的热带果树,对温度极为敏感,耐低温能力差,当温度降到一定程度,香蕉就会遭受灾害。香蕉低温灾害可分成两种,一是零上低温型灾害(寒害),二是零下低温型灾害(冻害),尤其是冻害,是影响香蕉生死的因素。华南农业大学王泽槐等通过研究香蕉冷害过程叶片抗坏血酸含量及过氧化氢酶活性的变化,指出平均温度28～32℃时香蕉生长最快,18℃以下生长缓慢,10℃以下生长几乎就停止,1～2℃则叶片受害枯死[1],零下冻害未见报道;陈尚漠等在《果树气象学》中指出,香蕉生育期最适温度为24～32℃,29～31℃时生长最快;10℃以下生长发育几乎停止;当气温下降至3℃时,植株会遭受寒害,1～2℃时叶片冷死枯萎;气温下降至0～−1℃时,幼株全株冻死,气温低于−2℃时,成年株也全株冻死[2]。这些报道所给出的低温指标是百叶箱的最低气温还是香蕉果园中露天的最低温度未见详细的说明。在植物学因子相同的条件下,低温强度和低温持续时间是决定灾害是否发生与程度重轻的关键因子。常用最低温度、负积温、最冷月平均温度等作为反映寒冷强度的指标[3]。危害我国香蕉的低温灾害可分为辐射型灾害(晴天)和平流型在害(阴雨天)

*基金项目:"十一五"国家科技支撑计划重点项目"农业重大气象灾害监测预警与调控技术研究"(2006BAD04B03);中国气象局新技术推广项目"引种台湾热带水果的气候适应性评估技术推广"(CMATG2009MS27)资助。
本文发表于《中国农学通报》,2010,**26**(1)。

2种,更仔细的可分为干冷型、湿冷型、先干后湿型以及先湿后干型等[4]。不同寒害类型,影响因子略有不同,在辐射寒害为主的情况下,极端最低温度是最主要的影响因子;而在平流寒害为主的情况下,低温的程度和持续时间则为最主要的影响因子。经过香蕉灾害调查发现,除了海南和粤西南等个别地区外,香蕉常年都受到冬春寒流的侵袭,一般平流型寒潮影响,尽管低温持续时间较长,叶片常呈焦枯,但只要极端最低气温在0℃以上,香蕉具有吸芽萌发再生性,对来年产量损失不大;历史上几次典型的香蕉灾害都是在平流型寒潮过后加上天气晴朗引起辐射降温,极端最低气温低于一定界限使香蕉受害,如1999/2000年等严寒冬春,我国华南大面积蕉园受到毁灭性的破坏,估计当年香蕉减产达30%以上。笔者仅考虑极端最低气温这一关系到香蕉生死存亡的关键因子,调查福建香蕉主产区且气象观测场位于平地丘陵的平和县和南靖县1966/1967,1985/1986,1991/1992,1999/2000年冬季最低气温和香蕉低温害等级,近2年冬季在香蕉园进行气温记载和香蕉低温害实地考察拍照的资料进行分析研究,以期得到较为清晰的香蕉低温害指标。

1 分析方法与观测资料获取处理

1.1 分析方法

采用农业气候分析法,即在一定的农业技术水平下,反映香蕉正常生长发育和产量形成过程中与气候条件之间的数量关系,选取影响香蕉产量及生存的主导因子—极端低温,关键时期—冬季(当年11月—次年3月),对冬季极端低温及香蕉寒害程度资料进行统计检验分析,求得香蕉低温害指标。

调查福建香蕉主产区且气象观测场位于平地丘陵的平和县和南靖县曾经引起香蕉灾害的1966/1967,1985/1986,1991/1992,1999/2000年冬季最低气温和香蕉低温害等级,近2年冬季在香蕉园进行气温记载和香蕉低温害实地考察拍照的资料进行分析研究。

1.2 观测资料获取

开展平行观测,即一方面进行气象要素的观测,另一方面进行香蕉寒害状况的观测。每次冷空气来临或气温低于6℃时,观测香蕉苗有无受冻迹象,记录每株叶片变黄褐色或树枝、树干枯死的百分率(%),并用数码照相机拍照受冻状况。

(1)在2007/2008年冬季,应用上海点将精密仪器公司购置美产的温湿度自记仪在福建省漳州天宝香蕉园进行温湿度记载,同时进行香蕉灾害程度观测拍照。

(2)在2008/2009年冬季,应用福建省区域气象观测网安装北京华创升达自动站所记载的低温数据,同时进行香蕉灾害程度观测拍照。

1.3 资料处理

采用专用业务软件将相关气象观测站的A0文件转换成“地面气象记录月报表”形式,以便挑取逐日最低温度、雨量、日照等数据;采用上海点将精密仪器公司所配发的软件将香蕉园记录显示,以挑选所需的低温资料;根据福建省区域气象观测网自动站专业软件将各有关站记录显示,以挑选所需的低温资料。

2 分析与结果

2.1 香蕉低温害等级的划分

香蕉低温害等级的划分至今还未有统一的标准，刘玲等将香蕉寒害分为一般寒害(1～2)和严重寒害(3～5)共5级[4]，李俊文则根据叶片和假茎受害程度，按寒害发生轻重依次划分为0～7等8个等级[5]。笔者参考上述文献，把香蕉低温害分为五级：无低温害(0级：正常生长叶片无焦枯)、轻低温害(1级：叶片焦枯达50%)、中低温害(2级：叶片全部焦枯)、重低温害(3级：主杆叶柄焦枯，吸芽可发)、严重低温害[4级：整株(含吸芽)枯死]。

2.2 2000年以前几次寒害对福建省香蕉生产的影响

表1 几次寒害对福建省香蕉生产的影响

年份	香蕉受害概况
1966/1967	1月中旬至下半旬遭受的较强冷空气袭击对热带亚热带作物、果树等越冬作物造成一定的影响，仅闽南地区就冻死香蕉60万～70万亩*，南靖、平和县气象观测场附件香蕉主杆叶柄被焦枯，但吸芽可发
1985/1986	从12月11—17日，受强冷空气的影响，气温骤降，全省普遍出现霜冻，闽南地区的香蕉等亚热带经济作物受害，南靖、平和县气象观测场附件香蕉主杆叶柄被焦枯，但吸芽可发
1991/1992	1991年12月26—30日遭遇的强寒潮是1975年以来最强的寒潮天气，对内陆山区的蔬菜、经济作物危害严重，福建省农作物受冻175万亩，闽南地区的香蕉等亚热带经济作物受害，南靖、平和县气象观测场附件香蕉主杆叶柄被焦枯，但吸芽可发
1999/2000	1999年12月17—23日福建全省性的强寒潮天气过程为20世纪90年代以来第二个强寒潮天气过程，1月24—28日西、北部地区又出现一次较强的寒潮天气过程，农作物受损严重，受灾最为严重的漳州市，直接经济损失超过15亿元，南靖、平和县气象观测场附件香蕉整株(含吸芽)枯死，其中著名的“香蕉之乡”平和县坂仔镇80%的蕉园必须重新种植才能恢复生产

* 1亩≈0.067 hm^2，下同。

2.3 近2年冬季低温观测及香蕉低温害调查

2007/2008，2008/2009年冬季采用上海点将精密仪器公司温湿度自记仪在南靖县靖城香蕉园监测，以挑选所需的低温资料；根据福建省区域气象观测网自动站专业软件将各有关站记录显示，以挑选所需的低温资料。

2.3.1 2007/2008年冬季冷空气影响过程及香蕉低温害概况

2007年11月28日，受东路冷空气影响，漳州天宝站出现4℃低温，香蕉出现轻度寒害；2007年12月28—2008年1月2日，受强冷空气影响，福建29日起出现大幅降温过程。大部分县(市)日平均气温的过程降温幅度达到9～10℃；2月10日、16日前后，受冷空气不断南下的影响，福建省出现了大范围持续阴冷天气，西部、北部遭受罕见的低温冻害。2月10日前后这次冷空气是从东路入侵，福建中部沿海福州出现今冬最低气温；2月16日前后这次冷空气则是从偏西路径入侵，造成闽南(漳州天宝)气温比闽中(福州)温度还低；位于福建中部的莆田市常太镇1月2日出现今冬极端低温5.0℃，闽南诏安红星农场4.9℃，漳浦湖西镇由于受海洋气候调节今冬极端低温也仅5.0℃，香蕉无寒害；而仅一乡之隔的赤岭靠海较远，该冬极端低温仅3.6℃,香蕉则有轻度寒害;南靖靖城香蕉园由于处在平地,冷空气沉积,出现-1.1℃、南靖丰田林场位于山区,但处在高台地仅出现-0.6℃,香蕉主干也被冻死,只有受蕉叶保护下的腋芽幸免遇难。

2.3.2 2008/2009年冬季冷空气影响过程及香蕉低温害概况

福建共受到6次冷空气过程的影响,分别是2008年12月5—6日、22—23日、1月8—17日、23—27日、2月15—17日、2月27—3月2日对香蕉作物造成不利影响。其中1月8—17日这次冷空气最强且从偏西路径入侵,造成11日闽南(漳州天宝-0.9℃)气温比闽中(福州1.5℃)温度低,对香蕉危害较大。位于福建中部的莆田市常太镇1月11日出现今冬极端低温-0.9℃,闽南诏安红星农场0℃,香蕉叶片全部焦枯;南靖丰田香蕉园由于处在平地,冷空气沉积,出现-2.8℃、香蕉整株被冻死。

2.4 香蕉低温害等级与最低气温的相关分析

将以上代表点1966/1967,1985/1986,1991/1992,1999/2000,2007/2008,2008/2009年冬季最低气温和香蕉园受害程度调查的图片资料,整理汇总,形成了49组香蕉低温害等级(X)和同期相对应的最低气温(t_d)资料,用它们绘制成的点聚图,见图1、图2。

表2 低温与香蕉低温害等级关系

冬季	地点	寒害等级	极端低温(℃)	冬季	地点	寒害等级	极端低温(℃)
1966/1967	南靖城关	3	-2	2007/2008	漳浦湖西	0	5
1966/1967	平和城关	3	-2.2	2007/2008	南靖靖城	0	5
1985/1986	南靖城关	3	-0.3	2007/2008	南靖东坂	1	3.3
1985/1986	平和城关	3	-0.1	2007/2008	龙海紫泥	0	5.4
1991/1992	南靖城关	3	-1	2007/2008	龙海苍坂	0	4.7
1991/1992	平和城关	3	-0.7	2007/2008	诏安红星	0	4.8
1999/2000	南靖城关	4	-2.9	2008/2009	天宝五峰	2	-0.9
1999/2000	平和城关	4	-2.9	2008/2009	南靖靖城	1	1.6
2007/2008	南靖龙山	4	-2.7	2008/2009	平和坂仔	2	0.2
2007/2008	天宝农场	3	-0.6	2008/2009	平和五寨	3	-0.5
2007/2008	天宝凤亭	2	1.2	2008/2009	南靖坪浦	3	-1.8
2007/2008	平和城关	2	0.9	2008/2009	南靖丰田	4	-2.8
2007/2008	天宝月岭	1	4	2008/2009	南安省新	1	1.4
2007/2008	天宝五峰	2	1.7	2008/2009	平和城关	2	0.3
2007/2008	南靖靖城	3	-1.1	2008/2009	诏安城关	2	0.8
2007/2008	平和坂仔	2	1.9	2008/2009	南安城关	1	2.3
2007/2008	平和五寨	2	1.4	2008/2009	诏安分水关	1	3.5
2007/2008	南靖坪浦	3	-0.1	2008/2009	莆田长太	3	-0.9
2007/2008	南靖丰田	3	-0.6	2008/2009	漳浦湖西	2	0.4
2007/2008	南安省新	0	5.5	2008/2009	诏安红星	2	0
2007/2008	平和城关	2	1.4	2008/2009	南靖东坂	3	-1
2007/2008	诏安城关	0	4.9	2008/2009	龙海紫泥	1	4
2007/2008	南安城关	0	5.4	2008/2009	龙海苍坂	1	2.9
2007/2008	诏安分水关	0	5.5	2008/2009	龙海双第农场	3	-2.5
2007/2008	莆田长太	0	5				

其回归方程及图形如图 1、图 2，效果检验见表 3，因一次和二次方程均很显著，分别回代得出香蕉各级低温害指标，见表 4。

表 3　香蕉低温害指标统计分析及检验

项目	B0	B1	B2	R	U	Q	Sr	R^* 或 F^*
一次方程	4.969 6	−2.006 6		−0.961 0	316.019 7	24.016 7	0.714 83	$F=618.44^{***}$
二次方程	5.112	−2.327	0.089 5	0.9653	316.867 3	23.169 1	0.709 70	$F=314.55^{***}$

注：(1) Bi 为方程系数，R 为相关系数，U 为回归平方和，Q 为残差平方和，Sr—剩余均方差，F—检验值。

(2) R^* 表示通过 0.001 显著性水平相关系数检验，$R(0.001)=0.322\ 74$，F^* 表示通过 0.01 显著性水平 F 检验。

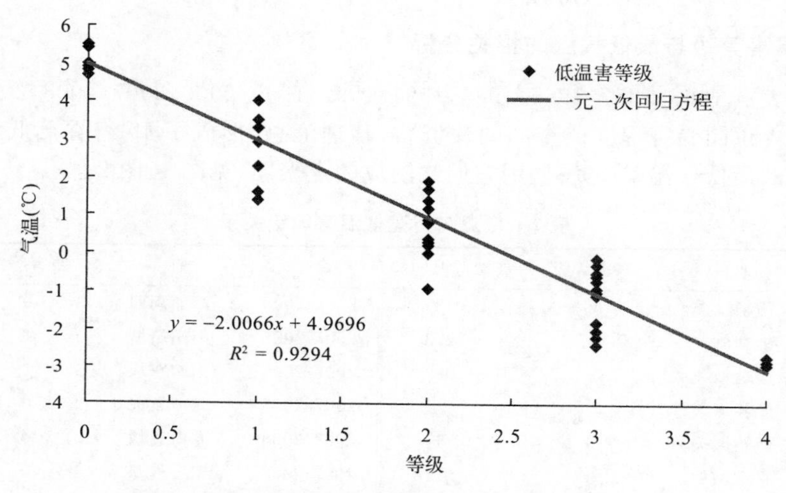

图 1　香蕉低温害等级与极端低温关系图(一次)

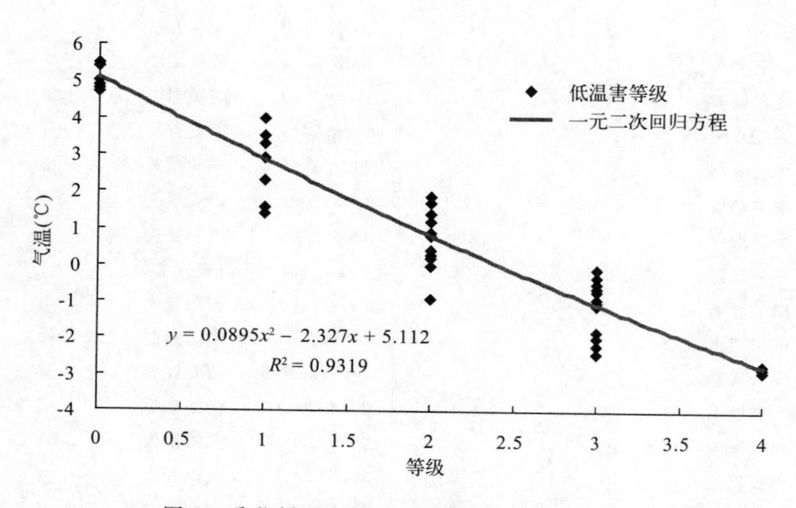

图 2　香蕉低温害等级与极端低温关系图(二次)

表 4　香蕉低温害指标　　单位：℃

项目＼等级	无低温害(0)	轻低温害(1)	中低温害(2)	重低温害(3)	严重低温害(4)
一元一次方程	5.0	3.0	0.9	−1.1	−3.0
一元二次方程	5.1	2.9	0.8	−1.1	−2.8
低温灾害特征	正常生长叶片无冻枯	叶片焦枯达50%	叶片全部焦枯	主杆叶柄焦枯，吸芽可发	整株(含吸芽)枯死

3　应用与讨论

(1)根据香蕉寒害指标分析的初步结果，在日常农业气象业务服务中，可为各级政府和农业部门提供寒害预警服务，为防灾救灾提供科学决策依据，为农民群众趋利避害保苗木提供实践指导。

(2)防御香蕉低温害措施有如下几种。

灌水法：预计低温害来临前 1～2 d，灌水可提高土壤热容量，减轻低温危害。

熏烟法：燃烧干草、叶秆或由 NH_4NO_3、农盐、锯屑、废机油等配制而成的烟雾剂，以增加近地层的 CO_2、固体粉尘和水汽凝结核。一方面有利于水汽凝结而放出潜热，另一方面通过这些颗粒起着吸收和阻止地面长波辐射的作用，并以大气逆辐射的形式向地面返回热量，从而减少地面有效辐射降温。

覆盖法：用塑料薄膜、干草等材料遮盖，以减少有效辐射和植株散热，以延缓温度下降。

(3)香蕉寒害指标是指在一定气候条件和农业技术水平下，表示香蕉生产对气候条件地要求和反应地气象参数特征值。采用农业气候分析方法进行分析，为了提高香蕉生产的稳定性，通常取一定保证率的指标值。

参考文献

[1] 王泽槐，梁立峰. 香蕉冷害过程叶片抗坏血酸含量及过氧化氢酶活性的变化. 华南农业大学报，1994，**15**(3)：71-76.

[2] 陈尚漠，黄寿波，温福光. 果树气象学. 北京：气象出版社，1988：456-463.

[3] 唐广，蔡涤华，郑大玮. 果树蔬菜霜冻与冻害的防御技术. 北京：农业出版社，1993：32，52，177，179.

[4] 刘玲，高素华，黄增明. 广东冬季寒害对香蕉产量的影响. 气象，2003，**29**(10)：46-50.

[5] 李俊文. 1991/1992 年冬北海香蕉寒害调查. 广西热作科技，1993(2)：24-27.

荔枝树冻害指标初探*

蔡文华[1]　张　辉[2]　徐宗焕[1]　陈　惠[1]　林俩法[3]　谭宗琨[4]

（1. 福建省气象科学研究所，福州　350001；2. 福建省农业科学院土壤肥料研究所，福州　350013；3. 福建省漳州市气象局，漳州　363000；4. 广西壮族自治区气象减灾研究所，南宁　530022）

摘要：强低温常使荔枝树造成冻害，重者死亡。最低气温是荔枝树栽培主要限制因子。为了弄清给荔枝树造成损害程度低温指标，收集了福建省近几年冬季考察的低温资料、荔枝树低温冻害调查资料和有关参考文献中记载的荔枝树冻害资料、同期的低温资料，参考广西壮族自治区气象减灾研究所 1999—2000 冬季 5 个县（市）荔枝树冻害的照片资料和相对应的低温资料；经统计处理整理成同时同地荔枝树的冻害级别与百叶箱中的最低气温资料；据荔枝树的冻害资料和最低气温资料进行相关统计分析，经相关分析表明：它们可以用一元二次方程进行拟合；荔枝树的无冻害、轻冻害、中冻害、重冻害、严重冻害的最低气温分别为 −0.3℃，−1.9℃，−3.1℃，−3.8℃，−4.1℃；荔枝树各个冻害级别之间温差随着冻害级别的提高而缩小。

关键词：荔枝树；冻害等级；最低气温；相关分析；冻害指标

果树在长期的驯化中，形成了自己独特的生物学特性。当温度降到一定的程度，果树就会遭受寒害或冻害。强低温给果树造成灭顶之灾的报导并非鲜事。最低温度往往是某些果树能否经济栽培或安全生存的限制因子。有关荔枝树的冻害指标，黄金松於 1991 年 12 月 29 日在其荔枝园测得最低气温为 −3.5℃，当年荔枝树大都冻到主干 [1]。他用的是同时 1 个地方 1 个过程的资料。唐广等编著的《果树蔬菜霜冻与冻害的防御技术》一书中写到“1955 年广西桂平最低气温达 −3.3℃，荔枝幼树全部冻死，大树枝叶冻坏。据福建农学院在福州调查，−4℃是荔枝的致死温度。幼叶 0℃开始受冻，−2℃受冻较重，−3℃严重受冻，老壮叶则 −2℃受冻不重”[2]。文中未标明桂平的最低气温与荔枝幼树是否为同时同地的资料；而福建农学院的调查指标未见详细的报导。另外还有过一些报导 [3-5]。这些报导所给出的冻害指标温度是否为同地同时的资料分析而得、是百叶箱的最低气温还是荔枝树果园中露天的最低温度、是 1.5 m 的气温或是其他高度的温度、是用人工气候箱试验还是采用其他什么方法得出的等未见详细的说明。在植物学因子相同的条件下，低温强度和低温持续时间是决定冻害是否发生与冻害程度重轻的关键因子。常用最低温度、负积温、最冷月平均温度等作为反映寒冷强度的指标 [2]。由于适用于研究的资料有限，笔者仅考虑最低气温这一因子。笔者根据近几年冬季在种有荔枝树果园进行最低气温考察和荔枝树冻害调查的资料以及收集到的荔枝树冻害和最低气温资料对荔枝树的冻害指标进行初步的分析研究，以期得到较为清晰的结论，以

* 基金项目：“十一五”国家科技支撑计划重点项目“农业重大气象灾害监测预警与调控技术研究”（2006BAD04B03）；福建省科技计划项目“亚热带果树生态区域选择的关键技术研究与示范推广”（2007S0060）；福建省财政专项“福建省农业科学科技创新团队建设基金”（STIF－Y01）资助；

本文发表于《中国农学通报》，2008，**24**(9)。

利于为荔枝树的适地适树、对荔枝树进行低温冻害预警和适时采取适当的防冻措施提供科学依据，减少因低温给荔枝树造成的损害。

1 资料与方法

笔者利用了 2002/2003 年度冬季在福鼎市八尺门，2003/2004 年度冬季在福鼎市白岩村、日岙村、霞浦县涵江村等处的山坡地果园中进行最低温度考察资料和果园中荔枝树当年、1999/2000 年度冬季、2007/2008 年度冬季荔枝树冻害调查资料（资料 a）；利用了 2007/2008 年度冬季龙海市双第华侨农场自动气象站百叶箱中的气温资料和该地当年、1991/1992 年度冬季，1999/2000 年度冬季荔枝树冻害资料（资料 b）；参考了广西壮族自治区气象减灾研究所拍摄的 1999/2000 年度冬季苍梧、北流、灵山、浦北、南宁荔枝树冻害照片和同期相对应的最低气温资料（资料 c）；应用了参考文献中有关福建省的荔枝树冻害资料[1,6]和同期相对应的最低气温资料[1]（资料 d）。荔枝树冻害指标的分析原则上我们是采用同时同地的冻害级别与最低温度资料。最低温度采用的是离地 1.5 m 高百叶箱内的最低气温（t_d）。由于冬季低温考察资料采用的是在果园中竖立的竹竿上横挂最低温度表进行观测的，最低温度表的感应部位为 1.5 m，为了消除系统误差，对它们进行了系统订正，把所有的最低温度考察资料（t_{dl}）统一订正为 t_d。为了利用考察点当年或历史上荔枝树重、严重冻害年的冻害调查资料，采用考察期间测点所在县气象站的 t_d 资料对果园中各个测点的低温资料进行差值反演订正，推算出果园中各个测点荔枝树当年或历史上遭受重冻害、严重冻害年的 t_d；最后采用同时同地荔枝树的冻害资料和 t_d 资料进行相关统计，分析荔枝树的各个冻害级别的温度指标。

2 分析与结果

2.1 荔枝树冻害等级的确定

关于荔枝树冻害等级的划分，不同人有不同的标准[3,6-9]，这会给荔枝树冻害指标的确定造成差异。笔者参考上述文献，把荔枝树的冻害分为五级：无冻害（0 级：未有冻害）、轻冻害（1 级：叶片受冻）、中冻害（2 级：外枝条受冻）、重冻害（3 级：主枝受冻）、严重冻害（4 级：主干受冻一整株死亡）。

根据上述的冻害等级划分，将参考文献[6]中原冻害等级 2 级、3 级合并为 2 级，原冻害等级 4 级、5 级各降低 1 个等级，划为 3 级、4 级。据荔枝树冻害等级的划分对资料 c 的荔枝树冻害照片资料确定相应的冻害等级。近 20 年来，1991—1992 年度、1999—2000 年度冬季最低气温为近 60 年来福建省第五、三个低值，最低气温的年景评价福建省 1991—1992 年度冬季属明显偏冷年、1999—2000 年度冬季属异常偏冷年[10]。这两个冬季的强低温给福建省的荔枝树造成了严重损失。由于时间间隔较长，果农们对荔枝树的各级别冻害的阐述不一定准确，但对荔枝树重冻害和严重冻害的印象却是十分深刻的，加上遭受重冻害、严重冻害年的荔枝树主枝、主干冻死的残留痕迹仍然存在，故历史上荔枝树低温冻害使用的是 4 级或 3 级的冻害资料。

2.2 荔枝树冻害等级与最低气温的相关分析

据资料 a、资料 b、资料 c 和资料 d 整理、统计、汇总，形成了 28 组荔枝树冻害等级（X）和

同期相对应的最低气温 (t_d)资料,用它们绘制成的点聚图,见图 1。从图 1 可见,荔枝树的 X 和相对应的 t_d 可用一元一次方程进行拟合,t_d 与 X 的相关系数 $R=-0.90$,$n=28$,显著化水平 α 为 0.001 的相关系数临界值 $r_\alpha=0.5887$,$|R|>r_\alpha$,t_d 与 X 相关密切,剩余均方差 S_{r1} 为 0.69。

$$t_d=-0.8481X-0.8223 \tag{1}$$

也可用一元二次方程进行拟合,t_d 与 X,X^2 的复相关系数 $R=0.93$,$F=74.71$,$n_1=2$,$n_2=25$,显著化水平 α 为 0.01 的检验临界值 $F_{0.01}=5.57$,$F>F_{0.01}$,t_d 与 X,X^2 的回归效果好,剩余均方差 S_{r2} 为 0.61,详见表 1。$S_{r2}<S_{r1}$,最后采用一元二次方程进行拟合,它们的表达式为:

$$t_d=-0.3405-1.8245X+0.2228X^2 \tag{2}$$

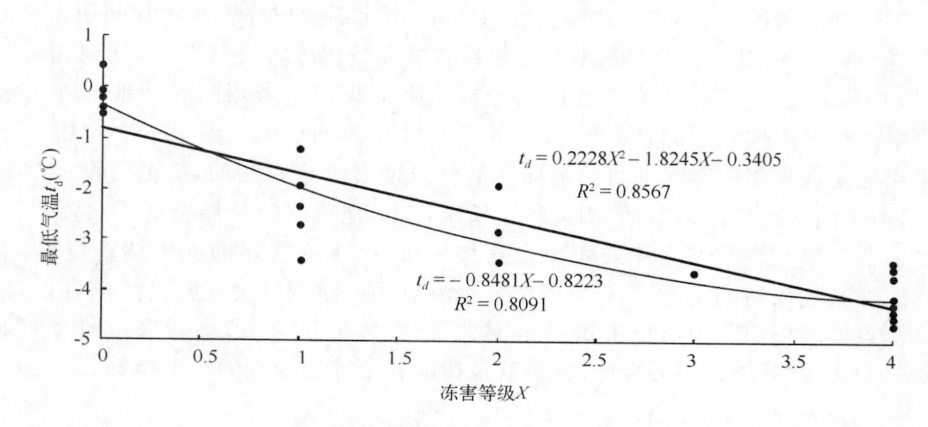

图 1 荔枝冻害等级 X 与最低气温 t_d 点聚图

表 1 荔枝树冻害等级(X)与最低气温(t_d)相关统计

因变量	自变量	R	U	Q	S_r	B_0	B_1	B_2	F
t_d	X	−0.90	53.0	12.5	0.69	−0.822 3	−0.848 1		110.18
t_d	X,X^2	0.93	56.1	9.4	0.61	−0.340 5	−1.824 5	0.222 8	74.71

注:R 为相关系数;U 为回归平方和;Q 为残差平方和;S_t 为剩余均方差;B_0,B_1,B_2 为回归系数;F 为回归检验的统计量。

低温的强弱和低温持续时间的长短是决定冻害是否发生与冻害程度重轻的关键因子,而最后给荔枝树造成的冻害程度却是气象学因子、植物学因子和人为因素共同作用的结果。在无人为因素干预、植物学因子相同的条件下,从调查资料得知:对于同一地形地貌、同一海拔高度,低温强度越强 (t_d 越低),一般荔枝树的冻害级别越高 (严重)。在相同的气象学因子条件下,即同一低温过程对不同的植物学因子,所产生荔枝树的冻害程度也是不一样的。从调查资料得知:对于同一地理环境(地形、地貌、海拔高度)、同一低温过程,一般树龄长的荔枝树冻害级别低,幼龄荔枝树的冻害级别高;树体强壮的荔枝树冻害级别低,树体弱小的荔枝树冻害级别高;当年大量结果的荔枝树冻害级别高,当年结果少的荔枝树冻害级别低;过多抽发晚秋(冬)梢的荔枝树冻害级别高,少抽发晚秋 (冬)梢的荔枝树冻害级别低;荔枝树品种之间冻害级别也会有些差异。另外,不当人为措施,如不当施肥,促使荔枝树抽发冬梢,也会加重荔枝树冻害。故采用拟合公式求得荔枝树的各冻害级别的 t_d 为多种状况的平均。用 $X=0,1,2,3,4$

分别代入式(1)(2),求得荔枝树的各冻害级别的 t_d(表 2)。从表 2 可见,荔枝树无冻害、1 级冻害、2 级冻害、3 级冻害、4 级冻害 t_d 约为 −0.3℃,−1.9℃,−3.1℃,−3.8℃,−4.1℃。2003 年 12 月 13 日至 2004 年 1 月 12 日在福鼎市气象局对百叶箱内、外最低温度进行对比观测,百叶箱外的最低温度是在观测场内竖立的竹竿上横挂最低温度表进行观测的,最低温度表的感应部位为 1.5 m。经分析观测场百叶箱内的最低气温比 1.5 m 高露天的最低温度约高 1.3℃。故荔枝树无冻害、1 级冻害、2 级冻害、3 级冻害、4 级冻害1.5 m 高露天的温度则为 −1.6℃,−3.2℃,−4.4℃,−5.1℃,−5.4℃。从表 2 可见,随着荔枝树冻害级别的提高,冻害级别间的温度差 ($\Delta t_{di}=t_{di}-t_{d(i+1)}$)有逐渐缩小的趋势:$\Delta t_{d0}$,$\Delta t_{d1}$,$\Delta t_{d2}$,$\Delta t_{d3}$分别为 1.6℃,1.2℃,0.7℃,0.3℃。即荔枝树达到 2 级冻害的 t_d 之后,t_d 再降低 0.7℃,荔枝树的冻害级别会升为 3 级;若 t_d 继续降低 0.3℃,荔枝树的冻害级别会升为 4 级。

表 2 荔枝树的各冻害等级 *X* 对应的最低气温 单位:℃

冻害等级		0	1	2	3	4
百叶箱内 t_d(℃)	一元一次方程	−0.8	−1.7	−2.5	−3.4	−4.2
	一元二次方程	−0.3	−1.9	−3.1	−3.8	−4.1
露天 t_d(℃)	一元一次方程	−2.1	−3.0	−3.8	−4.7	−5.5
	一元二次方程	−1.6	−3.2	−4.4	−5.1	−5.4

3 小结与讨论

3.1 最低气温和低温持续时间是决定果树冻害是否发生与冻害程度重轻的关键因子。笔者仅考虑最低气温这一因子。荔枝树的冻害级别 X 与最低气温 t_d 相关密切,一般随着 t_d 的降低,荔枝树的冻害趋向严重;t_d 与 X 用一元二次方程比用一元一次方程拟合效果好。

3.2 荔枝树的冻害不但与低温强度有关,还与植物学因子、人为因素有关。同一低温强度对不同树龄、不同长势、不同结果状况、不同晚秋(冬)梢抽发量的荔枝树造成的冻害级别是不一样的。故采用拟合公式求得的荔枝树各冻害级别的 t_d 为多种状况的平均。经初步分析荔枝树无冻害、1 级冻害、2 级冻害、3 级冻害、4 级冻害百叶箱中的最低气温分别为 −0.3℃,−1.9℃,−3.1℃,−3.8℃,−4.1℃;果园中露天 1.5 m 高处的温度则分别为 −1.6℃,−3.2℃,−4.4℃,−5.1℃,−5.4℃。

3.3 随着荔枝树冻害级别的升高,荔枝树冻害级别间的温度差 Δt_d 有逐渐缩小的趋势。

3.4 据调查资料得知给果树造成冻害还有其他气象因子方面的原因:同一低温强度,低温出现的时间早,冻害加重;同一低温强度,前期干旱,冻害加重等,笔者均未考虑在内。

参考文献

[1] 黄金松. 亚热带果树受冻后的补救措施与预防. 福建果树,2000(1):52-54.
[2] 唐广,蔡涤华,郑大玮. 果树蔬菜霜冻与冻害的防御技术. 北京:农业出版社,1993:52,177-179,32.
[3] 李文,林铮. 福建省自然灾害及大气污染对果树的伤害//邱武凌. 福建果树 50 年. 福州:福建科技出版社,2000:374-377.
[4] 许昌燊. 农业气象指标大全. 北京:气象出版社,2004:118-119.

[5] 华南农学院. 果树栽培学各论（南方本）上册. 北京：农业出版社，1981：163.
[6] 张辉，张伟光，蔡文华，等. 闽东北 2003/2004 年度冬季荔枝、荔枝冻害考察报告. 福建农业科技，2004(3)：8-9.
[7] 钟连生，叶水兴，汤龙泉. 长泰县热带、亚热带果树冻害调查. 福建果树，2000(4)：21-22.
[8] 黄育宗，黄绿林，周福龙，等. 福建平和果树冻害调查. 亚热带植物通讯，2000，**29**(3)：34-38.
[9] 吴少华，杨国永，方海峰，等. 1999 年漳州荔枝冻害调查分析. 福建农业科技，2000(3)：8.
[10] 蔡文华，陈惠，张星. 区域性冬季低温冻害评价方法的研究. 气象，2001，**27**(增刊)：8-11.

枇杷低温冻害等级指标的初步确定*

杨 凯[1] 林 晶[1] 陈 涛[2] 陈 惠[1]

（1. 福建省气象科学研究所，福州 350001；2. 福清市气象局，福清 350300）

摘要：基于枇杷山坡地梯度观测资料和幼果低温箱试验分析，对枇杷低温冻害等级指标进行初步研究。建立了基于日最低气温的枇杷低温冻害等级指标，各级指标分别为轻度冻害：$-2.5℃<T_{min}\leqslant-1.0℃$；中度冻害：$-3.5℃<T_{min}\leqslant-2.5℃$；重度冻害：$-4.5℃<T_{min}\leqslant-3.5℃$；极重冻害：$T_{min}\leqslant-4.5℃$。

关键词：枇杷；冻害；等级指标

枇杷属于亚热带作物，是我国特产的常绿果树，也是福建省的主要果树品种之一[1]，2013年全省枇杷种植面积3.8万hm^2，年产量达23.7万t[2]。枇杷秋冬开花，翌年春季形成果实，因此枇杷与香蕉、荔枝、龙眼等果树不同，其营养器官一般不受冻[3]，但枇杷花果期正处于一年中温度最低的时期，因而常常遭受冻害。2005年元旦前后的一次严重冻害给福建枇杷生产带来的直接经济损失就高达数亿元，其中仅莆田市就达3亿元以上[4]。以往关于枇杷冻害指标的研究仅给出枇杷营养器官能耐－18℃低温，枇杷花冻害临界温度为－6℃，枇杷幼果冻害临界温度为－3℃[4-6]，未给出具体的冻害等级。近年来，由于枇杷种植效益高，枇杷生产在南方地区以及我省呈现迅速增长趋势，但因缺乏实用的冻害指标，存在着盲目引种和扩种。因此，开展枇杷低温冻害等级指标研究，建立枇杷冻害等级，对枇杷冻害监测预警、合理布局等具有重要意义。由于枇杷花为分批开花，即使前期花遭冻害，后批花也可结果[7]，而枇杷幼果生长期恰逢冬季，此时低温冻害将严重影响果实品质和产量，温度是枇杷能否作为经济栽培的主要限制因子[8,9]，因此确定以枇杷幼果期冻害来制定枇杷冻害等级。本研究基于枇杷幼果低温箱试验和山坡地梯度观测，对枇杷低温冻害等级指标进行探讨，以期为福建省枇杷生产部门制定适宜的引种扩种、防灾减灾决策和作物合理布局提供科学依据。

1 研究方法

1.1 山坡地枇杷冻害观测试验

根据2010/2011年在福建省枇杷主产区福清市一都镇善山村（中国枇杷之乡）的枇杷园山坡地设置5个梯度小气候观测点，记录各点逐日极端最低气温，对各测点的枇杷幼果随机采样，每株枇杷树采1～2个果穗，每个果穗3个幼果，共采60个幼果解剖，记录幼果的褐变率。

* 基金项目：福建省科技厅农业科技重点项目（2009N0030，2013N0012）；
本文发表于《福建农业科技》，2015(5)。

在枇杷成熟采摘期对山坡地各测点的种植农户调查访问，获取各测点的枇杷减产率。

表 1　山坡地各观测点地理位置

观测点	东经	北纬	海拔高度(m)	T_d(℃)	幼果解剖褐变率(%)
1	119°09′042″	25°47′105″	446	－1.8	44
2	119°09′004″	25°46′896″	352	－0.7	0
3	119°09′035″	25°46′791″	267	－1.4	30
4	119°09′161″	25°46′673″	222	－1.0	26
5	119°09′713″	25°46′378″	151	－2.6	94

注：T_d 代表 1.5 m 百叶箱内年极端最低气温。

1.2　枇杷幼果冻害低温箱试验

本研究于 2011 和 2012 年 1 月典型阴天天气早晨到福清市一都镇无冻害点采集枇杷幼果，2011 年采集品种为早钟 6 号（特早熟）和解放钟（晚熟）；2012 年增加 1 种品种为长红 3 号（中熟）；不同品种大约各采得含 500～600 果的果穗。

所有果穗均插于预先备好的花泥中，并放置于人工小气候低温箱内。2011 年试验中设置温度范围为－2.5～－6.0℃，2012 年为－1.0～－5.5℃，每隔 0.5℃设 1 个处理，每个处理样品约 50～60 个果的果穗。

所有处理全部放入低温箱中仿造自然降温至设定的起点温度，恒温 40 分钟后取出第 1 个处理果穗放在室内（做好标记，下同），低温箱中每隔 30 分钟降低 0.5℃，每个处理恒温 40 分钟后取出 1 个果穗放在室内，直至降温至－5.5℃或－6.0℃。不同品种分别根据以上步骤进行试验，过 3 天后分别统计枇杷幼果的种子和果肉褐变情况。

2　结果分析

2.1　枇杷冻害临界温度的确定

由表 2 可见，枇杷冻害程度与温度密切相关，5 个观测点温度从高到低顺序为－0.7℃，－1.0℃，－1.4℃，－1.8℃，－2.6℃，对应的幼果褐变率分别为 0，26%，30%，44%，94%，减产率也随温度降低而增高。可见过程极端最低气温越低，冻害越严重；第 2 点过程极端最低气温为－0.7℃，幼果无冻害，而当过程极端最低气温为－1.0℃（第 4 点）时，幼果开始受冻。因此初步确定百叶箱内－1.0℃为枇杷冻害的临界温度，即当最低气温≤－1.0℃时，冻害过程开始，当最低气温＞－1.0℃时，冻害过程结束。

表 2　山坡地各观测点冻害试验记录

观测点	T_d(℃)	幼果解剖褐变率(%)	减产率(%)
1	－1.8	44	66.7
2	－0.7	0	0
3	－1.4	30	33
4	－1.0	26	20
5	－2.6	94	75

2.2 枇杷低温冻害等级指标的确定

表3,4分别为2011,2012年枇杷幼果低温箱试验结果,结果表明:不同品种不同低温处理幼果褐变率稍有差别,但基本上从−1.5～−2.5℃幼果的种胚开始褐变,−2.5～−3.5℃幼果的种胚褐变率增加至30%～60%,而−3.0～−3.5℃幼果的果肉开始褐变,随着温度继续降低,果肉褐变率增加,当温度降至−4.5～−5.0℃时,枇杷幼果果肉褐变率就达90%以上。

表3 2011年枇杷幼果冻害低温箱试验结果

处理温度(℃)	早钟6号			解放钟		
	种胚褐变率(%)	果肉褐变率(%)	受冻率(%)	种子褐变率(%)	果肉褐变率(%)	受冻率(%)
−2.5	0.00	0.00	0	2.90	0.00	2.90
−3.0	26.09	15.22	41.30	28.95	5.27	34.21
−3.5	51.11	2.22	53.33	49.33	10.67	60.00
−4.0	18.18	77.27	95.45	24.71	74.12	98.82
−4.5	17.65	76.47	94.12	4.11	95.89	100.00
−5.0	22.22	51.11	73.33	3.57	96.43	100.00
−5.5	0.00	100.00	100.00	2.94	97.06	100.00
−6.0	0.00	100.00	100.00	1.43	98.57	100.00

根据枇杷幼果低温箱试验结果,结合山坡地枇杷冻害观测试验中确定的幼果受害临界温度−1.0℃,可初步得到枇杷的轻、中、重、极重冻害等级指标分别为:−2.5℃<T_{min}≤−1.0℃,−3.5℃<T_{min}≤−2.5℃,−4.5℃<T_{min}≤−3.5℃,T_{min}≤−4.5℃。

表4 2012年枇杷幼果低温箱冻害试验结果

处理温度(℃)	早钟6号			解放钟			长红3号		
	种子褐变率(%)	果肉褐变率(%)	受冻率(%)	种子褐变率(%)	果肉褐变率(%)	受冻率(%)	种子褐变率(%)	果肉褐变率(%)	受冻率(%)
−1.0	0.00	0.00	0.00	1.82	0	0	0	0	0
−1.5	1.15	0.00	1.15	0	0	1.30	1.30	0	1.30
−2.0	4.88	0.00	4.88	0	0	3.45	3.45	0	3.45
−2.5	21.59	0.00	21.59	10.20	0	47.54	47.54	0	47.54
−3.0	38.71	0.00	38.71	38.98	8.47	68.85	68.85	0	68.85
−3.5	49.47	5.38	54.84	12.77	76.60	89.36	58.93	21.43	80.36
−4.0	41.25	27.50	68.75	2.00	98.00	100.00	24.19	61.29	85.48
−4.5	50.43	23.93	74.36	0	100.00	100.00	1.61	91.94	93.55
−5.0	37.50	62.50	100.00	0	100.00	100.00	6.90	91.38	98.28
−5.5	11.00	89.00	100.00	0	100.00	100.00	1.32	98.68	100.00

3 结论

本研究通过枇杷山坡地观测及幼果低温箱冻害试验发现，枇杷受冻程度与极端最低温度密切相关，随着温度的降低，冻害趋向严重。虽然影响枇杷冻害的因子很复杂，其受害的发生及程度不仅受气象因子的影响，而且还受植物学因子的影响[10]，但本研究对影响枇杷冻害的最主要因子温度进行了分析，初步建立了枇杷低温冻害等级指标，可为我省的枇杷冻害监测预警及适宜种植区划提供依据。

参考文献

[1] 吴仁烨，陈家豪，吴振海. 福州市枇杷低温害预警模型及其应用. 江西农业学报，2007，**19**(1)：56-59.

[2] 福建省统计局. 2014 年福建农业统计年鉴. 福州，2014：153-154.

[3] 陈惠，王加义，潘卫华，等. 南亚热带主要果树冻(寒)害低温指标的确定. 中国农业气象，2012，**33**(1)：148-155.

[4] 张辉，林新坚，吴一群，等. 基于 GIS 的福建永泰山区枇杷避冻区划. 中国农业气象，2009，**30**(4)：624-627.

[5] 王加义，陈惠，夏丽花，等. 基于离海距和 GIS 技术的福建低温精细监测. 应用气象学报，2012，**23**(4)：1-9.

[6] 黄寿波，沈朝栋，李国景. 我国枇杷冻害的农业气象指标及其防御技术. 湖北气象，2000(4)：17-20.

[7] 吴仁烨，陈家豪，吴振海，等. 2007. 福州市枇杷低温害预警模型及其应用. 江西农业学报，**19**(1)：56-59.

[8] 邱继水，曾杨，潘建平，等. 广东枇杷生态栽培区划. 广东农业科学，2009，(12)：64-66.

[9] 谢钟琛，李建. 早钟 6 号枇杷幼果冻害温度界定及其栽培适宜区区划. 福建果树，2006，**136**(1)：7-11.

[10] 陈由强，叶冰莹，高一平，等. 低温胁迫下枇杷幼叶细胞内 Ca^{2+} 水平及细胞超微结构变化的研究. 武汉植物学研究，2000，**18**(2)：138-142.

早钟六号枇杷果实冻害的田间调查与评估*

吴振海[1] 许长同[2] 林瑞坤[1] 杨晓春[1]
陈 惠[3] 赵汝汀[4] 陈敏健[5] 杨开甲[1]

(1.福州农业气象试验站,福州 350014;2.福州市农业局,福州 350000;
3.福建省气象科学研究所,福州 350001;4.福州市气象局,福州 350014;
5.福建省农业科学院生态所,福州 350000)

摘要:在不同海拔高度、不同地形的早钟六号枇杷果园布设自动气象观测站,进行为期4年的气象要素和枇杷幼果冻害等级的平行观测,总结了早钟六号枇杷幼果冻害等级划分气象指标、形态指标及其灾情评估方法,为早钟六号枇杷的趋利避害区域布局及果实低温冻害防御提供理论依据。

关键词:枇杷;果实;冻害;指标;评估

0 引言

早钟六号枇杷是近年来福建省重点推广的特早熟枇杷新品种,推广面积达 1.0×10^4 hm^2 万公顷以上,为福建省三大枇杷主栽品种之一。早钟六号枇杷表现特早熟、大果、优质、早结丰产、抗性强,是国内外早熟枇杷中果形最大的一个品种,经济效益高,深受果农和消费者欢迎。近年来,早钟六号枇杷栽培面积迅速扩大。

由于早钟六号枇杷果实发育早,带果越冬,易受低温危害。研究表明,枇杷花果中以花蕾最耐寒,其次是刚开的花朵,而幼果较不耐寒。因此,早钟六号枇杷相对于其他中、晚熟枇杷品种更不耐寒。

受全球气候变化影响,极端气候事件越来越频繁。虽然存在气候变暖趋势,但冻害仍频繁发生。20世纪90年代,福建省共发生4次严重寒、冻害(1991年12月、1993年1月、1996年2月和1999年12月),造成极大经济损失。对比历史(20世纪50年代2次,70年代1次),不能不引起高度重视。气候变暖并不意味着冬季没有剧烈降温。相反,严重寒、冻害发生前大多有明显温暖期,而突发性天气使动植物难以适应短时间的气温剧烈变化,从而更易遭受危害。由于种植区域布局不尽合理,近年来,早钟六号枇杷果实冻害时有发生,所造成的经济损失也越来越大。2005年元旦前后,一股来自北方、持续多日的强冷空气侵袭福建,使早钟六号枇杷果实遭受严重冻害,直接经济损失达数亿元。调查显示,不仅福建中北部地区早钟六号枇杷果实严重受害,就连素有天然温室之称的"枇杷之乡"漳州市云霄县也遭受一定程度危害。因此,生产上对早钟六号枇杷的趋利避害区域布局及果实低温冻害防御措施的研究均有迫切需求。

* 基金项目:福建省科技厅农业科技重点项目(2009N0030);公益性行业(气象)科研专项(GYHY201106024);
本文发表于《福建气象》,2012,**10**.

枇杷低温灾害问题前人曾做过一些研究。如湖北省气象科学研究所的陈正洪采用模拟试验和电导法，并以褐变法为对照，研究了枇杷花果冻害，提出冷冻温度为枇杷花果冻害的主导因子，冷冻时间为辅助因子，推算冻害温度指标为：－3～－4℃轻冻，－4～－5℃半致死，－5℃～－6℃重冻，<－6℃全致死[1]。浙江大学和浙江省农科院的黄寿波、沈朝栋、李国景提出枇杷花器冻害的临界温度指标为－6℃，幼果冻害的临界温度指标为－3℃[2]。福建省农业厅果树站的谢钟琛、李健采用模拟试验和褐变法界定早钟六号枇杷幼果种胚受冻临界温度为－3℃，果肉受冻临界温度为－4.5℃[3]。福建省农业科学院果树所的刘友接、张泽煌、蒋际谋、郑少泉对长红3号和早钟6号枇杷进行冻害田间调查，划分了枇杷果实冻害等级形态指标：0级——花托、果肉、子房和胚珠或种子均正常；1级——花托、果肉正常，子房和胚珠或种子部分褐变[4]；2级——花托、果肉正常，子房和胚珠或种子完全褐变；3级——花托、果肉、子房和胚珠或种子均褐变。以上研究成果均对枇杷果实冻害防灾减灾提供了重要的理论依据。但是，模拟试验与田间调查存在一定差异，且早钟六号枇杷果实冻害分级气象指标与形态指标间的对应关系及其灾情评估也有待进一步研究确定。

在解决早钟六号枇杷果实冻害的课题中，必先弄清其冻害气象、形态指标。若弄不清其指标，那么趋利避害区域布局及其防御措施的研究势必遇到困难。

本文采用平行观测法研究早钟六号枇杷果实冻害气象指标、形态指标及其灾情评估方法，为早钟六号枇杷的趋利避害优化布局及果实低温冻害预警、评估和防御提供理论依据。

1 材料和方法

1.1 平行观测地点

选择冻害发生频繁代表不同地形气候的2个早钟六号枇杷园，树龄均为5年，布设小气候观测仪器，进行冻害、气象平行观测。测点1：位于福州市晋安区宦溪镇创新村，山顶台地，海拔561 m，以下简称“创新枇杷园”；测点2：位于福州市晋安区宦溪镇桂湖村放牛郎枇杷园，山谷地，海拔86 m，以下简称“桂湖枇杷园”。

1.2 小气候观测仪器的布设

小气候观测仪器采用美国AVALON公司生产的AR5型自动小气候观测仪；为便于与气象台站历史气候观测数据的比较，分别于果园周边相对空旷处安装标准百叶箱，仪器置于百叶箱内，空气温湿度探头离地面高度为1.5米，设置每小时采集1次数据，整点采集。

1.3 冻害调查方法

于冻害发生后第3～5天进行田间冻害调查，采用“梅花型”5点取样法，每次每点随机摘取20个果，总计100个果，解剖观察受害情况，记录受害部位及程度，统计受害百分率，拍摄相关照片。跟踪观察受害幼果的后续生长发育情况。

2 结果与分析

2.1 调查样本

本课题自2005年至2009年，在2个平行观测点共获得9次枇杷果实冻害样本，为便于比较，下面按冻害程度由轻至重的顺序叙述调查结果(见表1)。

表 1 早钟六号枇杷果实冻害田间调查数据

样本编号	时间	地点（海拔，地形）	低温强度/℃	低温持续时间/h	调查果分类		果实各部位褐变数				
							种皮	胚珠或种子	果肉	果皮	受害等级评估
1	2007.1.29—2.3	桂湖（561 m，山顶）	−2.0～−2.5	4	种胚未硬化	76	0	0	0	0	0
					种胚已硬化	24	0	0	0	0	0
2	2008.12.6	创新（561 m，山顶）	−2.0～−2.5	3	种胚未硬化	100	88	0	0	0	1
					种胚已硬化	0	0	0	0	0	0
3	2008.1.2—1.3	桂湖（86 m，谷地）	−2.5～−3.1	8	种胚未硬化	95	59	0	0	0	1
					种胚已硬化	5	0	0	0	0	0
4	2008.1.1—1.2	创新（561 m，山顶）	−3.0～−3.5	4	种胚未硬化	97	84	10	2	0	2
					种胚已硬化	3	2	0	0	0	1
5	2006.1.7—1.8	桂湖（86 m，谷地）	−3.5～−4.1	6	种胚未硬化	95	95	95	95	0	3
					种胚已硬化	5	5	5	5	0	2
6	2005.12.13—12.18	创新（561 m，山顶）	−4.0～−4.5	4	种胚未硬化	96	96	96	96	0	4
					种胚已硬化	4	4	4	4	0	3
7	2007.1.28—1.30	创新（561 m，山顶）	−4.5～−5.0	4	种胚未硬化	54	54	54	54	51	4
					种胚已硬化	46	46	46	46	46	4
8	2009.1.10—1.11	创新（561 m，山顶）	−6.0～−6.6	6	种胚未硬化	97	97	97	97	9	4
					种胚已硬化	3	3	3	3	3	4
9	2005.12.22—12.23	创新（561 m，山顶）	−6.0～−7.6	11	种胚未硬化	90	90	90	90	59	4
					种胚已硬化	10	10	10	10	10	4

2.1.1　样本1

桂湖枇杷园，发生于2007年1月29日至2月3日的冻害，百叶箱气温为－2.0～－2.5℃持续4 h。全园约25%幼果种胚已硬化，约75%幼果种胚未硬化。绝大部分枇杷幼果正常，仅局部低洼地带67%种胚未硬化的幼果种皮局部褐变（褐变表面积在50%以下，下同），种胚、果肉、果皮均正常，而种胚已硬化的幼果则未发现受害症状。这一年产量基本未受影响，仅在低洼地带产生部分小核果（低洼处约减产1成左右），说明样本1已接近冻害临界点。

2.1.2　样本2

创新枇杷园，发生于2008年12月6日的冻害，百叶箱气温为－2.0～2.5℃持续3 h。全园100%幼果种胚未硬化，其中88%的幼果种皮局部褐变，种胚、果肉、果皮均正常。因后期又发生更严重冻害，导致全园绝收，本次冻害所造成的减产幅度难以判断。

比较分析：样本2与样本1气温相近，但样本2已呈现冻害特征，而样本1基本正常，究其原因，可能是样本2之幼果正处种胚发育初期，组织更细嫩，较不耐寒。

2.1.3　样本3

桂湖枇杷园，发生于2008年1月2日至1月3日的冻害，百叶箱气温为－2.5～－3.1℃持续8 h。全园约5%幼果种胚已硬化，约95%幼果种胚未硬化。53%种胚未硬化的幼果种皮局部褐变，种胚、果肉、果皮均正常，而种胚已硬化的幼果则未发现受害症状。在局部低洼地带的调查中发现，种胚未硬化的幼果100%种皮大面积褐变（褐变表面积在50%以上，下同），其中42%幼果种胚局部褐变；而种胚已硬化的幼果100%种皮局部褐变，种胚、果肉、果皮均正常；这一年约减产1成左右，产生大量无核或小核果。

比较分析：调查样本1～3说明，枇杷幼果首先表现冻害症状的部位是种皮，且种胚已硬化的幼果比种胚未硬化的幼果耐寒。

2.1.4　样本4

创新枇杷园，发生于2008年1月1日至1月2日的冻害，百叶箱气温为－3.0～3.5℃持续4 h。全园约3%幼果种胚已硬化，约97%幼果种胚未硬化。87%种胚未硬化的幼果种皮大面积褐变（褐变表面积在50%以上），42%种胚未硬化的幼果种胚局部褐变（横切面褐变面积在5%以下，下同），果肉、果皮均正常；33%种胚已硬化的幼果种皮局部褐变，种胚、果肉、果皮均正常。该果园于2008年2月15日又发生1次较严重冻害，百叶箱最低温度表读数为－3.2℃，但由于自动观测仪器故障，数据未能导出，其低温持续时间无法判定，无法产生平行观测样本。这一年严重减产，基本未形成商品果。

2.1.5　样本5

桂湖枇杷园，发生于2006年1月7日至1月8日的冻害，百叶箱气温为－3.5～4.1℃持续6 h。全园约5%幼果种胚已硬化，约95%幼果种胚未硬化，另有部分种胚未发育幼果（刚谢花）及陆续进入开花期的花蕾。100%种胚未硬化的幼果种皮、种胚完全褐变，果肉中度褐变（横切面褐变面积在5%以上及50%以下，下同），果皮正常；而种胚已硬化的幼果100%种皮大面积褐变，种胚局部褐变，部分果肉见零星褐变斑点（横切面褐变面积在5%以下，下同），果皮正常。在局部低洼地带的调查中发现，种胚未硬化的幼果100%种皮、种胚完全褐变，果肉见中度褐变，果皮正常；未见种胚已硬化的幼果。这一年造成严重减产，单产仅为正常年份的

5成左右。经做标记观察,种胚未硬化的幼果基本停止发育或脱落,种胚已硬化的幼果部分形成小僵果,部分发育成小核果,而刚谢花及正开花的幼果则正常发育形成商品果。

比较分析:调查样本4～5说明,随着冻害的加重,枇杷幼果受害的部位由“种皮—种胚—果肉”逐级延伸,当种胚部分受害而果肉正常时幼果尚可发育成小核果或无核果,当果肉出现受害症状时幼果基本停止发育,形成小僵果或脱落,而刚谢花及正开花的幼果相对耐寒。

2.1.6 样本6

创新枇杷园,发生于2005年12月13日至12月18日的冻害,百叶箱气温为－4.0～－4.5℃持续4 h。全园约4%幼果种胚已硬化,约96%幼果种胚未硬化。100%种胚未硬化的幼果种皮、种胚完全褐变,果肉中度褐变(横切面褐变面积在5%以上及50%以下),果皮正常;而种胚已硬化的幼果100%种皮大面积褐变,种胚外周褐变(中心部正常,横切面褐变面积在5%以下),果肉见零星褐变斑点,果皮正常。这一年部分幼果脱落,部分形成小僵果,基本绝收,未形成商品果。

2.1.7 样本7

创新枇杷园,发生于2007年1月28日至1月30日的冻害,百叶箱气温为－4.5～－5.0℃持续4 h。全园约45%幼果种胚已硬化,约55%幼果种胚未硬化。100%种胚未硬化的幼果种皮、种胚完全坏死、焦干,果肉严重褐变(横切面褐变面积在50%以上,下同),大部分幼果果皮轻度灼伤、坏死;而种胚已硬化的幼果种皮、种胚完全坏死、焦干,果肉严重褐变,果皮全部严重灼伤、坏死。这一年幼果大量脱落,基本绝收,未形成商品果。

2.1.8 样本8

创新枇杷园,发生于2009年1月10日至1月11日的冻害,百叶箱气温为－5.0～－6.6℃持续9 h,其中－6.0～－6.6℃持续6 h。全园约3%幼果种胚已硬化,约97%幼果种胚未硬化。100%种胚未硬化的幼果种皮、种胚完全坏死、焦干,果肉严重褐变,仅1成左右果皮轻度灼伤、坏死,大部分幼果果皮仍青绿;而种胚已硬化的幼果种皮、种胚完全坏死、焦干,果肉严重褐变,果皮严重灼伤、坏死。这说明,在同样低温强度下种胚已硬化的幼果较之种胚未硬化的幼果果皮更易于受害。这一年幼果大量脱落,或形成小僵果,基本绝收,未形成商品果。

2.1.9 样本9

创新枇杷园,发生于2005年12月22日至12月23日的冻害,百叶箱气温为－4.5～－7.6℃持续14 h,其中－6.0～－7.6℃持续11 h。全园约4%幼果种胚已硬化,约96%幼果种胚未硬化。100%种胚未硬化的幼果种皮、种胚完全坏死、焦干,果肉严重褐变,6成左右幼果果皮轻度灼伤、坏死;而种胚已硬化的幼果种皮、种胚完全坏死、焦干,果肉严重褐变,果皮全部严重灼伤、坏死。这一年幼果大量脱落,基本绝收,未形成商品果。

比较分析:调查样本7～9说明,当枇杷幼果的果皮呈现受害症状时为最严重的冻害等级特征,代表绝收。

2.2 早钟六号枇杷果实冻害分级形态指标

本课题通过对大量遭受不同等级低温危害的枇杷果实的解剖观察发现:随着低温强度的增强,受害枇杷果实的外观形态特征呈现一系列递进式变化。首先出现受害症状的是种皮——产生褐变，其次是种胚——产生褐变，第三是果肉——出现褐色斑点，最后是果皮——溃烂、坏死。对不同受害等级的枇杷果实的后续发育进行跟踪观察发现：仅种皮或种胚受害，果实尚可继续发育，果实大小受一定程度影响，一般形成无核或小核果，减产 1～3 成；果肉受害，大部分果实停止发育，形成小僵果，基本丧失商品价值，减产 3 成以上。果皮受害，是毁灭性的，果实大部分坏死、脱落，基本绝收。由此，把枇杷果实低温灾害等级划分为 4 级(见表 1)，其外观形态指标分别如下。

2.2.1　1 级冻害(轻微受害)形态指标

果实种皮局部褐变(褐变表面积在 1 成以下，下同)，种胚、果肉、果皮正常。果实继续发育基本正常，略受影响，一般减产 1 成左右。种胚已硬化果实(种胚横切面全部呈乳白色，下同)种胚及幼果发育基本正常，果形略小，仍可形成商品果；种胚未硬化幼果(种胚横切面全部或部分呈透明或半透明胶状体，下同)种胚发育障碍，形成小核果。调查样本 2 和样本 3 为 1 级冻害特征。

2.2.2　2 级冻害(轻度受害)形态指标

果实种皮中度褐变(褐变表面积在 1 成以上及 5 成以下，下同)，种胚局部褐变(横切面褐变面积在 1 成以下，下同)，果肉、果皮正常。果实继续发育受一定程度影响，一般减产 2～3 成。种胚已硬化幼果种胚发育障碍，形成小核果；种胚未硬化幼果种胚皱缩或干瘪，形成焦核或无核果。调查样本 4 为 2 级冻害特征。

2.2.3　3 级冻害(中度受害)形态指标

果实种皮重度褐变(褐变表面积在 5 成以上，下同)，种胚中度褐变(横切面褐变面积在 1 成以上及 5 成以下，下同)，果肉局部褐变(横切面褐变面积在 1 成以下，下同)，果皮正常。果实继续发育受明显影响，一般减产 3～5 成。种胚已硬化幼果种胚发育基本停滞，果实仍可继续发育，形成小核或焦核果，果形明显偏小；种胚未硬化幼果种胚干瘪，果实发育障碍，形成小僵果，丧失商品价值。调查样本 5 为 3 级冻害特征。

2.2.4　4 级冻害(重度受害)形态指标

果实种皮和种胚重度褐变(褐变表面积或横切面面积在 5 成以上)，果肉中度褐变(横切面褐变面积在 1 成以上及 5 成以下)，果皮正常或局部褐变(褐变表面积在 1 成以下，下同)。果实继续发育受严重影响，一般减产 5 成以上，丧失商品价值。种胚已硬化幼果种胚皱缩、干瘪，果实发育障碍，形成小僵果或脱落，丧失商品价值；种胚未硬化幼果种胚干瘪，部分果肉皱缩，果实发育障碍，形成小僵果或脱落，丧失商品价值。调查样本 6 至样本 9 为 4 级冻害特征。

1～3 级冻害是防灾减灾的重点，可通过采取防冻措施或灾后补救挽回部分损失。4 级冻害基本丧失挽救的意义。

2.3　早钟六号枇杷果实冻害等级的评估气象指标

通过对以上 9 个样本冻害形态特征及其所对应的低温强度和持续时间分析，初步总结得出以下各级冻害气象指标(见表 2～3)。

表 2 早钟六号枇杷种胚未硬化幼果冻害分级气象指标

冻害等级	下限指标		上限指标	
	气温/℃	持续时间/h	气温/℃	持续时间/h
1	−2.0～−2.5	3	−3.0～−3.5	4
2	−3.0～−3.5	4	−3.5～−4.0	6
3	−3.5～−4.0	6	−4.0～−4.5	4
4	−4.0～−4.5	4		

表 3 早钟六号枇杷种胚已硬化幼果冻害分级气象指标

冻害等级	下限指标		上限指标	
	气温/℃	持续时间/h	气温/℃	持续时间/h
1	−3.0～−3.5	4	−3.5～−4.0	6
2	−3.5～−4.0	6	−4.0～−4.5	4
3	−4.0～−4.5	4	−4.5～−5.0	2
4	−4.5～−5.0	2		

2.3.1 1级冻害气象指标

种胚未硬化幼果冻害临界温度指标为−2.0～−2.5℃持续 3 h(调查样本 2 数据,详见表 1,下同)。比较样本 1、2、3 数据,样本 1 低温强度略强于样本 2,却未呈现冻害症状,样本 3 低温强度明显强于样本 2,受害程度也不及样本 2,究其原因,可能是样本 2 之幼果正处种胚发育初期,种胚组织细嫩(从种胚已硬化幼果比例可略见一斑),同时正值初冬,未经抗寒锻炼,较不耐寒,随着发育进程的推进,组织日趋老熟,以及经入冬后的抗寒锻炼,耐寒力增强。此为种胚未硬化幼果 1 级受害的上限温度指标。种胚未硬化幼果 1 级冻害下限判别温度指标为−2.0～−2.5℃持续 3 h 以上,上限判别温度指标为−3.0～−3.5℃持续 4 h 以下。

种胚已硬化幼果冻害临界温度指标为−3.0～−3.5℃持续 4 h(调查样本 4 数据);种胚已硬化幼果 1 级冻害下限判别温度指标为−3.0～−3.5℃持续 4 h 以上,上限判别温度指标为−3.5～−4.1℃持续 6 h 以下。

2.3.2 2级冻害气象指标

种胚未硬化幼果冻害临界温度指标为−3.0～−3.5℃持续 4 h(调查样本 4 数据)。种胚未硬化幼果 2 级冻害下限判别温度指标为−3.0～−3.5℃持续 4 h 以上,上限判别温度指标为−3.5～−4.1℃持续 6 h 以下。

种胚已硬化幼果冻害临界温度指标为−3.5～−4.1℃持续 6 h(调查样本 5 数据);种胚已硬化幼果 2 级冻害下限判别温度指标为−3.5～−4.1℃持续 6 h 以上,上限判别温度指标为−4.0～−4.5℃持续 4 h 以下。

2.3.3 3级冻害气象指标

种胚未硬化幼果冻害临界温度指标为−3.5～−4.1℃持续 6 h(调查样本 5 数据);刚谢花种胚未形成及正值开花期的幼果则比较耐寒,此级温度指标未受害,仍可正常发育形成商品果。种胚未硬化幼果3级冻害下限判别温度指标为－3.5～－4.1℃持续6 h以上,上限判别温度指标为－4.0～－4.5℃持续4 h以下。

种胚已硬化幼果冻害临界温度指标为－3.5～－4.5℃持续6 h(其中－4.0～－4.5℃持续4 h,调查样本6数据)。种胚已硬化幼果3级冻害下限判别温度指标为－4.0～－4.5℃持续4 h以上,上限判别温度指标为－4.5～－5.0℃持续2 h以下。

2.3.4 4级冻害气象指标

种胚未硬化幼果冻害临界温度指标为－3.5～－4.5℃持续6 h以上(其中－4.0～－4.5℃持续4 h,调查样本6数据)。种胚未硬化幼果4级冻害下限判别温度指标为－4.0～－4.5℃持续4 h以上。

种胚已硬化幼果冻害临界温度指标为－4.5～－5.0℃持续2 h以上(调查样本6与样本7经中值法处理所得数据)。样本6低温强度为－4.0～－4.5℃持续4 h,未引起果肉褐变,样本7低温强度为－4.0～－4.5℃持续1 h,－4.5～－5.0℃持续4 h,可见导致果肉褐变的温度等级为－4.5～－5.0℃,经中值法处理后为－4.5～－5.0℃持续2 h。种胚已硬化幼果4级冻害下限判别温度指标为－4.5～－5.0℃持续2～4 h以上。

2.4 早钟六号枇杷不同果实发育时期对低温冻害的敏感性差异

本课题在遭受低温灾害的枇杷园,采集不同发育时期的枇杷果实进行解剖观察,发现种胚未硬化幼果(谢花后种胚刚形成至种胚硬化前的枇杷幼果,种胚呈透明或半透明胶状体)的种胚、果肉最易遭受低温危害,种胚硬化后的枇杷果实较耐低温,并且种胚未硬化幼果的受害临界温度指标高于种胚硬化后的枇杷果实,随着幼果发育进程的推进,耐低温能力逐步增强,但对果皮受害而言,则是种胚硬化后的枇杷果皮较易受害,种胚未硬化的枇杷果皮较耐低温(如调查样本8所述)。刚谢花种胚未形成及正值花期的幼果,则比种胚硬化的果实更耐低温(如调查样本5所述),其受害临界温度指标有待进一步观察。郑少泉提出枇杷果实越大耐寒力越差[5],这一提法是不全面的。因此,枇杷果实低温危害的敏感期为谢花后种胚刚形成至种胚硬化前,即种胚呈透明或半透明胶状体阶段。

2.5 低温强度及持续时间与早钟六号枇杷果实冻害等级的关系

在低温等级相近的情况下,低温持续时间越长,危害越大,如调查样本8～9所述,两样本幼果发育程度相近,但由于样本9低温持续时间比样本8长,其种胚未硬化幼果的果皮受害程度重于样本8。在持续时间相近的情况下,随着低温强度的加强,危害加大,如调查样本4、6所述,两样本幼果发育程度相近,低温持续时间一致,但由于样本6的低温强度强于样本4,其幼果受害程度明显重于样本4。因此,在冻害等级评估时,除考虑低温强度外,还应考虑低温持续时间的影响。由于本文调查样本数有限,结论是定性的。

3 结论与讨论

3.1 枇杷幼果的不同部位对低温的耐受力存在差异

随着低温强度的加强,枇杷幼果呈现冻害形态特征的部位依次为:种胚—果肉—果皮。种胚之种皮受害是枇杷幼果低温灾害的临界特征。若仅种胚受害,幼果一般仍可发育成无核或小核果,这也是生产无核或小核果的契机。当果肉呈现受害特征,大部分果实停止发育,形成小僵果,基本丧失商品价值。果皮受害,是毁灭性的,果实大部分坏死、脱落,基本绝收。

3.2 不同发育阶段的枇杷幼果对低温的耐受力存在差异

枇杷果实对低温危害最敏感的时期为谢花后种胚刚形成至种胚硬化前,即种胚呈透明或半透明胶状体阶段。随着幼果发育进程的推进,耐低温能力逐步增强,种胚硬化后的枇杷果实较种胚未硬化幼果耐低温,但对果皮受害而言,则是种胚硬化后的枇杷果皮较易受害。刚谢花种胚未形成及正值花期的幼果,则比种胚硬化的果实更耐低温。

3.3 低温强度及持续时间与枇杷果实冻害等级密切相关

枇杷果实冻害不仅与低温强度有关,还与低温持续时间有关。在低温等级相近的情况下,低温持续时间越长,危害越大,而在低温持续时间相近的情况下,随着低温强度的加强,危害加大。

3.4 对不同等级的灾害应采取不同的防御、补救措施

1～3 级冻害是防灾减灾的重点,可通过采取防冻措施或灾后补救挽回损失,而 4 级冻害则基本丧失挽救的意义。

3.5 讨论

由于田间调查所获取的样本数有限,特别是处于临界值附近的样本有限,某些临界指标需通过"中值法"处理,故指标界定的精准度有待进一步验证。田间调查费时、费力,样本的获取受天气系统制约,来之不易,且往往缺乏系统性,样本不连续,故应结合模拟控制试验加以完善。

参考文献

[1] 陈正洪. 枇杷冻害的研究(I)枇杷花果冻害的观测试验及冻害因了分析[J]. 中国农业气象,1991,**12**(4):16-20.

[2] 黄寿波,沈朝林,李国景. 我国枇杷冻害的农业气象指标及防御技术[J]. 湖北气象,2000,(4):17-20.

[3] 谢钟琛,李健. 早钟 6 号机杷冻害温度办定及其栽培适宜区区划[J]. 福建果树,2006,(1):7-12.

[4] 刘友接,张泽煌,蒋际谋,等. 枇杷幼果冻害调查[J]. 福建果树,2001,(4):21-22.

[5] 郑少泉,许秀淡,蒋际谋,等. 枇杷品种与优质高效栽培技术院图说说[M]. 北京:中国农业出版社,2005:14.

Distribution Characteristics of Low-temperature and Freezing Damage of Featured Fruit Trees Based on GIS and Distance to Coastline in Fujian Province *

Jiayi Wang　Zhiguo Ma　Jiajin Chen

(Institute of Meteorological Science Fujian Province Fuzhou, China)

Abstract: Using DEM (digital elevation model) data of 1 : 250000 and temperature data of 68 weather stations in Fujian Province, based on the geography and climate equation that formed of longitude, latitude, altitude and annual extreme minimum temperature, the annual extreme minimum temperature was fine simulated by the factor of distance to the coastline. Then the simulated results were amended by the topographic factors of slope and aspect. Combined with the freezing indexes of the featured trees (longan, litchi, Chinese olives) in Fujian Province, distribution of the featured fruit trees was analyzed to avoid freezing. The results showed that: The simulation of extreme minimum temperature is better because of the fusion from the factor of distance to the coastline. The distribution characteristics of freezing level of the featured fruit trees are affected by the higher degree of geographical factors. The results correspond with the actual situation.

Key words: Geographic Information System; distance to the coastline; cold temperature simulation; distribution characte-ristics; featured fruit trees

0　Introduction

Fujian Province is situated on the southeast coast of China with a typical subtropical monsoon climate and favorable climate resources, while also frequent meteorological disasters. Strong winter low temperature processes often have serious frost damage on the featured fruit trees in Fujian. According to the gray relational analysis of meteorological disasters of agriculture in Fujian, it is from big to small in the order as drought, frost, wind hail, floods, so the low-temperature and frost damage is second-largest meteorological disasters that caused the loss of agricultural production in Fujian [1]. In the past 50 years, it occurred

* 基金项目：中国气象局小型业务项目(2012209)；科技部农业科技成果转化资金项目(2009GB24160500)；福建省气象局开放式气象科学研究基金项目(2009K01)。

本文发表于《2010 年第二届数字自动化与制造业国际会议》,(EI 收录)。

3 years of abnormal colder and 2 years of significantly colder in Fujian that the temperature levels of the weather stations were up to four. Once the Province's annual extreme abnormal or significantly colder temperatures often happened, it would give the featured fruit trees and other winter crops freezing or chilling damage in different degrees in Fujian [2].

It is difficult to fully reflect the distribution characteristics of temperature in Fujian Province because of a few of existing ground weather stations, so the main approach is to establish the multiple regression model of the average air temperature and the three geographic factors of longitude, latitude, altitude to simulate in the past [3-5]. Some researchers obtain the terrain elements that affect the temperature distribution to reckon the spatial distribution of air temperature using GIS technology [6-9], and have a substantial increase in the temperature simulation resolution. However, the simulation of the minimum temperature was less, considering the factor of distance to the coastline was more less. Some scholars added the factor of distance to the coastline to increase the goodness of fit between the predictive value and the actual value in basis of the three geographical factors [10-15]. But in these studies, the calculating method of the distance to the coastline was often arc method or the grid distance, and the accuracy subject to certain restrictions.

This paper improves the simulation accuracy of the extreme minimum temperature integration of distance to the coastline and slope, aspect, using GIS on the base of the previous studies to the temperature simulation, and the results play the role of scientific guidance to the distribution characteristics of the featured fruit trees to avoid freezing in Fujian.

1 Data and method

1.1 Data

In this study, the meteorological data from meteorological bureau in Fujian Province, including the plane coordinate system coordinates (x, y, in lieu of longitude, latitude) and altitude (h), as well as the annual extreme minimum temperature (T_d) data of the 68 weather stations selected.

Digital elevation, coastlines, and slope and aspect data are extracted from the "Digital Fujian" project; the vector map data of provincial and municipal borders also are provided.

1.2 Models and methods

1.2.1 Determining meteorological factors of freezing damage of the featured fruit trees

Each fruit tree requires different on the weather conditions that can make different damage on trees. In this paper the minimum temperature T_d is used to be the main meteorological factor to affect the survival of fruit trees in Fujian Province. For perennial trees, the flourishing period from planting may take some 7 to 8 years, and even a longer time [16,17]. From an economic point of view of culture, the T_d values with a once period of 10 years (that guaranteed rate 90%) can more objective reflect the situation of low-temperature and freezing damage of the featured fruit trees.

1.2.2 Definition of distance to coastline and topographical factor

The slopes of topography were divided into the flat (no slope), the north slope (0°～45° or 315°～360°), the south slope (135°～225°) and the east-west slope (45°～135° or 225°～315°), the slope with corresponding topography expressed clockwise rotation angle and the north direction as 0°. In this study, the slope is limited to less than 40° (that is the flat ⩽1°, the southern slope for 1°～25°, the north slope and the east-west slope separate 1°～40°). Under the same conditions, the steep slope helps avoid the cold for cold air is not easy packing [18].

This "coastline" is defined as the traces of seawater when it reaches the edge of the terrestrial and the land boundary left over between the flooding and the dry out [19].

1.2.3 Freezing damage index of featured fruit trees

Considering the terrain factors, the indexes of freezing damage level of the featured fruit trees are as follow (table 1).

Table 1 The indexes of freezing damage level of the featured fruit trees in Fujian

Degree of freezing	Topography	Longan T_d/℃	Chinese Olives T_d/℃	Litchi T_d/℃
No	Flat	⩾1.0	⩾−1.0	⩾1.3
	North slope	⩾1.3	⩾−0.7	⩾1.6
	South slope	⩾−0.5	⩾−2.5	⩾−0.2
	East-west slope	⩾0.4	⩾−1.6	⩾0.7
Slight	Flat	−1.0～1.0	−1.0～−2.0	−0.7～1.3
	North slope	−0.7～1.3	−0.7～−1.7	−0.4～1.6
	South slope	−2.5～−0.5	−2.5～−3.5	−2.2～−0.2
	East-west slope	−1.6～0.4	−1.6～−2.6	−1.3～0.7
Moderate	Flat	−2.0～−1.0	−2.0～−3.0	−1.7～−0.7
	North slope	−1.7～−0.7	−1.7～−2.7	−1.4～−0.4
	South slope	−3.5～−2.5	−3.5～−4.5	−3.2～−2.2
	East-west slope	−2.6～−1.6	−2.6～−3.6	−2.3～−1.3
Severe	Flat	−3.0～−2.0	⩽−3.0	−2.7～−1.7
	North slope	−2.7～−1.7	⩽−2.7	−2.4～−1.4
	South slope	−4.5～−3.5	⩽−4.5	−4.2～−3.2
	East-west slope	−3.6～−2.6	⩽−3.6	−3.3～−2.3
Severity	Flat	⩽−3.0	/	⩽−2.7
	North slope	⩽−2.7	/	⩽−2.4
	South slope	⩽−4.5	/	⩽−4.2
	East-west slope	⩽−3.6	/	⩽−3.3

1.2.4 Spatial reckoning method of freezing damage index of fruit trees

First the three spatial reckoning temperature models are established: T_d and three geographical factors, T_d and three geographical factors distance to coastline factor, T_d and the three geographical factors and the appropriate distance to the coastline factor. Then the model that is of the smallest residual sum of squares by comparison is used to simulate the spatial distribution of the fruit freezing damage index after superposing the slope and aspect.

2 Results and analysis

2.1 Determining the factor of distance to coastline

Use of the meteorological data from 1950/1951 to 2008/2009, the correlativity was analyzed between the multi-year average value (T_{DP}) of annual extreme minimum temperature and the distance to coastline (d). The results showed that this was the best correlation after treatment of the d factor (table 2), so d was selected to participate in the calculation of the temperature simulation. As can be seen from table 2, $d^{1/4}$ is a negative correlation to the T_{DP}, and $r(T_{DP}, d_{1/4}) = -0.77672$, $\alpha=0.001$, $N-2=65$, $r_d=0.3939$, $|r(T_{DP}, d_{1/4})| \gg r_d$, so the correlation is extremely significant. After statistical analysis, when d is 50 km that can make the minimum residual sum of squares of the simulated minimum temperature on both sides and T_{DP}. So in this paper the d value is 50 km.

Table 2 The correlation analysis results of T_{DP} and D

Distance to coastline	d	$1/d$	$d^{1/2}$	$d^{1/4}$	$d^{1/6}$	$Ln(d)$	$log_{10}(d)$
Coefficient (r)	−0.7200	0.3879	−0.7698	−0.7767	−0.7724	−0.7493	−0.7493
Residual sum of squares	349.1544	615.8464	295.2921	287.5710	292.3903	317.9165	317.9165

2.2 Spatial reckoning low-temperature models

The reckoning model of T_d and x, y, h:

$$T_d = 50.67302 + 0.0000132612x - 0.000020628y - 0.005112813h \tag{1}$$

The reckoning model of T_d and x, y, h, d:

$$T_d = 43.190414 + 0.0000069394x - 0.000015911y - 0.004944h - 0.1471d^{1/4} \tag{2}$$

When d≤50 km, the reckoning model considers it, vice versa:

$$T_d = \begin{cases} 69.64266 + 0.00002156x - 0.000029y - 0.003082h - 0.104d^{1/4} & (d \leq 50\text{ km}) \\ 40.13866 + 0.00001001x - 0.00001643y - 0.004978h & (d > 50\text{ km}) \end{cases} \tag{3}$$

In equation (1)~(3), the correlation coefficients were 0.9712, 0.9759, 0.9519 and 0.9658, F test values were 353.05, 314.56, 62.68 and 353.05, all were through the test and the correlations were significant. The residual sum of squares was 46.75, 39.12 and 31.29 (18.08, 13.21), so the temperature simulation model (3) is the best one.

The low-temperature spatial reckoning model is computed by the T_d and slope and aspect for logic operations:

$$T_{d1} = (T_d) \text{ AND } (P_{D_1}) \tag{4}$$

$$T_{d2} = \{[(T_d) \text{ AND } (P_{X_{2A}})] \text{ OR } [(T_d) \text{ AND } (P_{X_{2B}})]\} \text{ AND } (P_{D_2}) \tag{5}$$

$$T_{d3} = (T_d) \text{ AND } (P_{X_3}) \text{ AND } (P_{D_3}) \tag{6}$$

$$T_{d4} = \{[(T_d) \text{ AND } (P_{X_{4A}})] \text{ OR } [(T_d) \text{ AND } (P_{X_{4B}})]\} \text{ AND } (P_{D_4}) \tag{7}$$

In equation (4) ~ (7), $T_{d_1} \sim T_{d_4}$ is the fruit freezing damage index of the flat, north slope, south slope and the east-west slope; $P_{X_{2A}}$, $P_{X_{2B}}$, P_{X_3}, $P_{X_{4A}}$, $P_{X_{4B}}$ for the slope; $P_{D_1} \sim P_{D_4}$ as the aspect.

2.3 Spatial reckoning models of fruit freezing damage index using GIS and distance to coastline

Using equation (3)~(7), the spatial distribution characteristics of the freezing damage index of the featured fruit trees were calculated, and all levels distribution of frost damage were synthesized to form a map of 50 m × 50 m grid of the fruit freezing damage index of the different slope and aspect. According to table 1 in the freezing damage grading index, it was divided into five freezing damage regions in Fujian: no, slight, moderate, severe, severity damage, by rendering and superimposing on the regional elements of the necessary information, and finally the maps of low-temperature and freezing damage of the featured fruit trees in Fujian were formed(figure 1)[19].

2.4 Regional analysis on low-temperature and freezing damage of featured fruit trees

The table 1 indicates that: the no freezing damage regions of the featured fruit trees in Fujian are mainly in the southeast coastal areas, the inland of low-lying and valley areas are also scattered, in this region the featured fruit trees can be planted. The slight freezing damage regions are located in the higher elevations and near the southern slope of non-freezing damage ones, with smaller area, so you can also have a choice for planting the fruit trees. Moderate ones are in the high altitude, more near the northwest region, with the area close to the slight ones, so those areas should control the featured fruit trees planted. The remains are the severe and severity frost damage zone, mainly in the northwest of Fujian Province, the high elevation areas and some scattered plots of the northern slope, in this region does not promote the cultivation of the featured fruit trees.

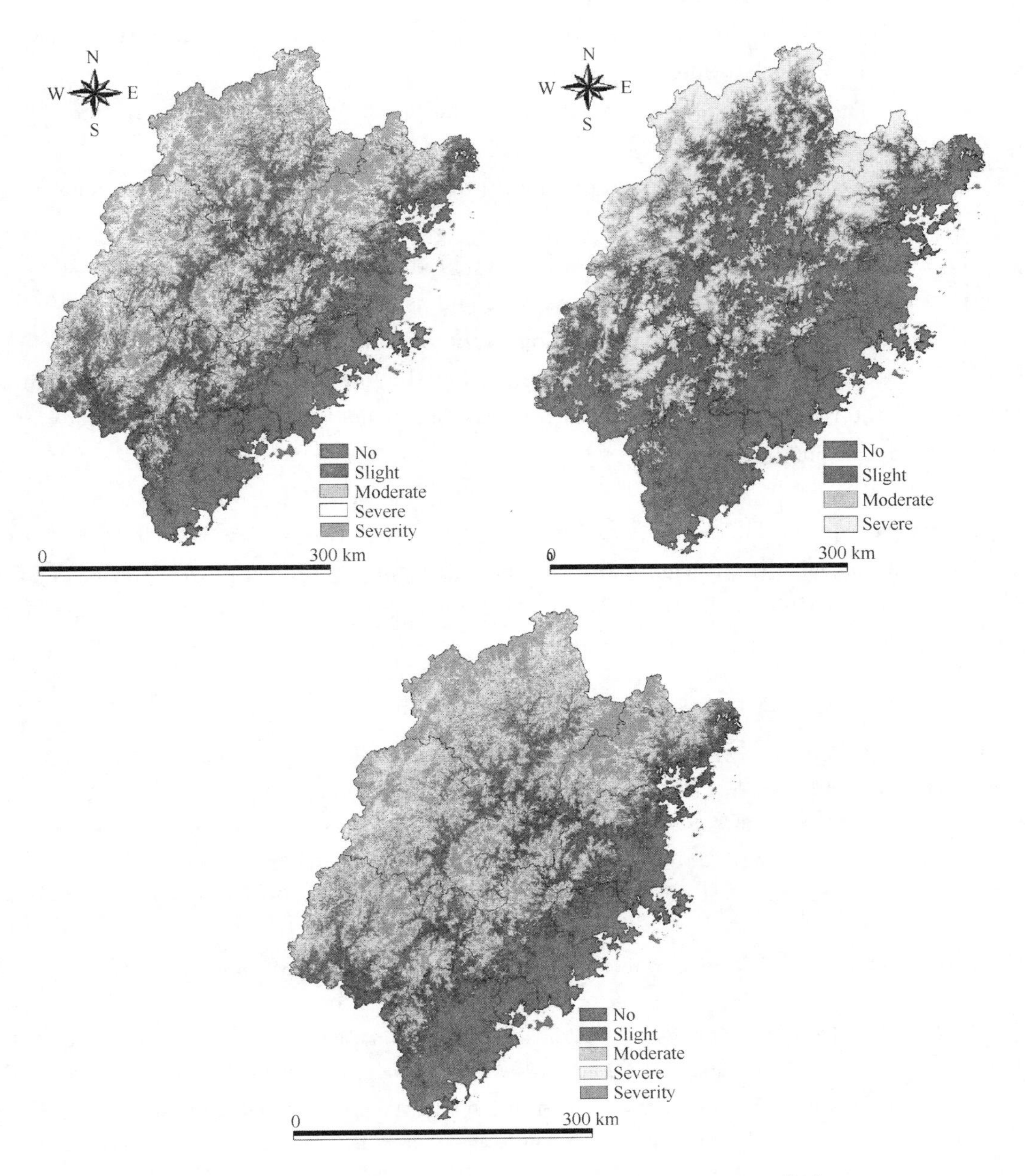

Fig. 1 Reflectivity of different land use types over study area(彩图 12)

3 Conclusions and Discussions

The planting regions of the featured fruit trees in Fujian Province are obvious affected by the geographical factors, using GIS and the distance to the coastline, and terrain factors, it can effectively simulate the distribution of the featured fruit trees that affected by low-temperature. The main conclusions are as follows:

(1) The low-temperature distribution was negatively correlated to the distance to the coastline, altitude, and latitude.

(2) It can improve the low-temperature simulation accuracy for the integration of the distance to the coastline.

(3) The low-temperature distribution in Fujian Province is mainly increasing from northwest to southeast.

(4) The partial weather condition is also suitable for planting of the featured fruit trees in Fujian in a small area that is affected by slope and aspect.

In this study, it is an instructive meaning to the reasonable cultivation and scientific layout of the featured fruit trees in Fujian Province, but the low-temperature drop treatment of both sides of the region of the distance to the coastline is not considered, so the study of it needs to be deep done in the future.

Acknowledgement: This study was funded by those projects: CMA Small Business project (2012209); Agricultural Science and Technology Applying project of Ministry of Science and Technology in China (2009GB24160500); Fujian Provincial Meteorological Bureau of Meteorology Open Research Fund (2009K01).

References

[1] ZHANG X, ZHENG Y F, ZHOU L Z. Grade classification and annual case assessment of agro-meteorological disasters in Fujian Province. *Chinese Journal of Ecology*, 2007, **26**: 418-421.

[2] CAI W H, WANG J, YE H Y. Statistical characteristics of annual minimum temperature in recent 50 years in Fujian Province. *Meteorological Science and Technology*, 2005, **33**: 230-230.

[3] LUO L. Computing method of average air temperature in no weather station. *Meteorological Monthly*, 1978: 31-32.

[4] LIANG J, ZHU J L. Estimating method of heat resource in mountain. *Meteorological Monthly*, 1981: 24-25.

[5] ZHANG H L, NI S X, DENG Z W, et al. A method of spatial simulating of temperature based digital elevation model (DEM) in mountain area. *Journal of Mountain Research*, 2006: 360-364.

[6] YANG F H, WANG S, LIU X Q, et al. The spatial interpolation and geodatabase goundation of average 10-day air temperature of Heilongjiang Province in recent 10 years based on ArcGIS. *Heilongjiang Agricultural Sciences*, 2009: 120-124.

[7] LI J, YOU S C, HUANG J F. Spatial interpolation method and spatial distribution characteristics of monthly mean temperature in China during 1961—2000. *Ecology and Environment*, 2006: 109-114.

[8] TANG L S, DU Y D, CHEN X G, et al. Temperature dynamic monitoring model of cold disaster event in Guangdong Province. *Chinese Journal of Ecology*, 2009, **28**: 366-370.

[9] FANG S M, QIN J W, LI Y F, et al. Method of spatial interpolation of air temperature based on GIS in Gansu Province. *Journal of Lanzhou University*, 2005, **41**: 6-9.

[10] CAI W H, LI W. Using geographic elements simulating annual minimum temperature. *Meteorological Monthly*, 2003, **29**: 31-34.

[11] WANG J Y, LI W, CAI W H. Climate division of frost of fruit trees in southeast of Fujian Province based on GIS. *Fujian Agricultural Science and Technology*, 2005:60-62.

[12] MARKOW T A, RAPHAEL B, DOBBERFUHL D. Elemental stoichiometry of drosophila and their hosts. *Functional Ecology*, 1999, **13**:78-84.

[13] MATZARAKIS A, BALAFOUTIS C. Heating degree-days over Greece as an index of energy consumption. *International Journal of Climatology*, 2004, **24**:1817-1828.

[14] MIYAZKI H, MORIYAMA M. Study on estimation of air temperature distribution by using neural network. *Journal of Architecture, Planning and Environmental Engineering* (Transactions of AIJ). 2001, **543**:71-76.

[15] MYBURGH J. Estimation of minimum temperature on a mesoscale. *South African Journal of Plant and Soil Functional Ecology*, 1985, **2**:89-92.

[16] WANG J Y, CHEN H, CAI W H, et al. Climate section on the orange in southeast of Fujian Province based on GIS and analysis of preventing frostbite. *Chinese Agricultural Science Bulletin*, 2007, **23**: 441-444.

[17] WANG J Y, CHEN H, LI W, et al. GIS application to the analysis of freezing damage of Longan in Fujian. *Chinese Agricultural Science Bulletin*, 2007, **24**:500-503.

[18] XIA D X, DUAN Y, WU S Y. Study on the methodology of recent coastline delimitation. *Journal of Marine Sciences*, 2009, **27**:28-33.

[19] CHEN J, KANG W M, ZHENG X B, et al. Application of GIS in climatic classification of fruit trees in Guizhou. *Guizhou Agricultural Sciences*, 2007, **35**:24-26.

复杂地形下的福建省龙眼冻害风险评估*

王加义　陈家金　徐宗焕

（福建省气象科学研究所，福州　350001）

摘要：为减小福建省龙眼冻害损失，提高在复杂地形下的防御冻害风险能力，利用福建省 67 个气象站 1950/1951—2009/2010 年 60 a 的极端最低气温资料，融合经纬度、海拔高度、坡度和坡向等地理因子，构建复杂地形条件下的龙眼冻害分布模型，基于 GIS 技术分别得出龙眼冻害危险性、暴露性和防灾减灾能力等因子空间分布状态，进而确定龙眼冻害的风险区划并进行风险评估和分析。结果表明：龙眼冻害无（轻）风险区域主要分布在莆田及其以南的沿海县（市）；低风险区域分布比较广泛且零散，总面积较小；中风险区域面积大、分布广，主要是分布在海拔较高的丘陵山地；高风险区域主要在南平北部的武夷山脉、宁德西北部的鹫峰山脉、龙岩的玳瑁山脉及其他高海拔地区和部分较高海拔的北坡区域。

关键词：风险评估；复杂地形；低温冻害；龙眼

0　引言

龙眼是中国南方的名贵特产，是重要的亚热带果树之一，它和荔枝并列为无患子科果树中最优的两种果树。在国际龙眼栽培国家中，中国居首要位置[1]。福建地处中、南亚热带，雨量充沛、日照长、无霜期短、热量资源充足，属温暖湿润的亚热带海洋性季风气候[2]，历史上福建为中国龙眼栽培最多的省份。但福建的气象灾害也较为频繁，对龙眼影响最大的是低温冻害。龙眼耐寒力较差，气温降至 0℃时幼苗受冻，－0.5～－1℃时，成株表现不同程度的冻害，－4℃时青壮年龙眼树会整株的死亡[3]。近 50 年来，福建出现了 3 年的异常偏冷和 2 年明显偏冷的低温，这 5 个年度各气象台站年景级差达 4 级。一旦全省年度极端气温出现异常或明显偏冷，往往会给福建的果树造成不同程度的冻害[4]。低温气候环境已经成为制约福建龙眼高产稳产的主要因素，对其进行冻害风险评估十分必要。

福建地貌可用“八山一水一分田”来概括，局地多样小气候环境造成龙眼低温冻害风险程度各不相同。现有的地面气象站比较稀少，难以全面反映福建省气温分布状况，以往采取的方法主要是建立平均温度与经度、纬度、海拔高度地理三因子的多元回归模型进行模拟[5-7]。一些研究者在气象站点实测数据的基础上，利用 GIS 技术获取影响温度分布的地形要素进行温度空间分布的推算[8-12]，大幅提高了分辨率，但对最低气温的模拟较少涉及。风险评估方面的文章较多[13-18]，在复杂地形下进行灾害模式研究有一些论述[19,20]，但在复杂地形环境下进行

* 基金项目：福建省气象局开放式气象科学研究基金项目（2009K01）；
本文发表于《环境科学与技术》，2011，(S2)。

龙眼低温冻害风险评估的研究未见相关资料。本文利用 GIS,融合坡度、坡向和海拔高度等地形因子,结合龙眼冻害指标和专家经验,基于风险评估方法分析潜在的龙眼冻害风险程度,明确各级风险区域,进而阐明应对高风险的措施,为福建龙眼种植和生产的趋利避害、优化布局提供科学决策依据,研究具有现实意义。

1 资料与方法

1.1 资料来源与处理

1.1.1 资料来源

气象资料来源于福建省气象局,包括福建省 67 个气象站点历年的年度极端最低气温值(T_d),各气象站经纬度和海拔高度(h)。农业资料来源于福建省统计局,包括历年(1992—2008 年)龙眼种植面积和农民纯收入。地理信息资料利用“数字福建”提供的 1∶25 万基础地理背景资料,包括 DEM(Digital Elevation Model,数字高程模型)、行政边界等数据,坡度、坡向资料利用福建 DEM 数据生成。

1.1.2 资料处理

利用相关、插补订正和邻站类比的方法将 67 个气象站点历年 T_d 值,统一整理为 1950/1951—2009/2010 年度资料。计算各站的历年 T_d 平均值记为 T_{id},代表 i 站的多年年度极端最低气温平均值。统计各县(市、区)在 60 年中 T_d 在 0℃以上(不含 0℃,下同),0～−1℃,−1～−2℃,−2～−3℃,−3℃以下各温度段出现次数,计算出现频率。将频率结果作归一化处理,记为 P_{ij},代表 i 县的 T_d 在 j 温度段的发生频率。

将龙眼种植面积以县(市、区)为单位进行多年平均,将均值作归一化处理,记为 Q_i,代表 i 地区历年龙眼平均种植面积。农民纯收入的处理方法与龙眼种植面积的处理方法相同,记为 S_i,代表 i 地区农民平均纯收入。

1.2 复杂地形下福建龙眼冻害风险评估方法

1.2.1 低温冻害风险指数

自然灾害风险是危险性、暴露性和脆弱性相互综合作用的结果,防灾减灾能力对于自然灾害风险度大小也具有一定的影响,因此在区域自然灾害风险形成过程中,危险性(H)、暴露性(E)、脆弱性(V)和防灾减灾能力(R)是相辅相成的,灾害风险是四者综合作用的结果[21]。本研究中龙眼对于低温冻害的物理暴露性与其脆弱性有着密切关系,可以用暴露性指标(种植面积)来涵盖脆弱性指标[22](气象减产率)。以龙眼受低温冻害的风险度作为风险评估的指标,参考相关风险量化公式[23,24],龙眼低温冻害风险可以表示为:

龙眼低温冻害风险指数(M)=危险性(H)+暴露性(E)−防灾减灾能力(R)

相对应的公式表示为:

$$\mathrm{LCDR}_i = H_i W_h + E_i W_e - R_i W_r \tag{1}$$

其中,LCDR_i是 i 地区的龙眼低温冻害风险指数,其数值越大,表示冻害风险越大;H_i,E_i和R_i分别表示i 地区的低温冻害危险性、暴露性和防灾减灾能力;W_h,W_e和 W_r分别是危险性、暴露性和防灾减灾能力的权重,采用专家评分法,分别为 0.918,0.065,0.017,可以看出冻害危险性所占权重很大，在风险评估中起决定性作用。

1.2.2 确定不同地形下的冻害危险性

灾害危险性是指造成灾害的自然变异的程度，主要是由灾变活动规模（强度）和活动频次（概率）决定的。一般灾变强度越大，频次越高，灾害所造成的损失越严重，灾害的风险也越大。对于龙眼冻害的危险性，以年度最低气温的发生强度 G 和发生时间频率 P 来表示，其表达式为

$$H_i = \frac{1}{n_1}\sum_{j=0}^{n} G_{ij} P_{ij} \qquad (n = 0,1,2,3,4) \tag{2}$$

式(2)中 n_1 为冻害强度出现次数，n 为冻害强度，G_{ij} 为 i 地区 n 等级冻害强度的权重值，其取值通过专家评分法确定为 0，0.05，0.15，0.3，0.5。

首先，建立危险性与经纬度及海拔高度的关系模型

$$H_i = -0.000000425x_i + 0.000000788\, y_i + 0.000552h_i - 1.965 \tag{3}$$

式(3)中 x_i，y_i，h_i 为 i 地区的经度、纬度和海拔高度，从经济栽培角度考虑，采用10年一遇（即保证率为90%）的 H_i 来反映龙眼低温冻害危险性。H_i 值地理推算模型的复相关系数 $R=0.8963$，$F=85.8$，$f_1=3$，$f_2=64$，$F_{0.01}=3.65$，$F \gg F_{0.01}$，相关性极为显著。

根据福建龙眼冻害实际情况，结合有关专家意见，龙眼低温冻害危险性分级指标见表1。

表1 福建龙眼低温冻害危险性分级指标

冻害危险性	地形	90%保证率 H_i	坡向(°)	坡度(°)
无(轻度)冻害危险	平地	≤0.1	无	≤1
	北坡	≤0.07	0～45或315～360	1～25
	南坡	≤0.16	135～225	1～40
	东、西坡	≤0.12	45～135或225～315	1～40
中度冻害危险	平地	0.1～0.2	无	≤1
	北坡	0.07～0.17	0～45或315～360	1～25
	南坡	0.16～0.26	135～225	1～40
	东、西坡	0.12～0.22	45～135或225～315	1～40
重度冻害危险	平地	0.2～0.4	无	≤1
	北坡	0.17～0.37	0～45或315～360	1～25
	南坡	0.26～0.46	135～225	1～40
	东、西坡	0.22～0.42	45～135或225～315	1～40
严重冻害危险	平地	>0.4	无	≤1
	北坡	>0.37	0～45或315～360	1～25
	南坡	>0.46	135～225	1～40
	东、西坡	>0.42	45～135或225～315	1～40

由于地形因素对温度的影响，相同 H_i 的不同地域往往对龙眼冻害潜在危险程度却不相同，将地形对 H_i 的影响考虑进来更能反映实际的龙眼冻害情况。地形中的坡向可分为平地、北坡、南坡和东西坡，坡向与地形相对应以正北为0°顺时针旋转的角度表示。在本研究中，限

定坡度在40°以内。同等条件下，坡度大，冷空气不易堆积，有利于避冻[25]，潜在危险性相应减小。将 H_i 与坡度、坡向进行逻辑关系运算，得到综合空间推算模型式(4)～(7)。

$$H_{i1} = (H_i)\mathrm{AND}(P_{D1}) \tag{4}$$

式(4)中：H_{i1} 代表平地龙眼冻害危险度；P_{D1} 代表平地坡度，$P_{D1} \leqslant 1°$。

$$H_{i2} = \{[(H_i)\mathrm{AND}(P_{X2A})]\mathrm{OR}[(H_i)\mathrm{AND}(P_{X2B})]\}\mathrm{AND}(P_{D2}) \tag{5}$$

式(5)中：H_{i2} 代表北坡龙眼冻害危险度；P_{X2A}，P_{X2B} 代表北坡的坡向，$0° \leqslant P_{X2A} \leqslant 45°$，$315° \leqslant P_{X2B} \leqslant 360°$；$P_{D2}$ 代表北坡坡度，$1° < P_{D2} \leqslant 25°$。

$$H_{i3} = (H_i)\mathrm{AND}(P_{X3})\mathrm{AND}(P_{D3}) \tag{6}$$

式(6)中：H_{i3} 代表南坡龙眼冻害危险度；P_{X3} 代表南坡的坡向，$135° \leqslant P_{X3} \leqslant 225°$；$P_{D3}$ 代表南坡坡度，$1° < P_{D3} \leqslant 40°$。

$$H_{i4} = \{[(H_i)\mathrm{AND}(P_{X4A})]\mathrm{OR}[(H_i)\mathrm{AND}(P_{X4B})]\}\mathrm{AND}(P_{D4}) \tag{7}$$

式(7)中：H_{i4} 代表东、西坡龙眼冻害危险度；P_{X4A}，P_{X4B} 代表东、西坡的坡向，$45° < P_{X4A} < 135°$，$225° < P_{X4B} < 315°$；P_{D4} 代表东、西坡坡度，$1° < P_{D4} \leqslant 40°$。

1.2.3 确定冻害风险的其他影响因子

暴露性或承险体是指可能受到危险因素威胁的人员、财产或其他能以价值衡量的事物。一个地区暴露于危险因素的事物越多，则可能遭受的潜在损失就越大，灾害风险越大。本文以龙眼的种植面积作为龙眼冻害风险的暴露性特征，种植面积越大，遭受冻害的潜在损失越大，冻害风险越大，其表达式为

$$E_i = Q_i \tag{8}$$

防灾减灾能力表示出受灾区在长期和短期内能够从灾害中恢复的程度，能力越高，可能遭受的潜在损失越小，灾害风险越小。由于防灾减灾能力包括的范围很广，数据的收集受到条件限制，本研究以农民人均纯收入作为防灾减灾能力因子，其表达式为

$$R_i = S_i \tag{9}$$

根据式(1)确定出龙眼的 $LCDRI_i$，形成相应风险区划进行风险评估。根据计算结果和福建省实际情况确定各指标的分级标准，见表2。

表2 各因子及风险指数的分级标准

程度	暴露性指数	防灾减灾能力指数	风险指数
高	0.1以上	0.04以上	0.4以上
中	0.05～0.1	0.03～0.04	0.2～0.4
低	0.01～0.05	0.02～0.03	0.1～0.2
轻	0.01以下	0.02以下	0.1以下

2 结果与分析

2.1 龙眼冻害危险性及冻害潜在风险空间分布

利用上述(4)～(7)公式，分别推算冻害危险性指标在空间分布的状态，将各级指标图合

成，确定福建 50 m×50 m 网格的龙眼冻害危险性指标在不同坡度、坡向上的分布图。根据表 1，将福建分为无（轻度）冻害危险、中度冻害危险、重度冻害危险、严重冻害危险四个区域，叠加福建县级行政边界和政府所在地等图层要素，形成福建龙眼低温冻害危险性复杂地形分布图，见图 1。利用公式（8），（9）计算得出暴露性和防灾减灾能力指标，为反映全面性，如某区域指标值缺失，则赋予该区域一极小值处理。

根据公式（1）计算得到福建省龙眼在复杂地形下的低温冻害潜在风险指数值分布图，见图 2。

2.2　龙眼冻害风险分析

龙眼冻害无（轻）风险区域分布在莆田及其以南的沿海城市，主要集中在泉州、厦门、漳州 3 市的东部，福州市的长乐、福清等地有较少分布，宁德内湾南坡也有零星分布，该区域龙眼无冻害或少冻害，受冻风险极低，种植面积适中，经济实力雄厚，防灾减灾能力较强，可发展该区域的龙眼种植业。今后应着力品种的更新改造，早、中、迟熟品种合理搭配，避免集中上市，同时考虑龙眼的深加工，争取更大经济效益。

龙眼冻害低风险区域分布比较广泛，东至宁德的福鼎，西至龙岩的武平，北至南平的建瓯，南至漳州的诏安。但该区总面积不大，主要分布在闽江干流下游河谷以及沿海各县从平原到丘陵过渡的缓坡地上和内陆低海拔的南坡地上。在本区域要注意选择有利的地形，例如向阳缓坡地的中坡位地段，适当发展龙眼种植，避开低洼冻害重的地块。

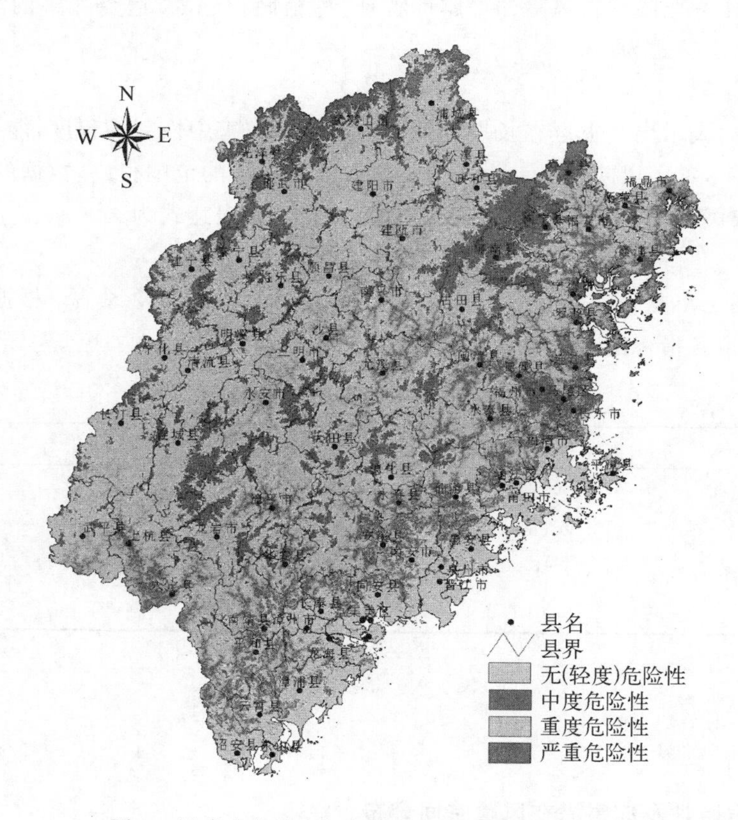

图 1　福建省龙眼冻害危险性空间分布图（彩图 13）

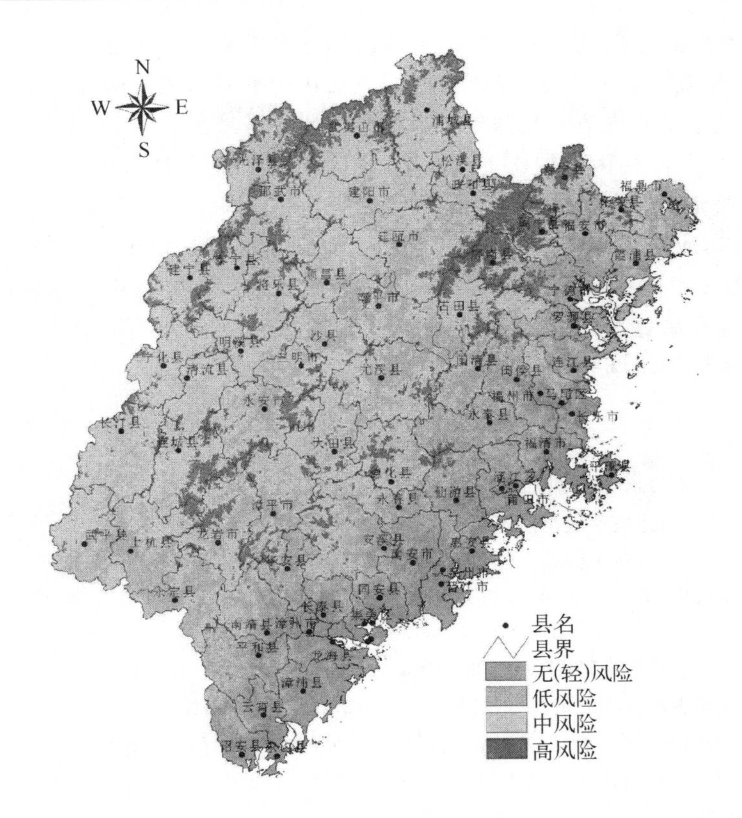

图 2 福建省龙眼冻害潜在风险空间分布图(彩图 14)

龙眼冻害中风险区域面积较大,从福鼎到诏安均有分布,在龙岩市的东部和南部、福州市的北部和西部也有零星分布,主要是海拔高度较高的丘陵山地。该区冻害频繁且严重,龙眼产量低、质量差。因该区冻害风险较高,一般不作为龙眼发展区域,除非个别特别有利的小地形外。

龙眼冻害高风险区域主要在南平北部武夷山脉、宁德的鹫峰山脉、龙岩的玳瑁山脉及其他地区高海拔地区,部分较高海拔的北坡区域也有分布,由于该区冻害发生程度严重、频次较高,不建议种植龙眼。

3 讨论和小结

在复杂地形条件下对福建龙眼冻害潜在风险进行评估,可以避免龙眼种植的盲目性,达到科学布局的目的,根据风险水平合理配置资源,在冻害高风险区控制种植面积、加大预防冻害资金投入、制定防冻措施等,达到投入产出比最大化。本文阐述了在复杂地形下进行福建龙眼冻害风险评估的方法,实际效果较好。主要结论如下:

(1)利用坡向、坡度、海拔高度因子可以反映福建省龙眼冻害潜在风险在复杂地形环境下的分布格局。

(2)龙眼冻害无(轻)风险区域分布在莆田及其以南的沿海城市,主要集中在泉州、厦门、漳州 3 市的东部;低风险区域分布比较广泛,但该区总面积不大,主要分布在闽江干流下游河谷,以及沿海各县从平原到丘陵过渡的缓坡地上和内陆低海拔的南坡地上；中风险区域面积大、分布广，主要是海拔较高的丘陵山地；高风险区域主要在南平北部武夷山脉、宁德的鹫峰山脉、龙岩的玳瑁山脉及其他高海拔地区和部分较高海拔的北坡区域。

(3)风险评估中危险性因子的比重最大，其他因子对风险指数的影响较小，但在体现风险布局细节和风险划分指标时仍具有重要作用。

根据研究结果，应该在冻害轻风险的气候适宜区大力发展龙眼种植业，在冻害高风险区域，要制定防御气象灾害措施，加强防灾减灾能力建设。尽管本文得出了龙眼在复杂地形环境下的龙眼冻害风险布局，但由于农业资料不完整，难免在部分区域存在误差，需在今后研究中对冻害风险分布做进一步调整。

参考文献

[1] 李来荣，庄伊美. 龙眼栽培[M]. 北京：农业出版社，1983：1-1.

[2] 福建省计划委员会. 福建农业大全[M]. 福建：福建人民出版社，1992：58-58.

[3] 柯冠武. 龙眼无公害生产技术[M]. 北京：中国农业出版社，2003：36-38.

[4] 蔡文华，王加义，岳辉英. 近 50 年福建省年度极端最低气温统计特征[J]. 气象科技，2005，**33**(3)：230-230.

[5] 罗伦. 无测站地方平均气温的推求方法[J]. 气象，1978，(2)：31-32.

[6] 梁敬，朱家龙. 山区热量资源的估算方法[J]. 气象，1981，(10)：24-25.

[7] 张洪亮，倪绍祥，邓自旺，等. 基于 DEM 的山区气温空间模拟方法[J]. 山地学报，2002，**20**(3)：360-364.

[8] 方书敏，秦将为，李永飞，等. 基于 GIS 的甘肃省气温空间分布模式研究[J]. 兰州大学学报(自然科学版)，2005，**41**(2)：6-9.

[9] 李军，游松财，黄敬峰. 中国 1961—2000 年月平均气温空间插值方法与空间分布[J]. 生态环境，2006，**15**(1)：109-114.

[10] 杨凤海，王帅，刘晓庆，等. 基于 ArcGIS 的近 10 年黑龙江省旬平均气温插值与建库[J]. 黑龙江农业科学，2009，(5)：120-124.

[11] 唐力生，杜尧东，陈新光，等. 广东寒害低温过程动态监测模型[J]. 生态学杂志，2009，**28**(2)：366-370.

[12] 王春林，刘锦銮，周国逸，等. 基于 GIS 技术的广东荔枝寒害监测预警研究[J]. 应用气象学报，2003，**14**(4)：487-495.

[13] 王积全，李维德. 基于信息扩散理论的干旱区农业旱灾风险分析——以甘肃省民勤县为例[J]. 中国沙漠，2007，**27**(5)：826-830.

[14] 彭王敏子，石晓枫. 基于信息扩散法的环境风险区划[J]. 环境科学与技术，2009，**32**(9)：191-193.

[15] 袭祝香，王文跃，时霞丽. 吉林省春旱风险评估及区划[J]. 中国农业气象，2008，**29**(1)：119-122.

[16] 唐川，朱静. 基于 GIS 的山洪灾害风险区划[J]. 地理学报，2005，**60**(1)：87-94.

[17] 郭晓东，都基众. 齐齐哈尔市典型场地地下水污染风险评价研究[J]. 环境科学与技术，2010，**33**(12)：577-579.

[18] 薛昌颖，霍治国，李世奎，等. 北方冬小麦产量灾损风险类型的地理分布[J]. 应用生态学报，2005，**16**(4)：620-625.

[19] 马雁军，胡伟，杨洪斌. 本溪市复杂地形条件下三维多源浓度场模拟[J]. 环境科学与技术，2004，**27**(2)：50-52.

[20] 王英伟，李可欣. 复杂地形大气污染扩散模式选用研究[J]. 环境科学与技术，2010，**35**(2)：180-185.

[21] 张继权，李宁. 主要气象灾害风险评价与管理的数量化方法及其应用[M]. 北京：北京师范大学出版社，2007：72-73.

[22] 葛全胜,邹铭,郑景云,等. 中国自然灾害风险综合评估初步研究[M]. 北京:科学出版社,2008:203-224.

[23] WILHITE D A. Drought as a natural hazard:concepts and definitions,Chapter 1[M]// WILHITE D A. (ed.). *Drought:a global assessment,natural hazards and disasters series*. New York:Routledge,2000:3-18.

[24] BLAIE CANNON P T,DAVIS I,WISNER B. At rsik:natural hazards,people's vulnerability and disasters [J]. *London:Routledge*, 1994:13-21.

[25] 李文,蔡文华,王加义. 利用宁德市沿海越冬热量条件发展晚熟龙眼荔枝[J]. 中国农业气象,2005,**26**(4):240-240.

基于不同地形的福建荔枝低温冻害分析*

王加义　陈家金　林　晶

(福建省气象科学研究所,福建 福州　350001)

摘要:为减少福建省荔枝果树在低温冻害中的损失,选择有利地形栽培,进行科学合理的种植布局,进行了本研究。由于不同地形的作用,所达到的年度最低气温有所不同,而县级区域内仅有一个气象台站的最低气温测值,因此无法反映不同地形的低温分布状态。本文首先分析不同坡度、坡向对低温的影响程度,确定在不同地形下荔枝冻害的最低温度,然后基于GIS技术和海拔高度及经、纬度等地理信息数据,运用数理统计方法建立低温与地理因子的关系模型,模拟不同地形下的最低温度值。基于逻辑关系运算,利用地形因子对关系模型进行修订,得到不同地形下的荔枝冻害分布,进而对结果做进一步分析。结果表明:极端最低气温推算模型的复相关系数 $R=0.964$,相关极显著;利用地形修订后的低温分布结果与实际基本相符。最后得出:最适宜区主要分布在莆田及其以南的沿海市,主要集中在泉州、厦门、漳州三市的东部,福州市的福清等地有零星分布;适宜区分布于连江县及其以南沿海各地市,在宁德市的内海湾也有零星分布;次适宜区在闽江口以北到霞浦一带,主要分布在沿海,特别是内海湾沿海一带,在闽江口以南,主要分布在闽江干流下游河谷以及沿海各县从平原到丘陵过渡的缓坡地上;一般区从福鼎到诏安均有分布,在龙岩市的东部和南部也有零星分布,是从荔枝可种区向不宜区的过渡区,除个别非常有利的小地形除外。从分析结果得出,福州及其以南各设区市以及闽东的霞浦等县(市)均存在适合荔枝生长的区域。福建省荔枝的重点布局县(市、区)为:南安、晋江、丰泽、洛江、泉港、惠安、同安、漳浦、云霄、仙游、涵江、荔城、城厢、福清、长乐、闽侯、蕉城、福安等地。为了避免或减轻冬季低温对荔枝造成的危害,应选择山体南坡或近水体等有利的小气候地形建园。

关键词:荔枝;冻害;地形;GIS

0　引言

荔枝原产于中国,属长绿性乔木果树,其他国家种植的荔枝都是直接或间接从中国引进的。中国荔枝主要分布在福建、广东等省份[1]。福建地处中、南亚热带,雨量充沛,日照长,无霜期短,热量资源充足,属温暖湿润的亚热带海洋性季风气候[2],适宜荔枝种植。但冬季低温常常对荔枝造成冻害,对其当年产量有很大的影响,这成为其经济栽培的主要限制因素。荔枝属于亚热带常绿果树,喜温暖气候,气温为0℃时,荔枝的幼苗以及成年树的秋冬梢开始受冻,-2℃为中度冻害,-3℃为重度冻害,-4℃达到严重冻害(主干冻死)[3]。因此,一般把0℃作为荔枝冻害的临界温度。近50年来,福建出现了3年的异常偏冷和2年明显偏冷的低温,这5

*基金项目:福建省气象局开放式气象科学研究基金项目“福建特色果树低温冻害精细监测预警技术研究”(2010k06)资助;

本文参加“2011年第28届中国气象学会年会”学术交流。

个年度各气象台站年景级差达 4 级。一旦全省年度极端气温出现异常或明显偏冷，往往会给福建的果树、花卉及其他冬季作物造成不同程度的冻害或寒害[4]。

福建地貌可用“八山一水一分田”来概括，局地多样小气候造成荔枝低温冻害程度各不相同。由于气象台站分布不均等因素制约，无法用台站观测资料客观反映所有区域内的冬季低温状况和荔枝冻害情况，因此，在较大精度下模拟冬季低温分布状况以及荔枝冻害情况成为迫切需要解决的问题。地理信息系统（GIS）具有强大的空间分析能力，借助一定算法可以实现对数据进行插值，结合高程数据能较全面地反映数据空间分布特点，从而解决无法全面客观反映福建冬季低温状况和荔枝冻害情况的问题。本文采用 GIS 技术模拟福建低温空间分布，结合荔枝冻害指标，分析福建荔枝低温冻害的空间分布特征，为福建荔枝生产的趋利避害和优化布局提供科学决策依据。

1 荔枝冻害指标

每种果树对气象条件的要求各不相同，对于气象因子来说，不同因子带来的影响大小不同，其中冬季低温是影响福建荔枝生存的关键限制因子。冷冬年，由于强低温袭击，往往造成荔枝冻害，严重的还会造成荔枝的死亡。年度极端最低气温（以下用 T_d 表示）最能表征冬季的低温强度，故选用 T_d 作为荔枝受冻害影响的主导因子。根据荔枝的生态特征，当气温为 0℃时，幼苗以及成年树的秋冬梢开始受冻，−2℃为中度冻害，−3℃为重度冻害，−4℃为严重冻害。一般而言，T_d 持续时间越长，冻害越严重。

受地形因素影响，不同地域在相同的 T_d 值下对荔枝冻害的程度往往不相同，故而将地形、坡向、坡度对 T_d 的影响考虑进来更能反映实际的荔枝冻害情况。地形可分为平地、北坡、南坡和东西坡；坡向与地形相对应，以正北为 0°顺时针旋转的角度表示。

从经济栽培角度考虑，采用 10 年一遇的 T_d 值（即保证率为 90%），可比较客观地反映荔枝低温冻害情况，因此，荔枝冻害等级指标如表 1 所示。

表 1 福建荔枝低温冻害分级指标

冻害等级	地形	90%保证率的 T_d/℃	坡向/(°)	坡度/(°)
无冻害（最适宜区）	平地	≥0.0	无	≤1
	北坡	≥0.3	0～45 或 315～360	1～25
	南坡	≥−1.5	135～225	1～40
	东、西坡	≥−0.6	45～135 或 225～315	1～40
轻度冻害（适宜区）	平地	−2.0～0	无	≤1
	北坡	−1.7～0.3	0～45 或 315～360	1～25
	南坡	−3.5～−1.5	135～225	1～40
	东、西坡	−2.6～−0.6	45～135 或 225～315	1～40
中度冻害（次适宜区）	平地	−3.0～−2.0	无	≤1
	北坡	−2.7～−1.7	0～45 或 315～360	1～25
	南坡	−4.5～−3.5	135～225	1～40
	东、西坡	−3.6～−2.6	45～135 或 225～315	1～40

续表

冻害等级	地形	90%保证率的 T_d/℃	坡向/(°)	坡度/(°)
重度冻害（一般区）	平地	−4.0～−3.0	无	≤1
	北坡	−3.7～−2.7	0～45 或 315～360	1～25
	南坡	−5.5～−4.5	135～225	1～40
	东、西坡	−4.6～−3.6	45～135 或 225～315	1～40
严重冻害（不适宜区）	平地	≤−4.0	无	≤1
	北坡	≤−3.7	0～45 或 315～360	1～25
	南坡	≤−5.5	135～225	1～40
	东、西坡	≤−4.6	45～135 或 225～315	1～40

2 分析方法

2.1 资料与处理

气候资料使用的是福建 68 个气象站点历年年度极端最低气温（T_d）。利用相关、插补订正，把各台站 T_d的资料年代统一整理为 1950/1951—1999/2000 年度，地理信息资料采用 68 个气象台站的公里网坐标及海拔高度和“数字福建”提供的 1∶250000 福建基础地理背景资料。

高空间分辨率、栅格化的气象数据能更好地表达其连续分布地空间特征，利于区域空间特征的定量分析，与其他空间数据叠加，实现空间多要素的综合分析和整体评价[5]。利用 GIS 软件对地理信息矢量数据进行切割、修饰和格式转换，把产生的矢量数据进行栅格化处理。不规则三角网能更好地顾及包含有大量特征如断裂线、构造线等特征的地形地貌，生成连续或光滑表面[6]，利用三角网格尽可能逼近实际的地貌特征，把相关数据（主要是海拔高度值、公里网的 X,Y 坐标值）进行内插，得到不规则三角网栅格数据。为了分析和计算的方便，将不规则三角网数据转换为四方格网数据，最终得到以下进行分析所需的地理信息：①福建县以上行政边界、政府所在地；②福建高程、公里坐标网、坡度、坡向等栅格数据，所有栅格数据网格距为 50 m×50 m。

2.2 坡向、坡度的确定

在本研究中，限定坡度在 40°以内较为合适。同等条件下，坡度越大，冷空气越不易堆积，因而更有利于避冻[7]。坡向按照 GIS 中的定义，分为正北、正南和东西坡向。

2.3 建立不同地形的荔枝冻害指标空间推算模式

由于每个县市一般仅设 1 个气象台站。要表征县市内各地的 T_d，必须建立相应的计算模式。经研究，年度极端最低气温的多年平均值与地理因子关系相当密切。随着纬度（Φ）、海拔高度（H）的升高，T_{dp} 呈降低的趋势[8]。将经纬网坐标转换为公里网坐标，公里网中的横向坐标用 Φ 表示，纵向坐标用 E 表示，将福建 68 个台站的地理因子 Φ、E、H 与 T_d间进行相关分析，建立荔枝冻害指标因子（10 年一遇的冬季极端最低气温）的空间推算模型：

$$T_d = 49.08412 + 0.00001469231\Phi - 0.00002113957E - 0.005389045H \quad (1)$$

极端最低气温平均值推算模型的复相关系数 $R=0.964$，$F=282.16$，$f_1=3$，$f_2=64$，$F_{0.01}=4.112$，$F \gg F_{0.01}$，相关极显著。

考虑地形因素对荔枝冻害的影响，将 T_d 的结果栅格数据与坡度、坡向栅格数据进行逻辑关系运算，得到综合空间推算模型：

$$T_{d1} = (T_d)\mathrm{AND}(P_{D1}) \tag{2}$$

式(2)中，T_{d1} 代表平地荔枝冻害指标；P_{D1} 代表平地坡度，$P_{D1} \leqslant 1°$。

$$T_{d2} = \{[(T_d)\mathrm{AND}(P_{X2A})]\mathrm{OR}[(T_d)\mathrm{AND}(P_{X2B})]\}\mathrm{AND}(P_{D2}) \tag{3}$$

式(3)中，T_{d2} 代表北坡荔枝冻害指标；P_{X2A}、P_{X2B} 代表北坡的坡向，$0 \leqslant P_{X2A} \leqslant 45°$，$315° \leqslant P_{X2B} \leqslant 360°$；$P_{D2}$ 代表北坡坡度，$1° < P_{D2} \leqslant 25°$。

$$T_{d3} = (T_d)\mathrm{AND}(P_{X3})\mathrm{AND}(P_{D3}) \tag{4}$$

式(4)中，T_{d3} 代表南坡荔枝冻害指标；P_{X3} 代表南坡的坡向，$135° \leqslant P_{X3} \leqslant 225°$；$P_{D3}$ 代表南坡坡度，$1° < P_{D3} \leqslant 40°$。

$$T_{d4} = \{[(T_d)\mathrm{AND}(P_{X4A})]\mathrm{OR}[(T_d)\mathrm{AND}(P_{X4B})]\}AND(P_{D4}) \tag{5}$$

式(5)中，T_{d4} 代表东、西坡荔枝冻害指标；P_{X4A}、P_{X4B} 代表东、西坡的坡向，$45° < P_{X4A} < 135°$，$225° < P_{X4B} < 315°$；P_{D4} 代表东、西坡坡度，$1° < P_{D4} \leqslant 40°$。

2.4 荔枝冻害指标空间分布推算

利用上述(2)(3)(4)(5)公式，分别推算各指标在空间分布的状态，然后将各级别冻害指标分布图进行合成，最终确定福建 50 m×50 m 网格的荔枝冻害指标在不同坡度、坡向上的分布图。根据表 1 中的荔枝冻害分级指标，将福建分为最适宜区、适宜区、次适宜区、一般区和不适宜区五个区域，将各区域赋予不同色彩，并叠加福建的县级行政边界和政府所在地等要素，最后形成福建荔枝低温冻害分布图[9]（图 1）。

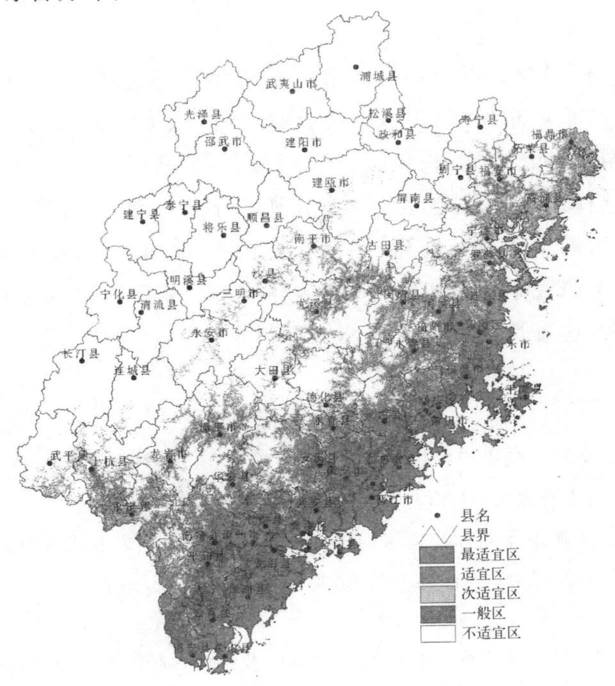

图 1　福建荔枝低温冻害分布图

3　结果与分析

最适宜区主要分布在莆田及其以南的沿海市，主要集中在泉州、厦门、漳州三市的东部。福州市的福清等地有零星分布。该区 90%保证率的极端最低气温在 0℃以上，荔枝无冻害或少冻害。

适宜区分布比较广泛，连江县及其以南沿海各地市均有较大面积的分布。在宁德市的内海湾也有零星分布。该区 90%保证率的极端最低气温在 0～－2℃。荔枝在个别年份有冻害，应注意防范。在本区要注意选择有利的地形，例如，选择向阳缓坡地的中坡位作为荔枝果园，避开低洼冻害重的地块。

次适宜区在闽江口以北到霞浦一带，主要分布在沿海，特别是内海湾沿海一带。在闽江口以南，主要分布在闽江干流下游河谷以及沿海各县从平原到丘陵过渡的缓坡地上。该区 90%保证率的极端最低气温在－2～－3℃，荔枝的冻害较为经常且严重。建立新果园、发展荔枝更应注意选择有利的地形。

一般区从福鼎到诏安均有分布，在龙岩市的东部和南部也有零星分布，是从荔枝可种区向不宜区的过渡区（海拔较高的丘陵山地），90%保证率的极端最低气温在－3～－4℃，荔枝的冻害经常且严重，其产量低质量差，一般不作为荔枝发展区域，除个别特别有利的小地形外。

不适宜区内 90%保证率的极端最低气温低于－4℃，不宜种植荔枝。

4　结论

从分析结果来看，福州及其以南各设区市以及闽东的霞浦等县（市）均存在适合荔枝生长的区域。福建省荔枝的重点布局县（市、区）为：南安、晋江、丰泽、洛江、泉港、惠安、同安、漳浦、云霄、仙游、涵江、荔城、城厢、福清、长乐、闽侯、蕉城、福安等地。为了避免或减轻冬季低温对荔枝造成的危害，应选择山体南坡或近水体等有利的小气候地形建园。在本研究中利用地理信息系统进行低温冻害的空间分布推算，使精度提高到 50 m×50 m 分辨率，有助于从细节上了解冻害分布特点。本研究中考虑了坡度、坡向等地形因素对低温的影响，但未考虑土地利用状况、土壤养分等因素，这有待今后进一步深入探讨。

参考文献

[1] 欧良喜，邱燕萍，向旭，等. 荔枝生产实用技术[M]. 广东：广东科技出版社，2008：1-2.

[2] 福建省计划委员会. 福建农业大全[M]. 福建：福建人民出版社，1992.

[3] 唐广，蔡涤华，郑大玮. 果树蔬菜霜冻与冻害的防御技术[M]. 北京：农业出版社，1993：178-181.

[4] 蔡文华，王加义，岳辉英. 近 50 年福建省年度极端最低气温统计特征[J]. 气象科技，2005，**33**(3)：227-230.

[5] 郭志华，刘祥梅，肖文发，等. 基于 GIS 的中国气候分区及综合评价[J]. 资源科学，2002，**29**(6)：2-9.

[6] 樊红，詹小国. ARC/INFO 应用与开发技术（修订版）[M]. 武汉：武汉大学出版社，2002：239-241.

[7] 李文,蔡文华,王加义. 利用宁德市沿海越冬热量条件发展晚熟龙眼荔枝[J]. 中国农业气象，2005,**26**(4):239-241.

[8] 王加义,陈惠,蔡文华,等. 基于地理信息系统的闽东南柑橘避冻分区及防冻措施研究[L]. 中国农学通报，2007,**23**(2):441-444.

[9] 陈娟,康为民,郑小波,等. 基于 GIS 在贵州果树气候区划中的应用[J]. 贵州农业科学，2007,**35**(4):24-26.

基于灰色系统理论的南亚热带香蕉低温灾害关键要素分析*

徐宗焕[1]　谢庆荣[2]　吴仁烨[3]　林俩法[4]

(1. 福建省气象科学研究所，福州　350001；2. 福建省三明市气象局，三明　365000；
3. 福建农林大学作物科学学院，福州　350002；4. 福建省漳州市气象局，漳州　363000)

摘要：运用灰色系统理论对漳州市 1999 年 12 月 20—27 日造成香蕉低温灾害的低温因子与当年香蕉减产率进行比较分析。结果表明，极端低温是造成香蕉低温灾害的最重要因素，低温持续时间越长危害越严重，其中低温因子间关联度最大的为每 5 d 滑动中日最低气温小于 5.0℃的天数。应用已建立的模式，推算漳州市网格精度为 50 m×50 m 分辨率的年度极端最低气温平均值；根据给定的分级指标，显示漳州香蕉低温灾害的空间分布情况，结合地形影响，揭示漳州香蕉低温灾害的分布特征，为有关部门科学安排香蕉生产及引导农民趋利避害提供决策依据。

关键词：香蕉；低温灾害；灰色因素；GIS；漳州市

0　引言

香蕉属于热带作物，对温度反应敏感，抵御低温能力弱，是福建省主要果树之一。主产区漳州市属于南亚热带季风气候，富饶的水、热资源为香蕉生长提供了有利条件，但气象灾害频繁发生，严重影响香蕉产量，其中低温灾害较为常见，如 1999 年 12 月下旬受强寒潮影响，12 月 23 日平和县气象局气象记录的最低温度为－2.9℃，使漳州市也同福建省其他地区一样，香蕉树遭受毁灭性打击，经济损失惨重。1990 年以来，未见有利用灰色系统理论对香蕉低温灾害的相关气象因素进行分析的报道。本文将引起香蕉低温灾害的各种相关低温因素视为灰色系统，利用灰色系统理论，寻找危害香蕉树的关键低温因素，分析其影响程度，并应用 GIS 揭示漳州香蕉低温灾害的分布特征，为科学安排香蕉生产及引导农民趋利避害提供决策依据。

1　资料与方法

1.1　资料选取

1.1.1　气象与香蕉资料

采用漳州市及其该市受害最严重的北部华安县、种植面积最大的平和县 1999 年香蕉发生

* 基金项目：科技部农业科技成果转化资金项目(2009GB24160500)；福建省自然科学基金项目(2008J0122)；
本文发表于《中国农业气象》，2011，**32**(增 1)。

低温灾害期间(12 月 20—27 日)相关的 8 个气温因子资料，分别为：日最低气温(x_1)、日均气温(x_2)、气温日较差(x_3)、日最低气温 3 d 滑动平均值(x_4)、日最低气温 5 d 滑动平均值(x_5)、日均气温 3 d 滑动平均值(x_6)、日均气温 5 d 滑动平均值(x_7)、每 5 d 滑动中日最低气温小于 5.0℃的天数(x_8)，以及 1995—2000 年漳州市及华安县、平和县香蕉的采摘面积、年总产量和年单产量。

1.1.2 地理资料

使用“数字福建”工程提供的地理信息数据，地理坐标采用公里网。GIS 运行时，首先将该数据网格点的地理坐标，由经度、纬度制成自动转换为以米为单位的公里网。计算中的栅格精度采用 50 m×50 m 网格分辨率，等高线精度为 50 m。

1.2 研究方法

1.2.1 气象与香蕉资料的标准化

对气象与香蕉资料进行订正、比较分析，用标准化方法将气象数据处理成相对数，以消除量纲的影响。

根据：

$$\xi_i(k)=\frac{\min\limits_i\min\limits_k|x_0(k)-x_i(k)|+\rho\max\limits_i\max\limits_k|x_0(k)-x_i(k)|}{|x_0(k)-x_i(k)|+\rho\max\limits_i\max\limits_k|x_0(k)-x_i(k)|} \tag{1}$$

求出低温灰色因子与香蕉减产率的关联系数ξ_i(k)。

根据：

$$r_i=\frac{1}{n}\sum_{k=1}^{n}\xi_i(k) \tag{2}$$

求出低温灰色因子与香蕉减产率的关联度 r_i[1,2]。式中，x_i为低温因子($i=1,2,3,\cdots,8$)；k_j为各低温因子的持续时间($j=1,2,3,\cdots,8$)；$x_0(k)$为参考序列；$x_i(k)$为比较序列。

对关联度进行比较分析，找出低温危害香蕉的关键因子及其影响程度。

1.2.2 GIS 相关计算方法

1.2.2.1 非气象记录地段年度极端最低气温平均值的推算

年度极端最低气温可表征年度的低温强度，用其多年平均值可直观反映香蕉低温灾害情况。蔡文华等[3]用纬度、海拔高度、相对高度差及离海距来模拟非气象记录地段年度最低气温多年平均值；本研究根据漳州市既临海又有山地的地形特点，同时考虑使用地理信息数据的方便，以经度、纬度、海拔高度为因子，借鉴李文推算闽东南 1 月平均气温的方法[4]，建立漳州市年度极端最低气温平均值的初步模式，然后将经度、纬度坐标化成公里网坐标，得出模式：

$$\overline{T}_d=50.28+1.21\times10^{-5}X-2.06\times10^{-5}Y-0.0055H \tag{3}$$

式中，$\overline{T}_d$ 为年度极端最低气温的平均值，X 为公里网 X 坐标值，Y 为公里网 Y 坐标值，H 为海拔高度，X、Y、H 单位均为 m。该模式通过了信度为 0.01 水平的显著性检验。

1.2.2.2 漳州极端最低气温分布图制作

切割基础数据：利用地理信息系统软件对“数字福建”提供的矢量数据进行切割、修饰，同时进行栅格化处理，形成与漳州市及各县有关的基础地理信息数据。

$\overline{T}_d$ 的计算：进行数据格式化处理，将公里网 X 坐标值、Y 坐标值、海拔高度 H 的单位均化为 m，利用漳州市的地理信息要素结合相关模式来反映漳州市的年度极端最低气温的平均值分布。

生成二维图像：把相应的数据代入计算模式，利用 GIS 软件的图形计算功能进行计算，生成漳州市平均极端最低气温的分布图。

1.2.2.3　漳州香蕉低温灾害分级指标

根据生产调查得出漳州香蕉低温灾害分级指标，见表 1。

表 1　漳州市香蕉低温灾害分级

	低温寒害	轻度冻害	严重冻害
$\overline{T}_d$/℃	$3 \geqslant \overline{T}_d > 0$	$0 \geqslant \overline{T}_d > -2$	$\overline{T}_d \leqslant -2$
评述	基叶枯死	幼株全株冻死	成年株全株冻死

2　结果与分析

2.1　各低温因子与香蕉减产率的关联系数

将 8 个低温因子中每个因子作为灰色系统的一个元素 $x_i(k)$，组成比较数列；香蕉减产率为参考数列 $x_0(k)$；低温持续时间为 k_j。把经过标准化处理的各种数据代入(1)式，取 $\rho=0.5$，求出各低温因子的关联系数，见表 2。

表 2　漳州市(全市)各低温因子与香蕉减产率的关联系数

	k_1	k_2	k_3	k_4	k_5	k_6	k_7	k_8
x_1	0.4034	0.3662	0.3574	0.3390	0.3574	0.3531	0.3595	0.4089
x_2	0.4296	0.4089	0.3876	0.3876	0.4118	0.4146	0.4265	0.4704
x_3	0.7391	0.6041	0.9371	0.4424	0.3954	0.3449	0.3410	0.4979
x_4	0.4296	0.4007	0.3754	0.3531	0.3510	0.3490	0.3552	0.3707
x_5	0.4424	0.4205	0.4007	0.3778	0.3639	0.3552	0.3531	0.3617
x_6	0.4491	0.4327	0.4089	0.3927	0.3955	0.4034	0.4175	0.4359
x_7	0.4704	0.4491	0.4265	0.4118	0.4034	0.4007	0.4034	0.4205
x_8	0.7677	1.0000	0.7484	0.5980	0.4979	0.4265	0.4265	0.4938

由表 2 可知，从漳州市 1999 年香蕉发生低温灾害 8 d 的持续天数来看，低温灾害过程中 k_1、k_2、k_4、k_5、k_6、k_7(20—21 日和 23—26 日，共 6 d)以 x_8(每 5 d 滑动中日最低气温小于 5.0℃的天数)的关联系数最大；k_3、k_8(22 日和 27 日)关联系数最大的是 x_3(气温日较差)，其中 x_8 位于第 2 位。

分别对漳州市的华安县和平和县低温因子与香蕉减产率的关联系数进行统计，结果与漳州市全市总的情况类似，见表 3 和表 4。

由表 3 可见，华安县 8 d 低温灾害过程均以 x_8(每 5 d 滑动中日最低气温小于 5.0℃的天数)的关联系数最大。表 4 中平和县除了 k_1、k_3、k_8(20、22 日和 27 日)以 k_3(气温日较差)最大

(其中 k_8 位于第 2 位)以外,其余的低温时间里均以 x_8(每 5 d 滑动中日最低气温小于 5.0℃的天数)的关联系数最大。

表 3　华安县各低温因子与香蕉减产率的关联系数

	k_1	k_2	k_3	k_4	k_5	K_6	k_7	k_8
x_1	0.4082	0.3870	0.3697	0.3590	0.3590	0.3573	0.3573	0.3811
x_2	0.4370	0.4174	0.3973	0.4105	0.4105	0.4197	0.4197	0.4474
x_3	0.6622	0.8142	0.7129	0.6507	0.6507	0.4822	0.4197	0.4585
x_4	0.4319	0.4127	0.3870	0.3716	0.3625	0.3590	0.3573	0.3643
x_5	0.4448	0.4294	0.4127	0.3911	0.3753	0.3661	0.3608	0.3625
x_6	0.4557	0.4395	0.4174	0.4082	0.4060	0.4127	0.4174	0.4294
x_7	0.4700	0.4529	0.4344	0.4245	0.4150	0.4105	0.4127	0.4221
x_8	0.7129	0.8817	1.0000	0.7884	0.6507	0.5539	0.5539	0.5539

表 4　平和县各低温因子与香蕉减产率的关联系数

	k_1	k_2	k_3	k_4	k_5	k_6	k_7	k_8
x_1	0.4590	0.4278	0.4327	0.3862	0.3882	0.3943	0.4027	0.4763
x_2	0.5225	0.4855	0.4618	0.4402	0.4618	0.4646	0.4855	0.5374
x_3	0.9152	0.6959	0.9618	0.4824	0.3604	0.3570	0.3823	0.7023
x_4	0.5017	0.4675	0.4402	0.4160	0.4005	0.3882	0.3943	0.4206
x_5	0.5225	0.4984	0.4704	0.4402	0.4160	0.4048	0.4137	0.4070
x_6	0.5374	0.5154	0.4887	0.4618	0.4535	0.4535	0.4704	0.4919
x_7	0.5572	0.5374	0.5084	0.4855	0.4734	0.4618	0.4618	0.4763
x_8	0.8830	1.0000	0.7906	0.6537	0.5572	0.4855	0.4855	0.5572

以上结果说明,x_8(每 5 d 滑动中日最低气温小于 5.0℃的天数)这个因子对香蕉的影响较为突出;其次是 x_3(气温日较差)因子。

2.2　各低温因子与香蕉减产率的关联度

将同一低温因子的关联系数代入(2)式,得到漳州市和华安县、平和县各低温因子与香蕉减产率的关联度,见表 5。

根据关联度原理,关联度越大,该因素对香蕉低温灾害的作用就越大,关联度最大的低温因子就是引起香蕉低温灾害最关键的因素。由上述统计结果表明,各低温因子对香蕉减产率的影响中,某一天的日最低气温(x_1)的关联度为最小,原因是某一天的日最低气温持续时间短,而香蕉树本身具有抵御短时间低温危害的特性,因此,某一天的日最低气温对香蕉树的影响较小。但是,一旦数日出现日最低气温小于 5.0℃,香蕉树就不能抵御低温的危害,会使细胞叶绿体片层结构发生变化,产生皱缩,光合作用和生理代谢受阻,严重影响干物质的积累;同时,破坏了细胞线粒体结构,影响呼吸作用,对香蕉树的整个生理代谢过程会产生重大影响,导致细胞死亡[3]。因而,关联度最大的是每 5 d 滑动中日最低气温小于 5.0℃的天数(x_8),它成为香蕉遭受低温灾害时造成香蕉受害减产的最关键的气象因素。

表 5　各低温因子与香蕉减产率的关联度及位次

	漳州市		华安县		平和县	
	关联度	位次	关联度	位次	关联度	位次
x_1	0.368	8	0.372	8	0.421	8
x_2	0.417	4	0.420	5	0.482	5
x_3	0.538	2	0.606	2	0.607	2
x_4	0.373	7	0.381	7	0.429	7
x_5	0.384	6	0.393	6	0.447	6
x_6	0.417	5	0.423	4	0.484	4
x_7	0.423	3	0.430	3	0.495	3
x_8	0.620	1	0.712	1	0.677	1

从关联度上还可以看出，气温日较差（x_3）对香蕉低温灾害的影响程度仅次于每 5 d 滑动中日最低气温小于 5.0℃的天数（x_8），这是由于温差过大影响了香蕉细胞结构，对细胞膜的破坏尤其严重，使细胞膜丧失选择透过性功能，并使细胞内酶发生钝化，影响细胞对营养物质的吸收，从而使整株香蕉生理代谢发生紊乱，影响香蕉的产量。

漳州市虽然是香蕉生长的最适宜区、适宜区，然而，复杂的中小地形形成了独特的小气候环境，对低温灾害起着再分配作用，使香蕉低温灾害因地而异。根据上述分析数据结合必要的地理要素数据做出漳州市香蕉低温灾害分布图（如图 1 所示）。

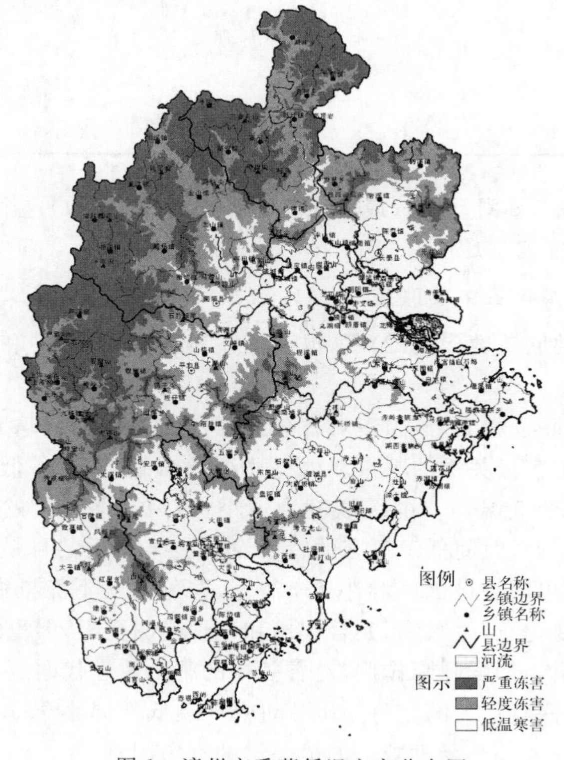

图 1　漳州市香蕉低温灾害分布图

2.3 2009 年 1 月漳州香蕉受害特例分析

综上所述,虽然日最低气温小于 5.0℃的天数是造成香蕉减产最关键因素,但若遇偏西路径入侵的强寒潮,急速降温,香蕉受害特征很明显,采用日极端低温要素进行气象服务,效果更好。如 2009 年 1 月 10—17 日,受强冷空气影响,福建省自北向南出现明显降温过程。日最低气温持续明显下降,过程降温幅度全省大部分县(市)超过 8℃,局部县(市)超过 10℃,南平、三明、龙岩、漳州等地出现霜、霜冻或结冰过程,闽南(漳州天宝 −0.9℃)气温比闽中(福州 1.5℃)温度低,对香蕉越冬带来较大危害,见表 6。

表 6 2009 年 1 月漳州市各代表点低温(℃)及香蕉受寒程度

	漳州天宝	南靖	平和	华安
11 日	−0.9	−0.5	0.3	−2.4
12 日	0.2	0.2	0.8	−1.4
13 日	1.9	1.6	2.9	−0.3
14 日	1.5	0.7	1.3	−2.2
15 日	0.7	−0.2	0.7	−1.4
16 日	3.3	1.2	2.2	−0.5
17 日	3.8	3.1	3.8	1.7
期间最低气温	−0.9	−0.5	0.3	−2.4
香蕉受害等级	轻度冻害	轻度冻害	低温寒害	严重冻害

3 结论与讨论

本文就漳州市及其该市受害最严重的北部华安县、种植面积最大的平和县低温因子对香蕉造成减产的影响程度进行分析。根据地理分析法,将 3 个地域受害情况看作是 3 次重复,可以互相比较验证其分析结果是否相符,目的是使寻找出的关键因子能够比较客观地反映漳州市低温危害的情况。

减产率是香蕉遭受低温灾害严重程度的最终体现,各种相关低温因子对香蕉减产的影响程度不同,形成主次差别,利用灰色系统理论,将各种低温因子与香蕉减产率进行关联度分析,寻找出发生香蕉低温灾害的最重要因子,这是抵御香蕉低温灾害的重要环节,有利于在低温灾害来临之前采取科学、有效的防御措施,降低香蕉受低温危害而造成的减产率。

以往常用日平均气温作为分析温度对香蕉危害的主因子。本文研究表明,发生低温危害时,虽然 8 d 中有 3 d 日平均气温的关联系数位于第 2 位,但是,日平均气温与香蕉减产率的关联度并不高,位居各低温因子的中间位次(第 4~5 位)。这是因为日平均气温是一天中 4 次观测的平均值,可能数日的最低气温较低,已使香蕉受害,但是,数日中每天 4 个时间的气温经过平均处理,其气温值就被提高,往往高于香蕉的生物学最低温度。日平均气温的差异经常存在于昼间高于香蕉生物学最低温度的范围,而这部分温度的高低对香蕉不造成危害,可见日平均气温不是香蕉低温灾害的最主要气温因子。

由于 1999 年秋、冬季抽穗的香蕉花蕾在冬季受到霜冻危害,严重影响了 2000 年春、秋季香蕉的采摘量,因此,本文采用 1999 年冬季霜冻危害期间的低温因子与 2000 年的香蕉减产率进行分析。

从统计结果和香蕉受低温灾害的实际情况出发，在冬季，凡是北方强冷空气南侵，福建省预报其降温程度达到日最低气温小于5.0℃，且该低温过程将持续3 d以上，在香蕉生产上就应引起足够的重视，在冷空气来临之前做好防御香蕉受低温危害的准备工作，并在冷锋过境时，及时实施保温措施。采用在北侧设风障、覆盖蕉树顶、在蕉园内直接暗燃加热、叶面喷洒增温剂等措施，可明显提高蕉园气温。凡是遇到辐射低温，除了可以采用覆盖和直接加热外，还可以采用人工施(燃)放烟幕保温，该方法成本低、简单、见效快，当气温降到5.0℃以下时，其保温效果明显，气温越低，烟幕保温的效果越好[5]。

参考文献

[1]陈劭锋，杨红. 我国各地区农业气象灾害演变趋势分析[J]. 生态农业研究，2002，**8**(2)：15-19.

[2]袁嘉祖. 灰色系统理论及其运用[M]. 北京：科学出版社，1991：16-34.

[3]蔡文华，李文. 用地理因子模拟年度极端最低气温模式的探讨[J]. 气象，2003，**29**(7)：31-33.

[4]李文. 分区建立温度场估算方程的初步尝试[A]. 亚热带东部丘陵山区农业气候资源及其合理利用研究课题协作组. 亚热带丘陵山区农业气候资源研究论文集[C]. 北京：气象出版社，1988：137-139.

[5]陈家豪，张容焱，林俩法. 烟幕防御香蕉低温灾害的效应[J]. 福建农林大学学报(自然科学版)，2003，**32**(4)：468-470.

台湾热带优良水果寒(冻)害气象保险指数设计*

郑小琴[1] 赖焕雄[1] 徐宗焕[2]

(1.漳州市气象局,漳州 363000;2.福建省气象科学研究所,福州 350001)

摘要:通过对漳州市近十年来台湾热带优良水果主要冻害灾情进行调查,以年极端最低气温作为热带水果的冻害指标划分冻害级别,分析漳州市45年的年极端最低气温风险频率,根据模式推算出无观测站的年极端最低气温并做出漳州市极端最低气温分布图,了解漳州市热带水果受低温害的可能性,并对种植区进行分区评述。初步提出以极端最低气温作为台湾热带优良水果冻害的气象保险指数,并确定轻度寒害、中度寒害、轻度冻害、严重冻害的气象保险内容,将漳州市主产区的保险分区分为4个等级。

关键词:热带水果;冻害;保险指数;漳州市

从台湾引种的热带优良水果已成为漳州市高优农业的拳头产品。据统计,2009年漳州市热带亚热带水果的种植面积达10.2万hm^2,总产量为130万t。在闽南地区引种的品种主要有香蕉、芒果、青枣、番石榴、番木瓜、火龙果、杨桃等。这些品种具有喜高温,不耐冷冻和霜雪的生态气候特性。冬季低温寒(冻)害是热带果树生存的关键因子。低温一旦超过植物所能忍受的限度,尽管时间比较短暂,仍会使果树遭受寒害或冻害。低温冻害是闽南地区热带水果生产面临的主要农业风险之一,它常常引起产量大幅度波动,制约着热带果树的优质生产。

为了提高热带果树种植的防灾防损以及灾后恢复能力,分散农业风险,行之有效的方法之一就是农业保险。但是,农业保险操作复杂,保险公司和投保户双方在查险、定损、理赔、估价等方面往往存在较大分歧,从而限制了农业保险业务的推行。气象指数保险是在一个事先指定的区域内,以一种事先规定的气象事件如气温、降雨量、风速等的发生为基础,确立损失补偿支付的合同[1]。本文通过对漳州市热带水果主产区的年极端最低气温频率分布及热带果树冻害灾情等分析,结合热带水果冻害标准与指标分析,初步提出一种新的热带水果种植保险模式,即以热带水果寒(冻)害气象指数作为冻害的保险赔付标准。

表1 漳州市热带亚热带水果种植面积及产量

	市辖区	龙海市	云霄县	漳浦县	诏安县	长泰县	东山县	南靖县	平和县	华安县
面积(hm^2)	0.5	1.2	1.6	2.0	1.5	0.5	0.2	1.1	1.5	0.3
产量(万t)	7.5	8.7	13.9	24.5	8.3	4.0	1.1	34.4	22.7	5.2

* 基金项目:科技部农业科技成果转化资金项目"引种台湾水果气候适应性评估及低温害监测预警调控技术推广"(2009GB24160500);福建省气象局课题"台湾热带优良水果(寒)冻害气象保险指数设计"(201014);

本文发表于《西南农业学报》,2011,**24**(4):1598-1603。

1 漳州市热带优良水果主要产区面积和产量分布

根据2009年《漳州统计年鉴》提供的数据，热带亚热带水果主要集中在漳州市各县（区）内种植，总面积为10.4万hm^2，总产量130万t。

2 热带优良水果寒（冻）害的气象指标与灾害级别

漳州市属于亚热带季风气候，丰富的水、热资源为番木瓜的生长提供了有利条件；但气象灾害频发，其中以低温灾害较为常见。1999年冬季强寒潮，给漳州热带作物带来毁灭性的打击[2]；2008年冬季漳州出现持续低温，大部分热带作物如香蕉、木瓜等受灾严重，满目苍夷[3]。当气温下降到－2℃时，热带作物会受到严重冻害，达到－4℃时则会冻死。

年度极端最低气温（t_d）表征了该年度低温强度[4]，当其年景为异常或明显偏冷时，漳州的果树就会出现不同程度的寒害或冻害，损失惨重。通常以极端最低气温（t_d）作为热带水果寒（冻）害的气象指标，将冻害分为3℃＜t_d≤5℃，1℃＜t_d≤3℃，0℃＜t_d≤1℃，－2℃＜t_d≤0℃，t_d≤－2℃这5个级别。根据1961—2005年资料，漳州市年极端最低气温的平均值在－0.5～6.2℃，最低值在－3.8～4.4℃。可见，热带水果冻害的气象指标划分标准符合漳州市的实际情况。

据调查实际上给果树造成冻害有许多方面的原因：同一低温强度，低温出现的时间早，低温加重；同一低温强度，前期干旱，冻害加重。果树冻害的发生是气象学因子和植物学因子共同作用的结果。同一低温强度对不同树龄、不同长势的果树造成的冻害级别是不一样的[5]。

按照冻害的损失和影响把寒冻害划分为1～5级的5个等级标准[6]。表2中“主要灾害级别”是依据“减产或损失程度”与冻害等级标准进行归纳的，一般情况下，热带优良水果遭受3～5℃的最低气温时以1～2级冻害为主，遭受0～3℃的最低气温时以3级冻害为主，遭受0～－2℃的最低气温时以4级冻害为主，遭受－2℃以下的最低气温时以5级冻害为主。

表2 漳州市热带优良水果主要冻害灾情

冻害发生时间	地点	减产或损失程度	主要灾害级别	受冻区最低气温
1999.12.21—12.26	全市范围内	毁灭性冻害	5级	12月23日南靖、平和 t_d 为2.9℃
2005.1.1—1.3	平和、南靖、长泰、华安	严重冻害，损失50％	4级	1月1日平和、南靖、华安 t_d≤0℃，长泰 t_d 为0.9℃
2005.12.16—12.24	平和、南靖、长泰、华安	严重冻害，损失40％	4级	12月23日平和、华安 t_d≤0℃
2006.1.7—1.8	华安、平和	冻害，损失30％	3级	1月7日华安 t_d≤0℃，平和1.3℃
2008.1.2—2.16	全市范围内	冻害，损失20％～30％	3级	持续的低温阴雨霜冻天气，平和、华安、南靖 t_d≤2℃，其余地区的 t_d 为3～5℃
20091.2—1.18	华安、南靖	严重冻害，损失40％	4级	1月15日华安、南靖、平和 t_d≤0℃，长泰 t_d≤2℃

3 各级年极端最低气温风险分析

根据漳州市 10 个测站 1961—2005 年共 45 个的极端最低气温资料，计算漳州市年极端最低气温在≤5℃，≤3℃，≤1℃，≤0℃，≤－2℃各级别下的风险值，结果见图 1～5。

3.1 年极端最低气温≤5℃的风险分析

图 1 为极端最低气温≤5℃的频率分布。从图中可以看出，全市各地均出现过≤5℃的年极端最低气温，45 年内各地出现 9～45 次，频率为 20%～100%。

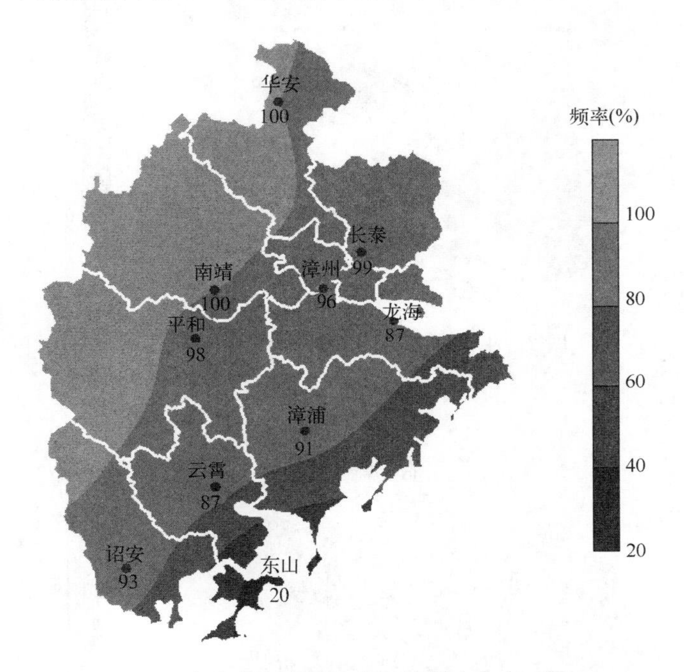

图 1 年极端最低温 ≤5℃的频率分布（%）

3.2 年极端最低气温≤3℃的风险分析

图 2 为极端最低气温≤3℃的频率分布。从图中可以看出，东山没有出现过极端最低气温≤1℃的天数，其余各地均有出现≤3℃的年极端最低气温，45 年内各地出现 0～44 次，频率为 0%～98%。

3.3 年极端最低气温≤1℃的风险分析

图 3 为极端最低气温≤1℃的频率分布。从图中可以看出，除东山以外，其余各地均有出现≤1℃的年极端最低气温，45 年内各地出现 0～40 次，频率为 0%～89%。

3.4 年极端最低气温≤0℃的风险分析

图 4 为极端最低气温≤0℃的频率分布。从图中可以看出，除东山以外，其余各地均有出现≤0℃的年极端最低气温，45 年内各地出现 0～40 次，频率为 0%～89%。沿海县市如：云霄、漳浦、龙海，出现频率为 2%～9%。

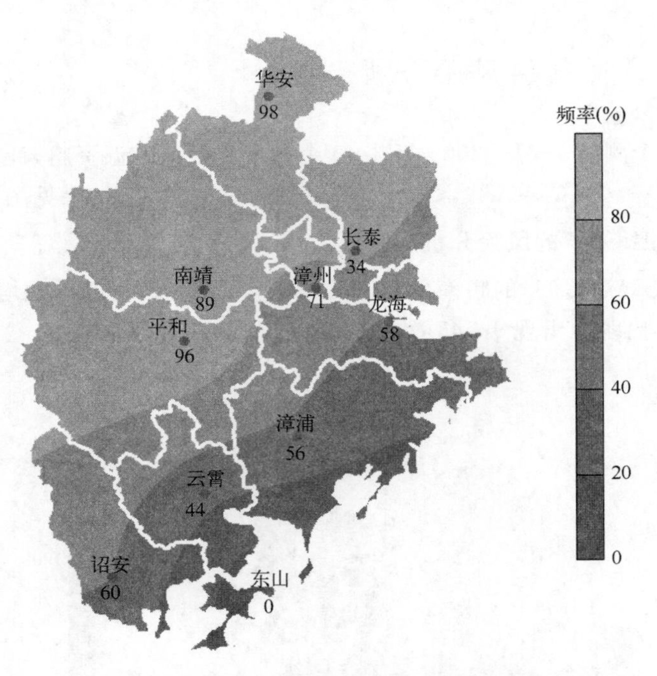

图 2　年极端最低温 ≤3℃的频率分布（%）

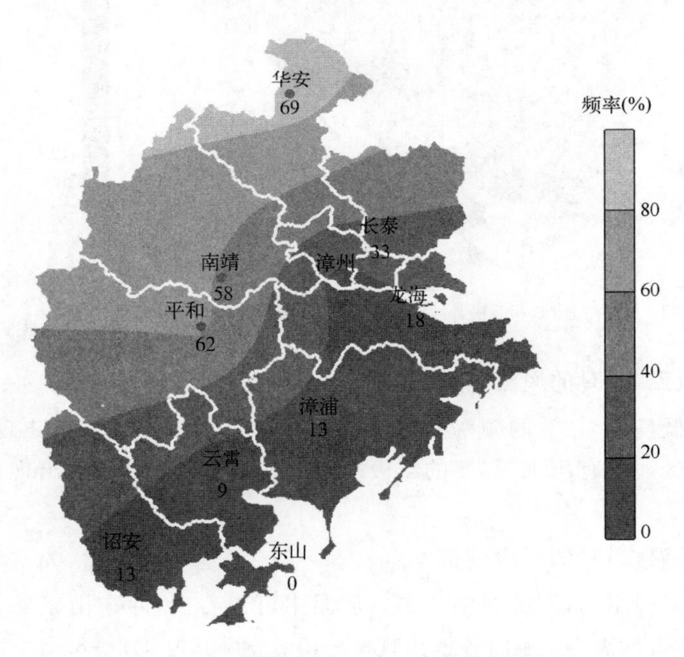

图 3　年极端最低温 ≤1℃的频率分布（%）

3.5　年极端最低气温≤−2℃的风险分析

图 5 为极端最低气温≤−2℃的频率分布。从图中可以看出，45 年内东山、云霄、诏安、长泰、漳州、龙海、漳浦均未出现年极端最低气温≤−2℃的日数，45 年全市范围内出现 0～6 次，频率为 0%～13%。华安出现的频率最高，为 13%。

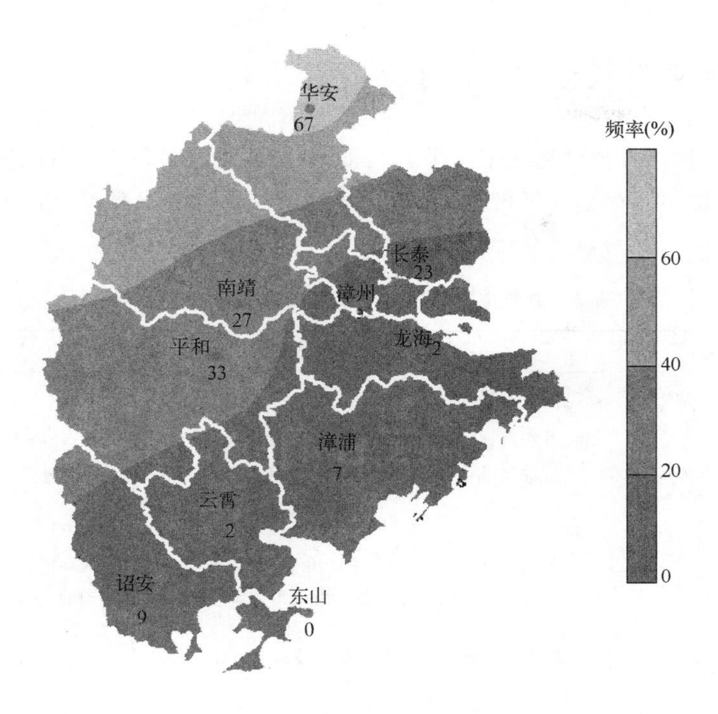

图 4 年极端最低温 ≤0℃的频率分布(%)

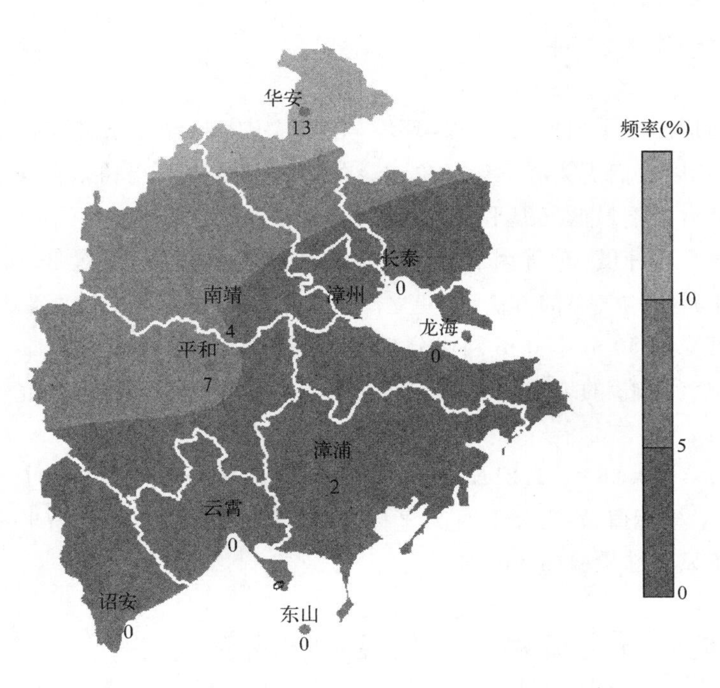

图 5 年极端最低温 ≤−2℃的频率分布(%)

4　漳州市热带果树低温害分级指标

根据观测和资料，以各类台湾热带水果（如：番木瓜、杨桃、芭乐）出现各级寒（冻）害的最低温度高低即决定植株生死存亡的年极端最低气温为主导指标，将漳州市热带果树低温害进行区划分区（表 3）。

表 3　漳州市热带果树低温寒（冻）害分级指标

冻害等级	t_d（℃）	热带果树外观症状（番木瓜、杨桃、芭乐）
轻度寒害	$3<t_d\leqslant 5$	叶片出现轻微受冻
寒害	$0<t_d\leqslant 3$	番木瓜：叶片受害，果实受冻，多数老壮叶和主茎不死；外枝条受冻，有 50%以上植株经过补救可以继续生产；杨桃：成年树枯枝落叶，幼树受冻，果实受冻；芭乐：叶片枯死
轻度冻害	$-2<t_d\leqslant 0$	番木瓜：全株叶枯死，烂果、落果，死茎率 50%以上，现有植株基本无生产价值；杨桃：幼树冻死，结果树枯枝和落叶，果实受冻；芭乐：幼树冻死
严重冻害	$t_d\leqslant -2$	番木瓜：现有植株遭受毁灭性冻害，无生产价值；杨桃：整株冻死；芭乐：成年树冻死

5　建立极端最低气温平均值的推算模型

复杂的中小地形形成了独特的小气候环境，对低温灾害起着再分配作用，使热带水果的低温灾害因地而异，所以人们更关心不设气象记录的地方的低温及果树低温灾害情况[7]。以下是无观测站点的年度极端最低气温平均值的推算。

借鉴蔡文华等[8]以纬度（Φ）等因子来模拟非气象记录地段年极端最低气温多年平均值和李文推算闽东南 1 月平均气温的方法[9]，建立漳州市年度极端最低气温的平均值的初步模式，计算中的栅格精度采用 50 m×50 m 网格分辨率，等高线精度为 50 m。

用漳州市 10 个台（站）的地理因子（Φ,λ,H）与年极端最低气温的平均值（t_d）进行相关分析，建立回归方程：

$$t_d = 50.28 + (1.21E-05)X - (2.06E-05)Y - 0.0055H$$

式中 X 为公里网 X 坐标值，Y 为公里网 Y 坐标值，H 为海拔高度，X,Y,H 单位都为 m。

该模式通过了显著性检验（$\alpha=0.01$）。

6　根据推算模式得出极端最低气温分布图及其分析

根据表 3 的分级指标，设置相关图示信息及必要的说明文字，叠加必需的漳州市地理要素数据（乡镇边界、乡镇名称等）。根据给定的年极端最低气温平均值的推算模式，最终生成二维图像并把漳州市低温分布结果直观显示出来，从而了解果树受低温害的可能性[10]。

图 6 反映了漳州市年极端最低气温的分布，按果树低温害的分级指标，将漳州市分为 3 个区域 0℃$<t_d\leqslant$3℃，－2℃$<t_d\leqslant$0℃，$t_d\leqslant$－2℃ 果树低温相应分为寒害、轻度冻害和严重冻害，当 d 落在上述各冻害指标内，则分别对应为台湾热带优良水果种植的适宜区、次适宜区、不适宜区。

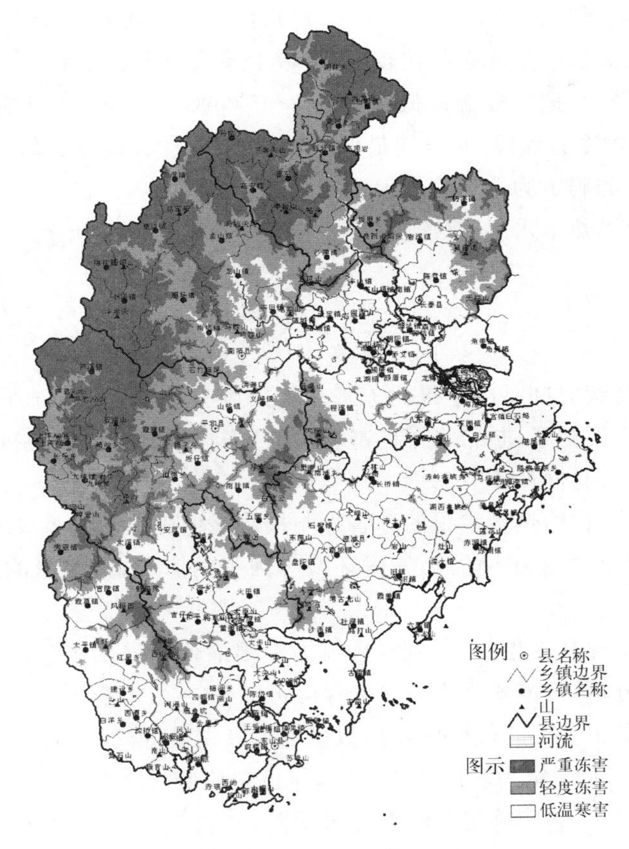

图 6　漳州市极端最低气温分布图

7　漳州市台湾热带优良水果低温害指数保险的参考设计

据以上各级极端最低气温的频率分布可知，45 年中只有华安、平和、南靖出现极端最低气温$<$－2℃的日数，频率为 4％～13％，分布在中山区（如南靖县龙山镇以西山地）和较高山区，台湾热带水果会出现严重冻害。如平和县西部博平岭山地属于“难进难出”型，辐射型冻害比较严重，1999 年 12 月 23 日在霞寨镇野外测得的极端最低气温为－7.5℃，这些地区都不适宜种植台湾热带水果。

轻度冻害出现在－2℃$<t_d\leqslant$0℃ 区域。这一区域为次适宜种植区，分布在低山区（如南靖县和溪镇山地）和河谷地区（如长泰县内九龙江流域、南靖县内西溪流域），此区距海远，风力比适宜区小，大风日数比适宜区少，降水量多于适宜区，此区会出现轻度冻害，属于次适宜种植区。

寒害出现在 $3<t_d\leqslant5$℃和 $0<t_d\leqslant3$℃区域。这一区域为热带果树的适宜种植区，分布在漳州市东南丘陵及西北部低丘陵地区。南部的云霄县、诏安县，地形弧向南开口，背靠山岭，南面开阔，属于“难进易出”型，果树平流型冻害和辐射型冻害都比较轻。芗城区和长泰县大部分地区，三面环山，唯有南面开口，但因有龙津江和九龙江向北向南穿过，属于“易进易出”型，平流型冻害比较严重。漳州市天宝镇五凤农场一带，东面、北面、西面三面环山，则为典型的避寒“马蹄型”，平流型冻害和辐射型冻害都比较轻，热带水果只会出现寒害。

根据几年来实际经验，把年极端最低气温在 3～5℃确定为轻度寒害保险，年极端最低气温在 0～3℃确定为中度寒害保险，年极端最低气温在 0～－2℃确定为轻度冻害保险，年极端最低气温在－2℃以下的确定为严重冻害保险。

在实际投保时，台湾热带水果寒(冻)害气象指数还需要按图 6 所示进行相应的调整。

8 结论与建议

最低气温和低温持续时间是决定果树冻害是否发生与冻害程度强弱的关键因子，本文中只考虑最低气温这一主要因子，热带水果的冻害害级别与最低气温相关密切，随着最低气温的降低，热带水果的冻害害趋向严重[11]。

根据几年来的实践，台湾热带水果的冻害除与极端最低气温的关系较明显外，还受低温出现的时间、前期的干旱程度及果园的小气候环境等因子的影响，这些影响因素有待于进一步探讨。

漳州市为台湾热带优良水果的主要产地，根据极端最低气温出现的风险分布及几年来热带水果寒冻害害灾情分析，将漳州市主产区的保险分区分为 4 个等级。

将漳州市热带水果主产区的气象保险指数指定为极端最低气温(简易指数)，保险内容为：年极端最低气温在 3～5℃确定为轻度寒害保险，年极端最低气温在 0～3℃确定为中度寒害保险，年极端最低气温在－2～0℃确定为轻度冻害保险，年极端最低气温在－2℃以下的确定为严重冻害保险。

台湾热带水果寒(冻)害受小气候影响明显，保险公司和投保户可以进一步在果园附近建立自动气象观测站，以便更加有针对性地开展“点对点”服务。

参考文献

[1] 曹前进. 农业保险创新是解决农业保险问题的出路. 财经科学，2005(3)：155-160.

[2] 钟连生，叶水兴，汤龙泉. 长泰县热带、亚热带果树冻害调查. 福建果树，2000，(4)：21-22.

[3] 郑小琴，杨金文，洪国平，等. 台湾软枝杨桃低温冻害分析及防冻效果评估. 中国农学通报，2009，**25**(18)：403-408.

[4] 蔡文华，陈家金，陈惠. 福建省 2004/2005 冬季低温评价和果树冻害成因分析. 亚热带农业研究，2005，**1**(3)：35-39.

[5] 郑小琴，杨锡琼，许乾杰，等. 引种马来西亚 10 号番木瓜的气候适宜性评估. 中国农学通报，2010，**26**(6)：304-308.

[6] 郑小琴，汤龙泉，赖焕雄，等. 漳州市冬季低温低温害规律及果树低温预报预警. 安徽农业科学，2010，**38**

(18):9564-9567.

[7] 蔡文华,王加义,岳辉黄.近 50 年福建省年度极端最低气温统计特征.气象科技,2005,**33**(3):227-230.

[8] 蔡文华,李文.用地理因子模拟年度极端最低气温模式的探讨.气象,2003,**29**(7):31-34.

[9] 李文.分区建立温度场估算方程的初步尝试//亚热带东部丘陵山区农业气候资源及其合理利用研究课题协作组.亚热带丘陵山区农业气候资源研究论文集.北京:气象出版社,1988:137-139.

[10] 苏永秀,李政.基于 GIS 的广西八角种植气候区划.福建林学院学报,2006(4).

[11] 王加义,陈惠,蔡文华,等.基于地理信息系统的闽东南柑橘避冻分区及防冻措施研究[J].中国农学通报,2007,**23**(2):441-444.

基于地形差异的福建枇杷冻害风险分析*

王加义　陈　惠　陈家金　杨　凯　徐宗焕

（福建省气象科学研究所，福州　350001）

摘要：为减小福建省枇杷冻害损失，提高在复杂地形下的防御冻害风险能力，利用福建省67个气象站1950/1951—2010/2011年61 a的极端最低气温资料，融合经纬度、海拔高度、坡度和坡向等地理因子，构建不同地形条件下的枇杷冻害分布模型，以专家打分法和层次分析法（AHP）确定影响因子的权重，基于GIS技术得出枇杷冻害危险性、暴露性和防灾减灾能力等因子空间分布状态，进而得出枇杷冻害的风险区划，进行冻害风险评估和分析。结果表明：融入地形因子后，能够更好地体现地形差异对枇杷冻害潜在风险空间分布的影响，同时可将评估单元由县级区域精细为50 m×50 m的网格。枇杷冻害无（轻）风险区主要分布在宁德到漳州（不包括莆田市）的沿海各市；低风险区主要分布在莆田、南平南部、三明东部、龙岩中东部；中风险区主要分布在内陆地市的较高海拔南坡和较低海拔的东西坡地块，高风险区主要分布在武夷山脉和鹫峰山区，以及其他高海拔地块。福建枇杷冻害风险分析中危险性因子所占权重最大（0.6292），暴露性因子次之（0.3573），防灾减灾能力因子对风险指数的影响较小（0.0135）。

关键词：风险分析；地形差异；低温冻害；层次分析法（AHP）；地理信息系统（GIS）；枇杷

0　引言

枇杷（*Eriobotrya japonica* Lindl.）属蔷薇科（*Rosaceae*）枇杷属（*Eriobotrya* Lindl.）植物，该属目前有20个种，其中至少有18个种原产于中国[1]，是中国的特产水果，果实柔软多汁，味道鲜美，营养丰富，深受广大消费者的喜爱[2]。福建地处中、南亚热带，雨量充沛，日照长，无霜期短，热量资源充足，属温暖湿润的亚热带海洋性季风气候[3]，是枇杷栽培的气候适宜省份。但福建的气象灾害较为频繁，尤其是对枇杷产业影响很大的低温冻害更是经常发生。近50年来，福建出现了3年的异常偏冷和2年明显偏冷的低温，这5个年度各气象台站年景级差达4级。一旦全省年度极端气温出现异常或明显偏冷，往往会给福建的果树造成不同程度的冻害[4]。低温冻害已经成为制约福建枇杷高产稳产的主要因素，对枇杷进行冻害风险评估十分必要。

福建地貌可用“八山一水一分田”来概括，局地多样小气候环境造成枇杷低温冻害风险程度各不相同。为总结地形差异对温度的影响，以往采取的主要方法是建立平均温度与经度、纬度、海拔高度地理三因子的多元回归模型进行模拟[5]。部分研究人员在气象站点实测数据的基础上，利用GIS技术获取影响温度分布的地形要素进行温度空间分布的推算[6-9]，大幅提高

* 基金项目：公益性行业（气象）科研专项（GYHY201106024）；福建省气象局开放式气象科学研究基金项目（2010k06）。

了分辨率,但对最低气温的模拟较少涉及。风险评估方面的文章较多[10-13],在复杂地形下进行灾害模式研究也有一些论述[14,15],但基于地形差异环境下进行枇杷低温冻害风险评估的研究未见相关文献。本文在前人研究基础上,利用GIS,融合坡度、坡向和海拔高度等地形因子,结合枇杷冻害指标和专家经验,基于层次分析法和风险评估方法分析潜在的福建枇杷冻害风险,明确各级风险区域,进而阐明应对高风险的措施,为福建枇杷种植和生产的趋利避害、优化布局提供科学决策依据,研究具有现实意义。

1 研究对象和资料来源

1.1 枇杷对环境条件的要求和气象影响关键因子

枇杷原产亚热带,畏寒,喜温暖气候,适宜在我国南方气候温暖湿润、土层深厚的红壤山地和丘陵地区作经济栽培[16]。枇杷一般在7—8月开始花芽分化,10—12月开花,翌年1—2月幼果发育、春梢抽生,3月果实膨大、春梢充实,4—5月果实成熟[17]。枇杷成年树枝叶耐寒力较强,在−18℃的低温尚无冻害;花耐寒性较弱,一般情况下,花蕾可忍受−8℃低温,花在−6℃受严重冻害;幼果最不耐寒,在−3℃时就受冻害,在−4.6℃下95%以上的幼果受冻,低温持续时间越长,受冻越重。枇杷喜湿润,年雨量在1000 mm以上可以满足要求,但雨量过多,易使枝叶徒长,花芽分化困难。枇杷花芽分化后到开花前的8,9月间,要有相当的日照时数,才能满足花芽发育的需要[1,3,18]。从福建省枇杷生产的实践可以证明,在3—11月枇杷生长发育所需的光、热、水条件基本能够得到满足,不是影响枇杷生长的限制条件。部分地方某些时段水分偏多或偏少,可以通过人工措施来调控。在福建省制约枇杷生长的是冬季(12月至次年2月)[19]极端最低气温,它是影响枇杷安全生长的气象关键因子。

1.2 资料来源

气象资料来源于福建省气象局,包括67个气象站历年年度极端最低气温(T_d),各气象站经纬度和海拔高度(h)。农业资料来源于福建省统计局,包括历年(1992—2008年)枇杷种植面积和农民纯收入。地理信息资料利用福建省1∶25万基础地理背景信息数据,包括DEM、行政边界等,坡度、坡向数据由DEM数据生成。

2 研究方法

2.1 资料处理方法

利用相关、插补订正和邻站类比法将67个气象站点T_d值,统一整理为1950/1951—2010/2011年度资料,记为T_{di},代表第i站的T_d值。根据枇杷幼果受冻临界值,综合考虑枇杷各熟型以及福建复杂的地形因素,分别统计T_{di}在>-2℃,$-2\sim-3$℃,$-3\sim-4$℃,$\leqslant-4$℃各温度段的出现频率,并将统计结果作归一化处理,记为P_{ij},代表T_{di}值在j温度段的发生频率。

将枇杷种植面积以县为单位进行多年平均,将均值作归一化处理,记为Q_i,代表i县历年枇杷平均种植面积。农民纯收入的处理方法与枇杷种植面积的处理方法相同,记为S_i,代表i县农民平均纯收入。

在 DEM 基础上建立坡度($Slope$)和坡向($Aspect$)模型,数学表达式为:[20]

$$Slope = \arctan \sqrt{f_x^2 + f_y^2} \tag{1}$$

$$Aspect = 270^\circ + \arctan(f_y / f_x) - 90^\circ f_x / |f_x| \tag{2}$$

式中,f_x为东西方向(X方向)高程变化率;f_y为南北方向(Y方向)高程变化率。

2.2 枇杷冻害风险评估方法

自然灾害风险是危险性、暴露性和脆弱性相互综合作用的结果,防灾减灾能力对于自然灾害风险度大小也具有一定的影响,因此在区域自然灾害风险形成过程中,危险性(H)、暴露性(E)、脆弱性(V)和防灾减灾能力(R)是相辅相成的,是四者综合作用的结果[21]。本研究中枇杷低温冻害的物理暴露性因子实际涵盖了脆弱性因子[22],以枇杷受低温冻害的风险度作为风险评估的指标,参考相关风险量化公式[23,24],枇杷低温冻害风险可以表示为:

枇杷低温冻害风险指数($LCDR$)=危险性(H)+ 暴露性(E)− 防灾减灾能力(R)

相对应的公式表示为:

$$LCDR_i = H_i W_h + E_i W_e - R_i W_r \tag{3}$$

其中,$LCDR_i$是 i 地区枇杷低温冻害风险指数,数值越大表示冻害风险越大;H_i,E_i和 R_i分别表示 i 地区的低温冻害危险性、暴露性和防灾减灾能力;W_h,W_e和 W_r分别是危险性、暴露性和防灾减灾能力的权重。

2.3 确定冻害强度和风险评估因子的权重

灾害危险性是指造成灾害的自然变异的程度,主要是由灾变活动规模(强度)和活动频次(概率)决定的。一般灾变强度越大,频次越高,灾害所造成的损失越严重,灾害的风险也越大。对于枇杷冻害的危险性,以年度最低气温的发生强度 G 和发生时间频率 P 来表示,其表达式为:

$$H_i = \frac{1}{n_1} \sum_{j=0}^{n} G_{ij} P_{ij} \, (n = 0,1,2,3) \tag{4}$$

式中 n_1为冻害强度出现次数,n 为冻害强度,G_{ij}为 i 地区 n 等级冻害强度权重值。

本文冻害强度和风险评估因子的权重采用专家打分法和层次分析法(AHP)来确定[25](图 1)。

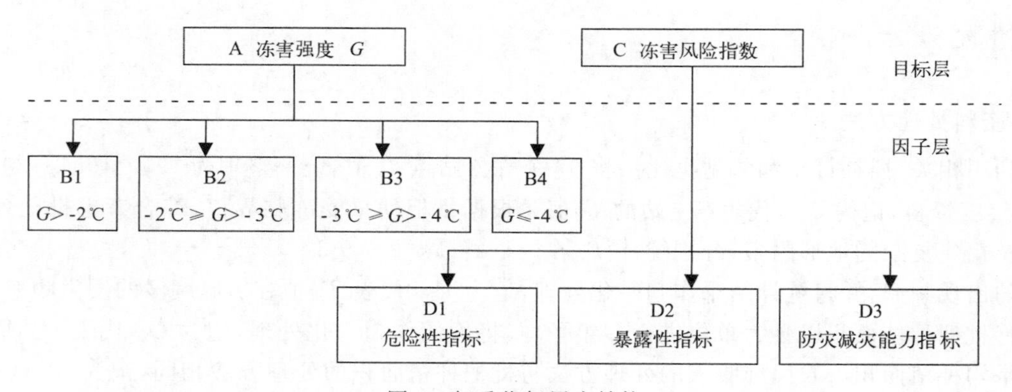

图 1 权重指标层次结构

根据专家对各因素进行的两两比较，将比较结果 b_{jk}（$j,k=1,2,\cdots\cdots,n$）写成 $n\times n$ 阶矩阵 B 的形式，构建出各指标的判断矩阵，如式(5)所示，采用“和积法”对判断矩阵作归一化处理，求出判断矩阵的权值向量及特征根，计算一致性比率判断矩阵是否符合随机一致性指标。

$$B=(b_{jk})n\times n=\begin{pmatrix} b_{11}\cdots b_{1n} \\ \vdots \ \ddots \ \vdots \\ b_{n1}\cdots b_{nn} \end{pmatrix} \tag{5}$$

公式(5)计算结果得到，CR 分别为 0.000006，0.0008，均小于 0.1，表明上述判断矩阵具有满意的一致性，说明表 1 中权重系数的分配是合理的。

表 1　冻害强度和风险评估因子的权重

A 冻害强度				C 冻害风险指数		
B1	B2	B3	B4	D1	D2	D3
0	0.1	0.3	0.6	0.629 2	0.357 3	0.013 5

2.4　确定不同地形下的枇杷冻害危险性

首先，建立危险性与经纬度及海拔高度的关系模型：

$$H_i=-0.000001404x_i+0.000002015y_i+0.000581h_i-4.72 \tag{6}$$

式中 x_i，y_i，h_i 为 i 地区的经度、纬度和海拔高度，H_i 地理推算模型的复相关系数 $R=0.9414$，$F=163.6$，$f_1=3$，$f_2=64$，$F_{0.01}=4.16$，$F\gg F_{0.01}$，相关极显著。

根据福建枇杷冻害实际情况及枇杷种植区的地形分布，综合有关专家意见，制定枇杷低温冻害危险性分级指标，见表 2。

表 2　福建枇杷低温冻害危险性分级指标

冻害危险性	地形	90%保证率 H_i	坡向(°)	坡度(°)
无(轻)冻害危险	平地	≤0.2	无	≤1(S_1)
	北坡	≤0.17	0～45 或 315～360(A_1)	1～25(S_2)
	南坡	≤0.26	135～225(A_2)	1～40(S_3)
	东、西坡	≤0.22	45～135 或 225～315(A_3)	1～40
中度冻害危险	平地	0.2～0.5	无	≤1
	北坡	0.17～0.47	0～45 或 315～360	1～25
	南坡	0.26～0.56	135～225	1～40
	东、西坡	0.22～0.52	45～135 或 225～315	1～40
重度冻害危险	平地	0.5～0.8	无	≤1
	北坡	0.47～0.77	0～45 或 315～360	1～25
	南坡	0.56～0.86	135～225	1～40
	东、西坡	0.52～0.82	45～135 或 225～315	1～40

续表

冻害危险性	地形	90%保证率 H_i	坡向(°)	坡度(°)
严重冻害危险	平地	>0.8	无	≤1
	北坡	>0.77	0～45 或 315～360	1～25
	南坡	>0.86	135～225	1～40
	东、西坡	>0.82	45～135 或 225～315	1～40

注：A_1，A_2，A_3分别代表北坡、南坡和东西坡的坡向；S_1，S_2，S_3分别代表坡度为≤1°，1°～25°和1°～40°。

由于地形因素对温度的影响，相同 H_i 的不同地域往往对枇杷冻害潜在危险程度却不相同，将地形对 H_i 的影响考虑进来更能反映实际的枇杷冻害情况。地形中的坡向可分为平地、北坡、南坡和东西坡，坡向与地形相对应以正北为0°顺时针旋转的角度表示。在本研究中，限定坡度在40°以内。

同等条件下，坡度大，冷空气不易堆积，有利于避冻[26]，潜在危险性相应减小。将 H_i 与坡度、坡向进行逻辑关系运算，得到枇杷冻害危险性的综合空间推算模型式(7)～(10)。

$$H_1 = H \cap S_1 \tag{7}$$

$$H_2 = H \cap A_1 \cap S_2 \tag{8}$$

$$H_3 = H \cap A_2 \cap S_3 \tag{9}$$

$$H_4 = H \cap A_3 \cap S_3 \tag{10}$$

式(7)～(10)中，H_1，H_2，H_3，H_4 分别代表平地、北坡、南坡和东西坡的枇杷冻害危险度。

2.5 暴露性和防灾减灾能力因子处理及分级标准

暴露性或承险体是指可能受到危险因素威胁的人员、财产或其他能以价值衡量的事物。一个地区暴露于危险因素的事物越多，则可能遭受的潜在损失就越大，灾害风险越大。本文以枇杷的种植面积作为枇杷冻害风险的暴露性特征，种植面积越大，遭受冻害的潜在损失越大，冻害风险越大，其表达式为

$$E_i = Q_i \tag{11}$$

防灾减灾能力表示出受灾区在长期和短期内能够从灾害中恢复的程度，能力越高，可能遭受的潜在损失越小，灾害风险越小。由于防灾减灾能力包括的范围很广，数据的收集受到条件限制，本研究以农民人均纯收入作为防灾减灾能力因子，其表达式为

$$R_i = S_i \tag{12}$$

根据式(3)确定出枇杷的 $LCDR_i$，形成相应风险区划进行风险评估和分析。根据计算结果和福建省实际情况确定各指标的分级标准，见表3。

表3 各因子及风险指数的分级标准

程度	暴露性指数	防灾减灾能力指数	风险指数
高	>0.5	>0.6	>0.4
中	0.3～0.5	0.4～0.6	0.2～0.4
低	0.1～0.3	0.2～0.4	0.1～0.2
轻	<0.1	<0.2	<0.1

3 结果分析及验证

3.1 枇杷冻害危险性及冻害潜在风险空间分布

利用上述(6)～(10)公式，推算冻害危险性指标在空间分布的状态，将各级冻害危险指标图合成，确定福建 50 m×50 m 网格的枇杷冻害危险性指标在不同地形上的分布图。根据表2，将福建分为无(轻)冻害危险、中度冻害危险、重度冻害危险、严重冻害危险四个区域，叠加福建县级行政边界和名称等图层要素，形成福建枇杷低温冻害危险性不同地形空间分布图，见图2。利用公式(11)(12)计算得出暴露性和防灾减灾能力指标，为反映全面性，如某区域指标值缺失，则赋予该区域一极小值处理。

根据公式(3)计算得到福建省枇杷在不同地形下的低温冻害潜在风险空间分布图，见图3。

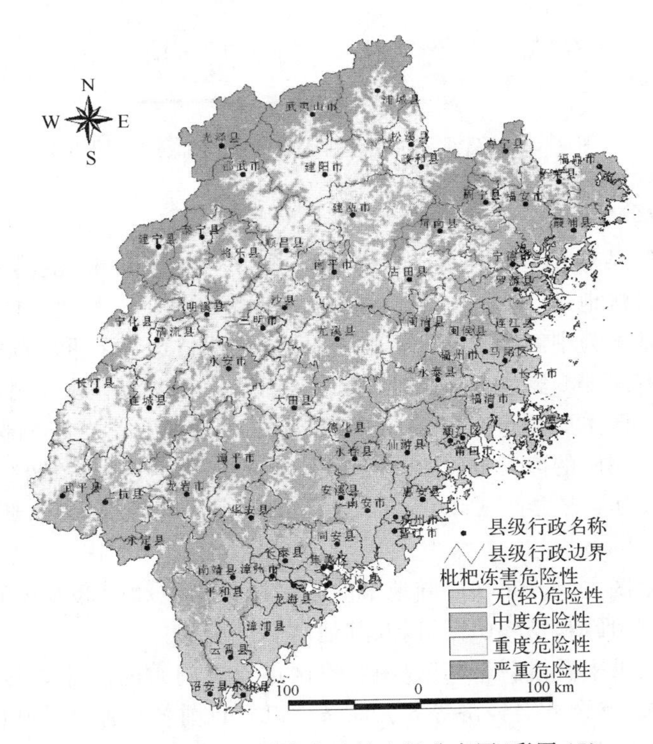

图2 福建省枇杷冻害危险性空间分布图(彩图15)

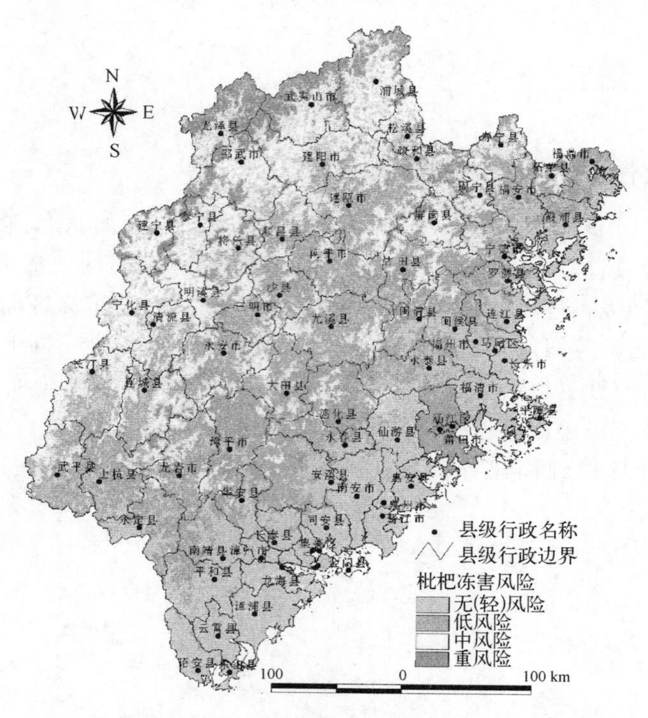

图 3　福建省枇杷冻害潜在风险空间分布图(彩图 16)

3.2　枇杷冻害风险分析

枇杷冻害无(轻)风险区主要分布在宁德到漳州(不包括莆田市)的沿海各市,闽东南平原与丘陵相接的地形过渡地带,龙岩市永定县的东南部和其他地市平地或南坡有零星分布。永定县的冻害危险性基本为中度危险,部分高海拔区域或北坡达到了重度危险,但由于该县枇杷历年平均种植面积有限即暴露性因子较小,所以其冻害潜在风险有较大幅度的降低。

枇杷冻害低风险区主要分布在莆田、南平南部、三明东部、龙岩中东部及其他地市的较低海拔东西坡。莆田市(县)的冻害危险性本处于无(轻)危险区,但其枇杷种植面积过大,暴露性因子达到了 0.9623,为全省之首,所以造成该区域的冻害风险等级提升,部分地块甚至达到中等冻害风险级别。

枇杷冻害中风险区主要分布在内陆地市的较高海拔南坡和较低海拔的东西坡地块,高风险区主要分布在武夷山脉和鹫峰山区,以及其他高海拔地块。

从枇杷冻害的结果来看,福州及其以南各设区市以及闽东的霞浦等县(市)均存在枇杷冻害无(轻)风险的区域,综合社会经济等各方面条件以及目前各县种植的基础,福建省枇杷的重点布局县应为云霄、诏安、仙游、永春、福清、连江、霞浦等。在发展种植产业同时应合理控制面积,提高单位产量,以避免枇杷冻害风险增加。

4　结论与讨论

对不同地形条件下的福建枇杷冻害潜在风险进行评估,可以避免枇杷种植的盲目性,达到科学布局的目的,根据风险水平合理配置资源,在冻害高风险区控制种植面积,加大预防冻害资金投入，制定防冻措施等，达到投入产出比最大化。本文阐述了在不同地形下进行福建枇杷冻害风险分析的方法，实际效果较好。主要结论如下：

(1)利用坡向、坡度、海拔高度因子可以反映福建省枇杷冻害潜在风险在不同地形环境下的分布格局。

(2)枇杷冻害无(轻)风险区主要分布在宁德到漳州(不包括莆田市)的沿海各市，其他地市平地或南坡有零星分布；低风险区主要分布在莆田、南平南部、三明东部、龙岩中东部及其他地市的较低海拔东西坡；中风险区主要在内陆较高海拔南坡和较低海拔的东西坡地块，高风险区主要分布在武夷山脉和鹫峰山区，以及其他高海拔地块。

(3)风险评估中危险性因子的比重最大，暴露性因子次之，防灾减灾能力因子对风险指数的影响较小，但在体现风险布局细节和风险划分指标时仍具有重要作用。

根据研究结果，应该在冻害轻风险区域在合理控制种植面积的前提下，大力发展枇杷种植产业；在冻害高风险区域减少种植面积，同时制定防御气象灾害措施，加强防灾减灾能力建设。尽管本文得出了枇杷在不同地形环境下的枇杷冻害风险布局，但由于农业资料不完整，难免在部分区域存在误差，需在今后研究中对冻害风险分布做进一步调整。另外，气象站点的温度测值与野外环境的温度值并非完全相同，但它们之间的关系受福建各地巨大差异的地形影响，很难建立一一对应的温度关系，所以在应用本研究成果时，要根据当地的实际情况进行合理应用，这也是本研究后续工作的重点。

参考文献

[1] 吴中军，袁亚芳. 果树生产技术(南方本). 北京：化学工业出版社，2009：196-198.

[2] 芮怀瑾，汪开拓，尚海涛，等. 热处理对冷藏枇杷木质化及相关酶活性的影响. 农业工程学报，2009，**25**(7)：294-298.

[3] 福建省计划委员会. 福建农业大全[M]. 福州：福建人民出版社，1992：58-58.

[4] 蔡文华，王加义，岳辉英. 近50年福建省年度极端最低气温统计特征. 气象科技，2005，**33**(3)：230-230.

[5] 张洪亮，倪绍祥，邓自旺，等. 基于DEM的山区气温空间模拟方法. 山地学报，2002，**20**(3)：360-364.

[6] 林文鹏，王长耀，钱永兰. 遥感和地面数据驱动下的农业气候环境信息网格化技术研究. 农业工程学报，2005，**21**(9)：129-133.

[7] 唐力生，杜尧东，陈新光，等. 广东寒害低温过程动态监测模型. 生态学杂志，2009，**28**(2)：366-370.

[8] 欧阳宗继，赵新平，赵有中，等. 山区局地气候的小网格研究方法. 农业工程学报，1996，**12**(3)：145-148.

[9] 杨凤海，王帅，刘晓庆，等. 基于ArcGIS的近10年黑龙江省旬平均气温插值与建库. 黑龙江农业科学，2009(5)：120-124.

[10] 陈彦清，杨建宇，苏伟，等. 县级尺度下雪灾风险评价方法. 农业工程学报，2010，**26**(2)：307-311.

[11] 袭祝香，王文跃，时霞丽. 吉林省春旱风险评估及区划. 中国农业气象，2008，**29**(1)：119-122.

[12] 唐川，朱静. 基于GIS的山洪灾害风险区划. 地理学报，2005，**60**(1)：87-94.

[13] 李艳，薛昌颖，杨晓光，等. 基于APSIM模型的灌溉降低冬小麦产量风险研究. 农业工程学报，2009，**25**(10)：35-44.

[14] 王英伟，李可欣. 复杂地形大气污染扩散模式选用研究. 环境科学与技术，2010，**35**(2)：180-185.

[15] 薛昌颖，霍治国，李世奎，等. 北方冬小麦产量灾损风险类型的地理分布. 应用生态学报，2005，**16**(4)：620-625.

[16] 吴少华. 枇杷无公害栽培. 福州：福建科学技术出版社，2010：24-27.

[17] 余东，刘星辉. 果树栽培农事月历. 福州：福建科学技术出版社，2009：31-37.

[18] 林顺权. 枇杷精细管理十二个月. 北京:中国农业出版社,2008:21-22.

[19] 鹿世瑾. 福建的气候. 福州:福建科学技术出版社,1982:9-10.

[20] 李粉玲,李京忠,张琦翔. DEM 提取坡度一坡向算法的对比研究. 安徽农业科学,2008,**36**(17):7355-7357.

[21] 张继权,李宁. 主要气象灾害风险评价与管理的数量化方法及其应用. 北京:北京师范大学出版社,2007:72-73.

[22] 葛全胜,邹铭,郑景云,等. 中国自然灾害风险综合评估初步研究. 北京:科学出版社, 2008:203-224.

[23] Wilhite D A. Drought as a natural hazard:concepts and definitions // Wilhite D A. (ed.). *Drought:a global assessment,natural hazards and disasters series*. New York:Routledge,2000:3-18.

[24] Blaie Cannon P T,Davis I,Wisner B. At rsik:natural hazards,people's vulnerability and disasters. London:Routledge, 1994:13-21.

[25] 金志凤,黄敬峰,李波,等. 基于 GIS 及气候-土壤-地形因子的浙江省茶树栽培适宜性评价. 农业工程学报,2011,**27**(3):231-236.

[26] 李文,蔡文华,王加义. 利用宁德市沿海越冬热量条件发展晚熟龙眼荔枝. 中国农业气象,2005,**26**(4):239-241.

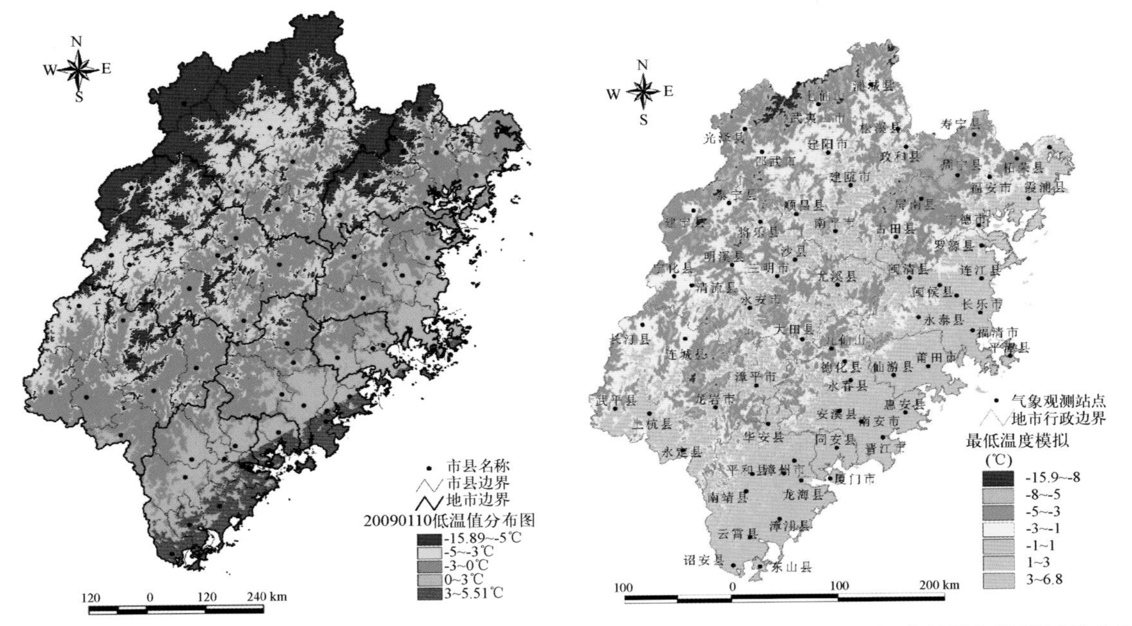

彩图 1　2009 年 1 月 10 日低温预报分布图

彩图 2　2010 年 3 月 6—11 日福建最低气温模拟分布图

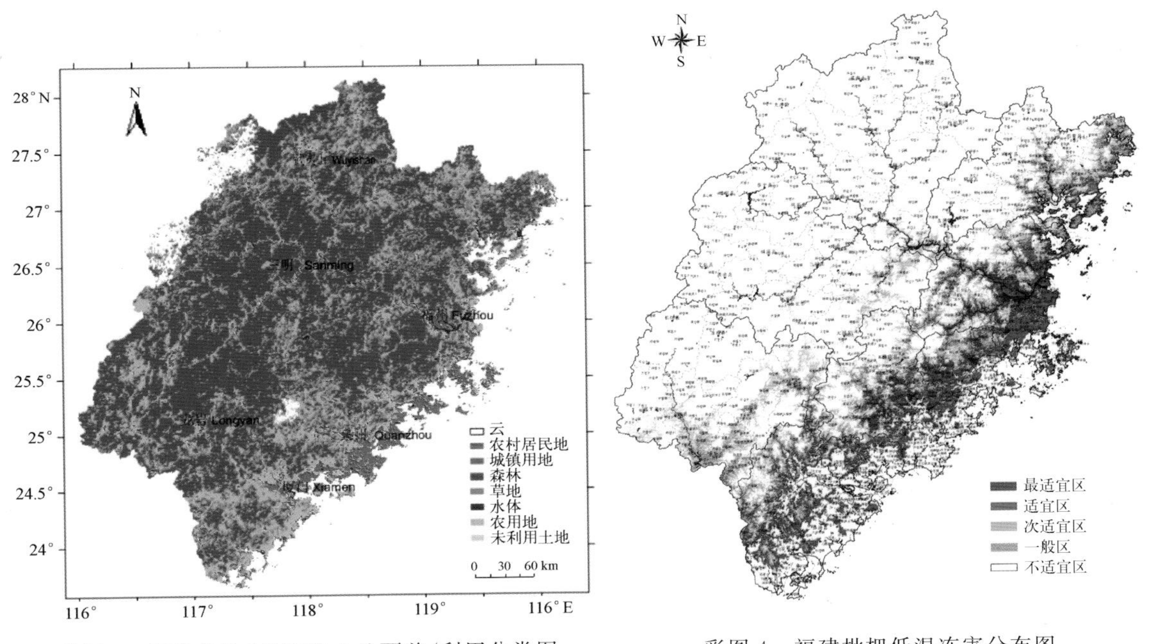

彩图 3　福建省的 MODIS 土地覆盖/利用分类图

彩图 4　福建枇杷低温冻害分布图

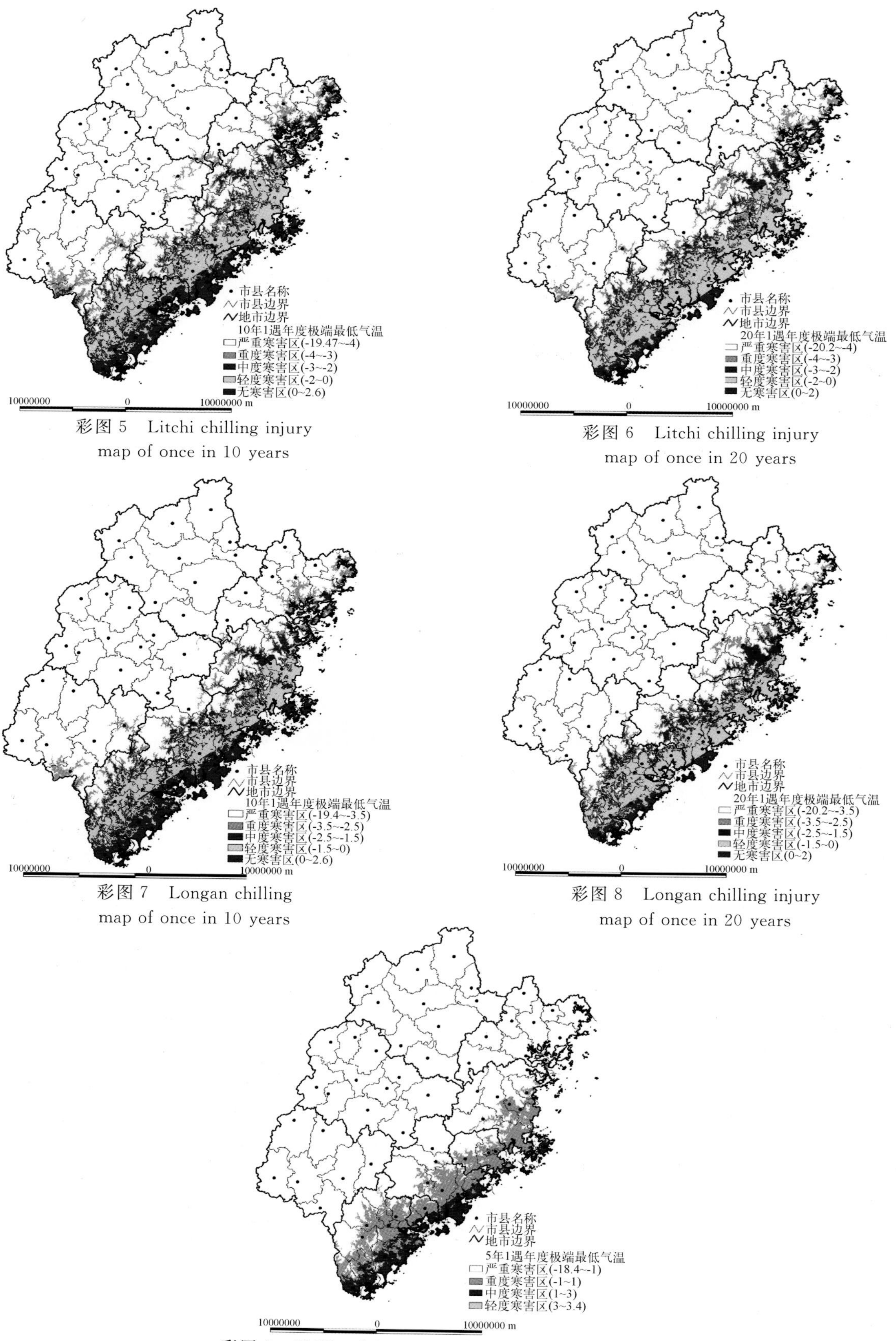

彩图 5　Litchi chilling injury map of once in 10 years

彩图 6　Litchi chilling injury map of once in 20 years

彩图 7　Longan chilling map of once in 10 years

彩图 8　Longan chilling injury map of once in 20 years

彩图 9　Chilling injury map of banana once in 5 years

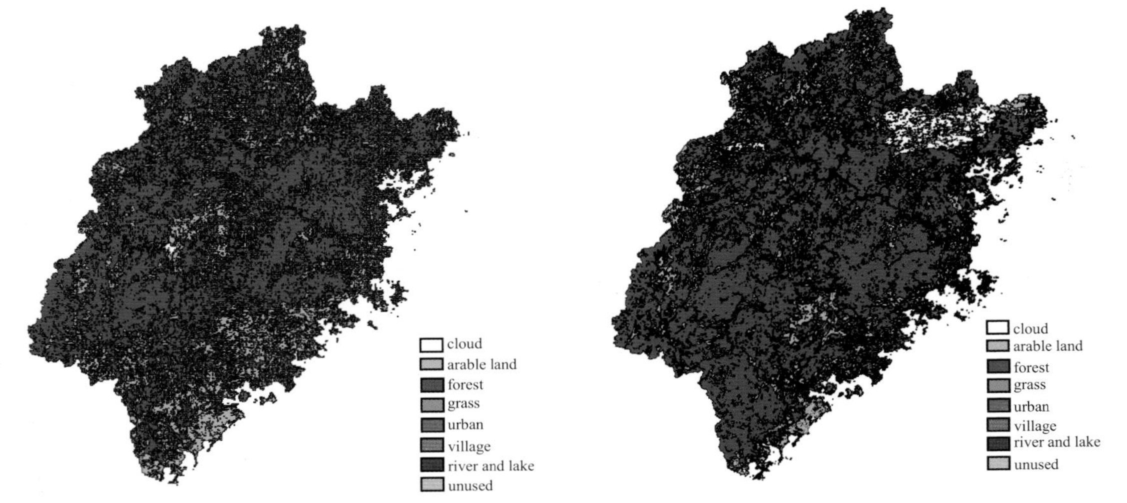

彩图 10 Land use/cover classification map of Fujian in 2004

彩图 11 Land use/cover classification map of Fujian in 2010

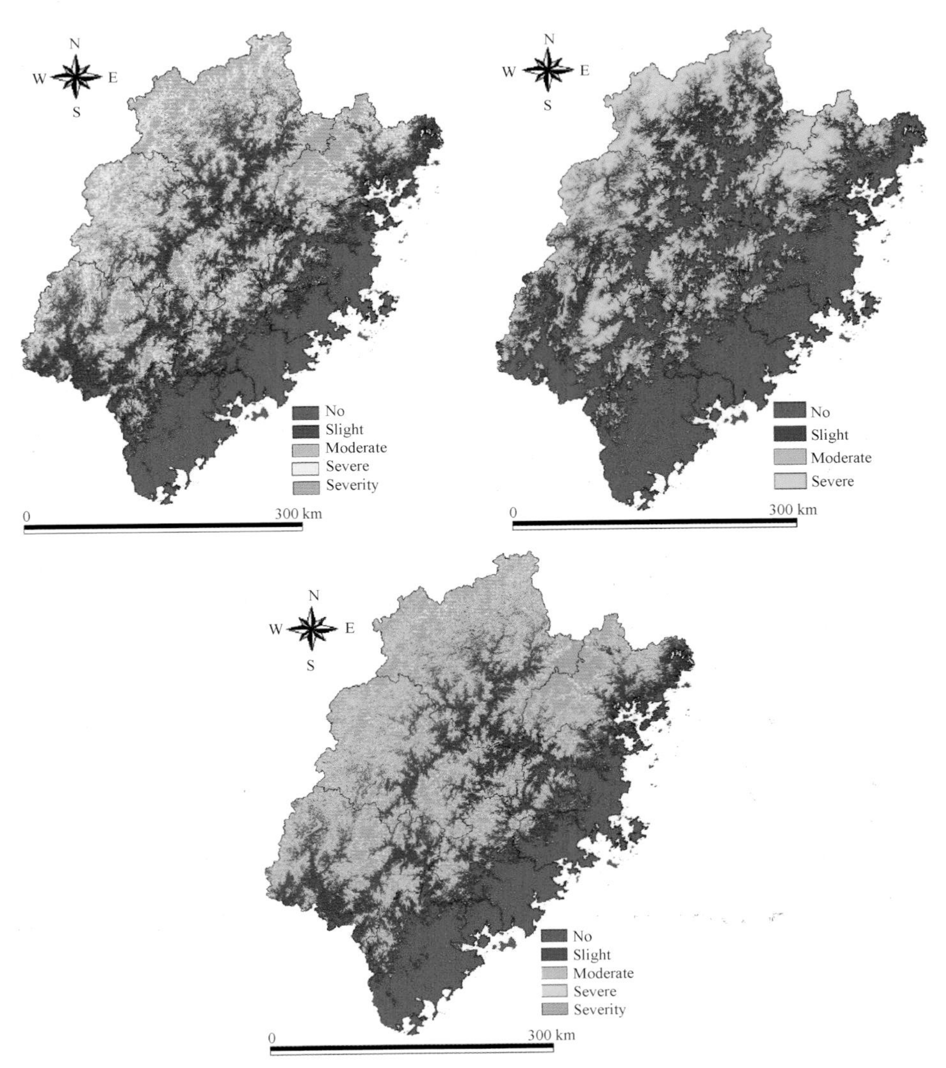

彩图 12 Reflectivity of different land use types over study area

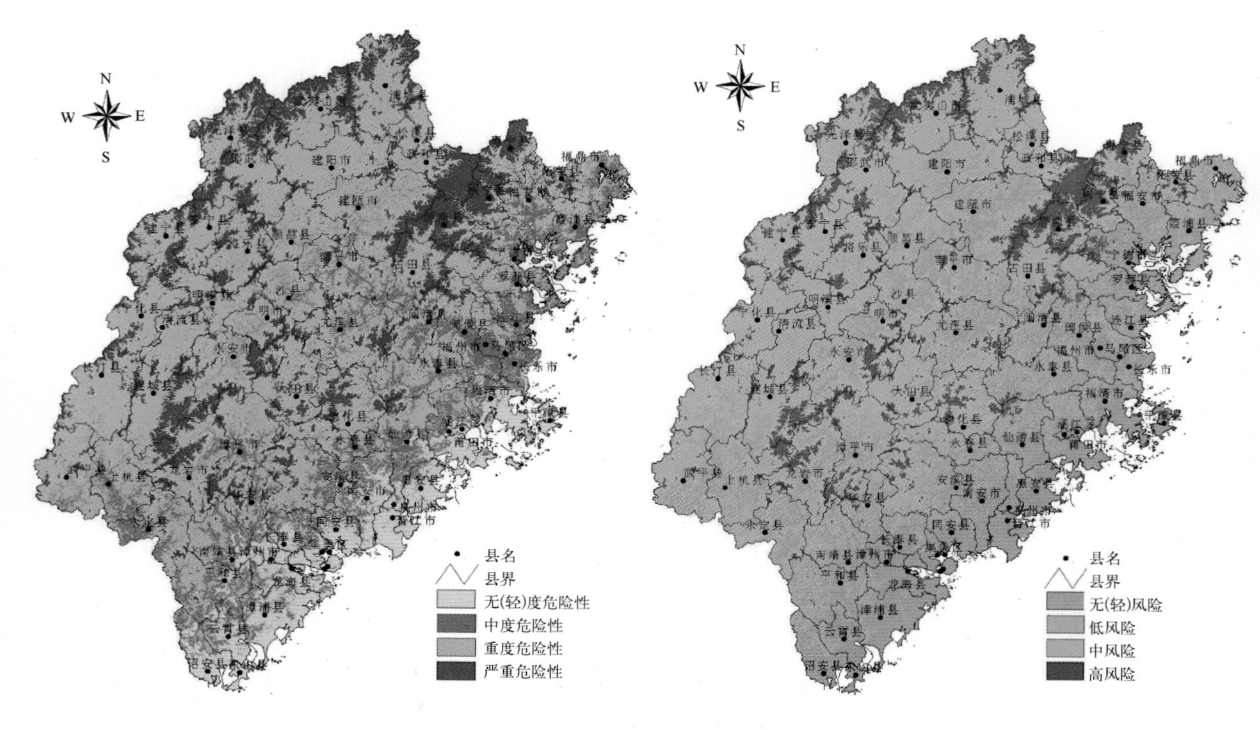

彩图 13　福建省龙眼冻害危险性空间分布图

彩图 14　福建省龙眼冻害潜在风险空间分布图

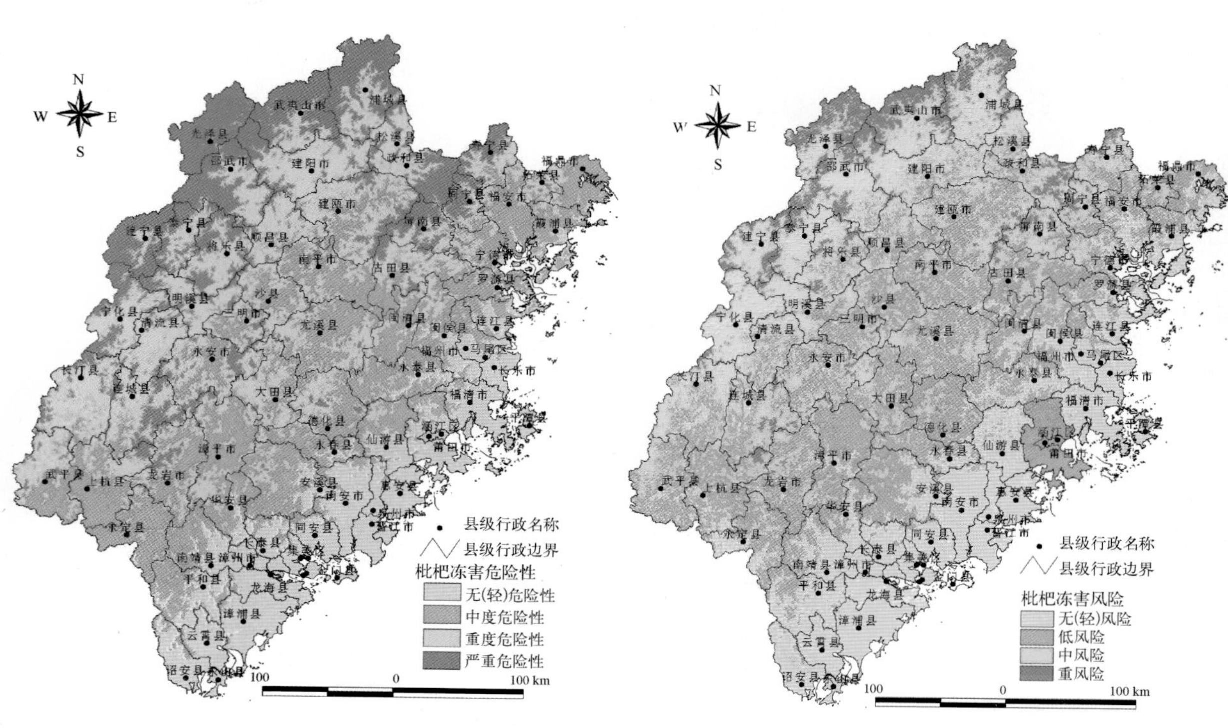

彩图 15　福建省枇杷冻害危险性空间分布图

彩图 16　福建省枇杷冻害潜在风险空间分布图